新曲綫 New Curves | 用心雕刻每一本......

用心字里行间　雕刻名著经典

心理学与生活

第 20 版

第 3 册

动机、人格与毕生发展

［美］ 理查德·格里格 著

王 垒 等译

人民邮电出版社

北 京

图书在版编目（CIP）数据

心理学与生活：第 20 版 . 第 3 册，动机、人格与毕生发展 /（美）理查德 · 格里格著；王垒等译 . -- 北京：人民邮电出版社，2024. 10. -- ISBN 978-7-115-64640-8

Ⅰ . B84-49

中国国家版本馆 CIP 数据核字第 2024W9D618 号

心理学与生活（第 20 版，第 3 册）

◆ 著　　［美］理查德 · 格里格
　译　　王　垒等
　策　划　刘　力　陆　瑜
　特约编审　谢呈秋
　责任编辑　李仙杰
　装帧设计　陶建胜

◆ 人民邮电出版社出版发行　北京市丰台区成寿寺路 11 号
　邮编　100164　电子邮件　315@ptpress.com.cn
　网址　http://www.ptpress.com.cn
　电话（编辑部）010-84931398　（市场部）010-84937152
　北京奇良海德印刷股份有限公司印刷
　新华书店经销

◆ 开本：710 × 1000　1 /16
　印张：19.25
　字数：270 千字　2024 年 10 月第 1 版　2024 年 10 月第 1 次印刷

著作权合同登记号　图字：01-2023-4780

定价：88.00 元

本书如有印装质量问题，请与本社联系　电话：（010）84937152

本书的翻译工作由北京大学心理与认知科学学院19位教授通力合作完成，各部分的译者依序为：

第1册

- **前　言**　王垒 教授

第1章
- **生活中的心理学**　王垒 教授

第2章
- **心理学的研究方法**　朱滢 教授、毛利华 副教授

第3章
- **行为的生物学和进化基础**　沈政 教授

第4章
- **感觉与知觉**　吴艳红 教授、韩世辉 教授

第5章
- **心理、意识和其他状态**　苏彦捷 教授

第2册

第6章
- **学习与行为分析**　包燕 副教授

第7章
- **记忆**　耿海燕 教授

第8章
- **认知过程**　张亚旭 副教授

第9章
- **智力与智力测量**　杨炯炯 副教授

第3册

第10章
- **人的毕生发展**　周晓林 教授

第11章
- **动机**　方方 教授、肖健 教授

第12章
- **情绪、压力与健康**　王垒 教授、吴艳红 教授

第13章
- **理解人类人格**　谢晓非 教授、毛利华 副教授

第4册

第14章
- **心理障碍**　甘怡群 教授

第15章
- **心理治疗**　钱铭怡 教授

第16章
- **社会心理学**　侯玉波 副教授、张智勇 副教授

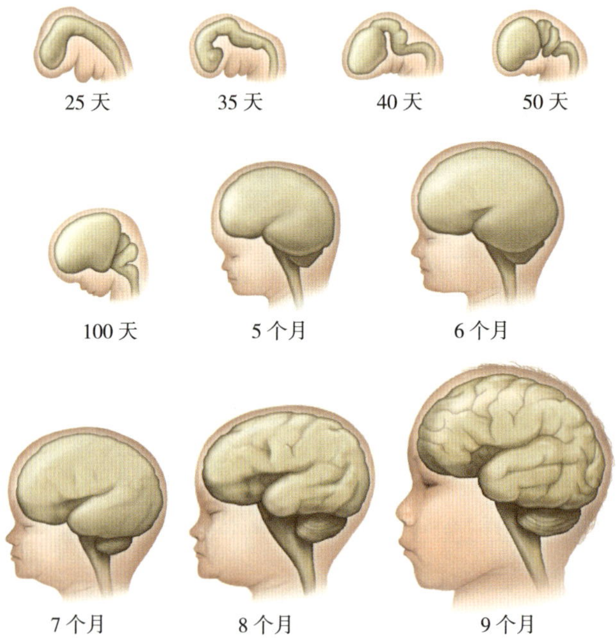

图 10.2　人脑的发育

在出生前的 9 个月里，人脑有了其全部的约 1 000 亿个神经元。（见正文第 8 页）

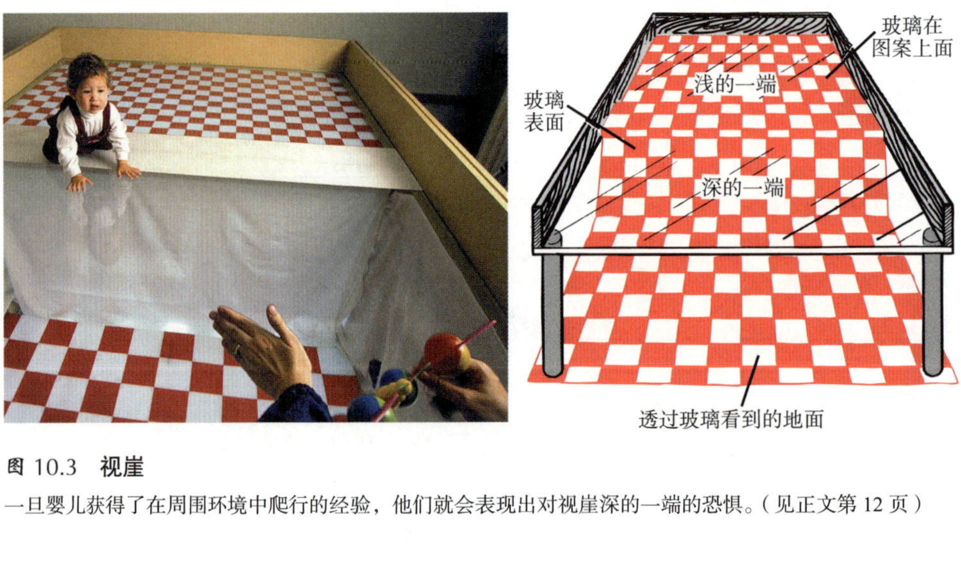

图 10.3　视崖

一旦婴儿获得了在周围环境中爬行的经验，他们就会表现出对视崖深的一端的恐惧。（见正文第 12 页）

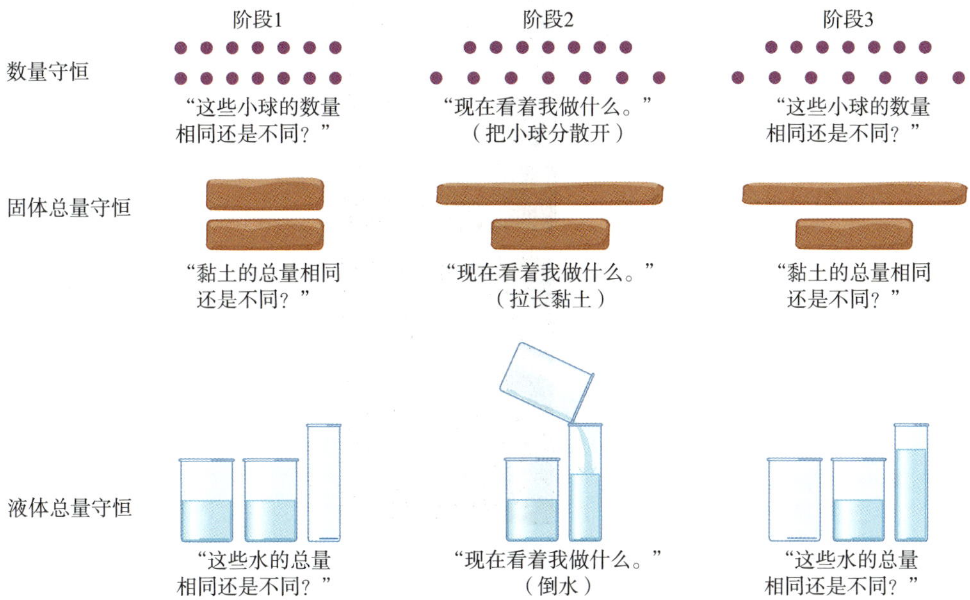

图 10.6　守恒测验（见正文第 22 页）

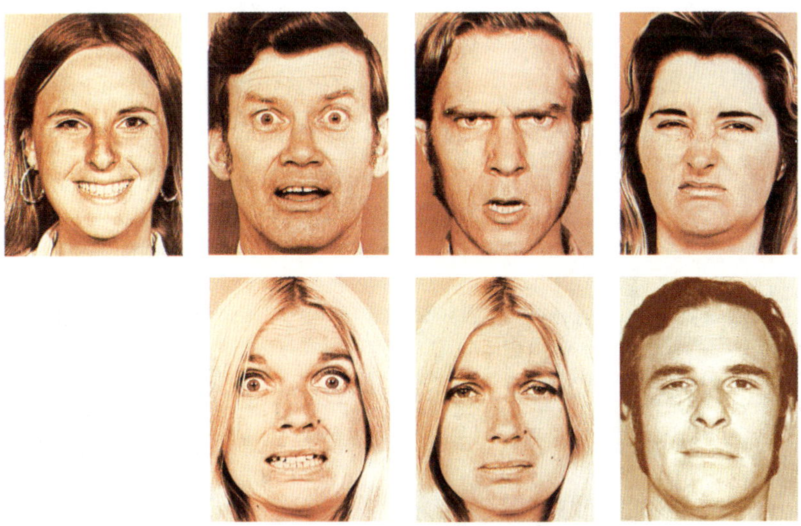

图 12.1　表情的判断

请将恐惧、厌恶、快乐、惊讶、轻蔑、愤怒和悲伤这七种情绪与图中七张面孔匹配在一起。答案见本章结尾。（见正文第 130 页）

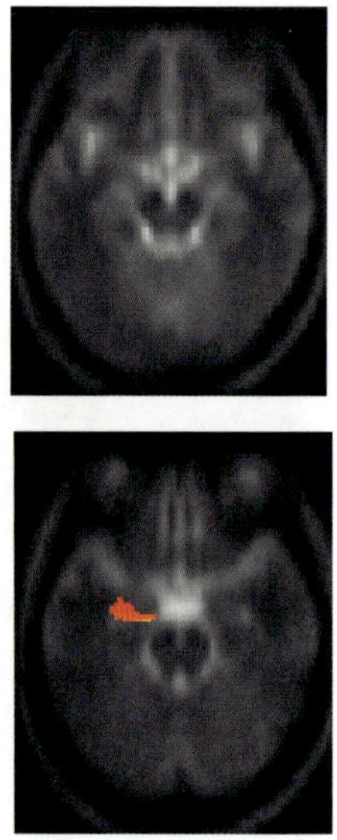

图 13.3　外倾性对左侧杏仁核功能的影响

参与者观看恐惧的和快乐的面孔。图中红色部分是外倾性与杏仁核活动呈正相关的脑区。对于恐惧的面孔，没有出现这种相关。然而对于快乐的面孔，外倾性最高的个体的左侧杏仁核的活动水平也最高。（见正文第 198 页）

图 13.4　弗洛伊德的人类心理观

弗洛伊德理论将人的心理类比为冰山。能够看到的冰山顶端部分代表着意识。冰山的大部分隐藏在水下，代表着无意识。（见正文第 207 页）

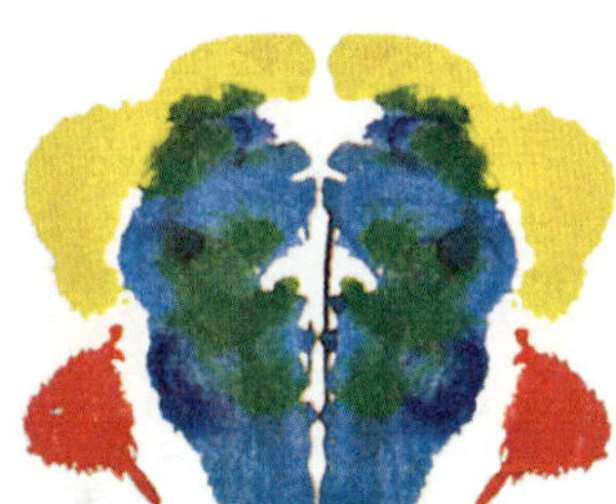

图 13.10　与罗夏测验相似的墨迹图

你看到了什么？你对该墨迹的解释是否揭示了你的人格特征？（见正文第 244 页）

内容提要

《心理学与生活》是心理学导论类教材的典范之作，半个多世纪以来，在全世界心理学界一直享有盛誉。1937 年，美国斯坦福大学的弗洛伊德·鲁赫（Floyd L. Ruch）博士撰写了本书的第 1 版，大获成功，并独自修订至第 7 版。从第 8 版起，被誉为“当代心理学的声音和面孔”的美国社会心理学家菲利普·津巴多（Philip G. Zimbardo）开始加入本书的作者团队，并自第 9 版起成为第一作者。进入 21 世纪，认知心理学硕果累累，日益成为心理学的主流方向。为了使这部经典之作永立时代的潮头，自第 14 版始，津巴多教授盛情邀请耶鲁大学的认知心理学大家理查德·格里格（Richard J. Gerrig）加入，作为本书的第二作者。自第 16 版始，格里格任第一作者，主持本书的修订工作，并在最新的第 20 版成为唯一作者。

我国心理学界许多教师多年来一直将本书作为教材或主要教学参考书，北京大学自 1990 年起就一直采用本书作为普通心理学课程的教材。怀着对我国心理学基础教育和普及的使命感，北京大学心理与认知科学学院（原心理学系）19 位教授通力合作，每人根据自己的研究专长和兴趣，各选取一部分进行了精心翻译。正如时任北大心理学系主任的王垒教授所言：“这部教材的翻译是北大心理学系教授们集体智慧和团队凝聚力的结晶。”《心理学与生活》中译本（第 16 版和第 19 版）在国内出版 20 年来，累计发行突破 150 万册，赢得了广大心理学师生和普通读者的喜爱和认可。

第 20 版既反映了心理学的最新研究进展，也延续了本书一贯的传统——将最重要的心理学见解应用于生活中。相比于第 19 版，第 20 版有了大幅的修订，新增了近 120 个贯穿全书的“研究特写”，新增或修订了“生活中的心理学”与“生活中的批判性思维”两个专栏的主题或内容，更新了数万字正文内容和数百篇参考文献，以反映心理学领域日新月异的发展成果。同时，译者团队和编辑团队以更高更严苛的标准，对原文和译文分别进行了精心翻译和编辑。

由于原书部头比较大，为了方便读者携带和阅读，更好地满足不同读者的需求，我们将全书分拆为 4 册出版，分别对应原书第 1~5 章、第 6~9 章、第 10~13 章和第 14~16 章。本书为第 3 册，涵盖了毕生发展、动机、情绪、压力与健康、人格心理学等内容。

目 录

第12章 情绪、压力与健康 125

第13章 理解人类人格 191

前　言

教授心理学导论是每一位从事教学的心理学工作者面临的巨大挑战之一。事实上，由于这门课的主题涉及的范围极广，所以它可能是整个学术界最难教的课程。这门课既要涵盖对神经细胞活动的微观分析，也要包括对文化体系的宏观分析；不仅要展现健康心理学的活力，还需涉及精神疾病导致的人生悲剧。我们在写这本书时也面临着与教学同样的挑战，就是要赋予所有这些信息以形式和实质，而且还要将它们论述得生动有趣。

学生们常常带着一些错误的心理学观念来到我们的课堂上，这些错误观念来自“通俗心理学”（pop psychology）对我们社会的灌输。学生们还对他们能从心理学课程中获得的收益抱有很高的期望——他们希望能学到很多对个人有价值且有助于改善日常生活的知识。事实上，这对任何一位教师来说都是一项艰巨的任务。但我相信，你面前的这本《心理学与生活》能助你一臂之力。

我的目标一直是希望读者在通过本书学习心理学众多领域中那些激动人心和与众不同的内容时，能够真正享受阅读的乐趣。每个章节，每个句子，我都力图使之通俗易懂，引人入胜。同时，对于那些既重视研究又兼顾应用的教师，我还着力使本书能在他们的教学大纲中充分发挥作用。

《心理学与生活》的这个第 20 版虽然只有一位作者，但它保留

了理查德 · 格里格（Richard J. Gerrig）与菲利普 · 津巴多（Philip G. Zimbardo）合作之初的构想。我们之所以能够建立稳固的合作关系，是因为我们都致力于将心理学作为一门与人类幸福密切相关的科学来传授。我和菲利普 · 津巴多都将自己的教学经验融入了本书，努力处理好科学的严谨性和心理学在现代生活中的实用性之间的平衡。这个第 20 版仍然延续了《心理学与生活》的传统——将最重要的心理学见解应用于你们的生活中。

教科书的主题：心理学是一门科学

《心理学与生活》就是要用坚实的科学研究来与心理学中那些错误的观念展开针锋相对的斗争。以我当教师的经验，教授心理学导论最可能出现的情况之一是，学生们会提出诸多对他们而言十分急迫的问题：

- 我母亲在服用百优解（Prozac），我们会学习这方面的内容吗？
- 你会教我们如何把功课学得更好吗？
- 我必须送儿子上日托才能返回学校学习，这样做对孩子是否妥当？
- 如果有朋友和我谈论自杀，我该怎么做？

令人欣慰的是，这些问题如今都已经有了严格的观察或实验研究。《心理学与生活》致力于科学分析读者们最关心的问题。因此，本书专栏的宗旨是：心理学是一门科学，同时关注这门科学在生活中的应用。

生活中的批判性思维

《心理学与生活》的一个重要目标就是教授心理学论证的科学基础。当学生们提出问题时，他们往往已经从大众媒体那里获得的信息中得出了部分答案。这类信息有的是准确的，但学生们常常不知道如何去理解它们。他们怎样才能学会解释和评价从媒体中听来的信息呢？

怎样才能明智地甄别那些浩如烟海的研究和调查呢?怎样才能判断这些信息来源是否可靠?为了抵制媒体对所谓的可靠研究的灌输,本书将向读者提供科学的工具,通过这些工具,他们能批判性地思考周围的信息,并得出符合研究目的和方法的结论。

“生活中的批判性思维”这个专栏力图使读者直面批判性结论的实验基础。其意图不是说每个专栏都对某个研究领域提供了确凿无疑的答案,而是邀请读者进行批判性思考,进一步提出更深入的问题。

每一章的“生活中的批判性思维”主题如下:

日托如何影响儿童的发展(第 10 章)
动机如何影响学业成就(第 11 章)
健康心理学能帮助你更多地锻炼吗(第 12 章)
人格在网络世界里是如何传达的(第 13 章)

生活中的心理学

我在上面罗列的都是现实中学生们提出的真实问题,都可以从本书中找到答案。这些都是多年来从学生那里收集来的具有代表性的问题。本书还采用“生活中的心理学”专栏的形式来展示和回答学生想知道的那些心理学知识,这个专栏也一直广受欢迎。我希望,通过阅读和学习专栏中的每个例子,读者能发现究竟为何心理学知识与他们日常生活中所做的决定直接相关。

每一章的“生活中的心理学”主题如下:

成为双语者会对儿童有何影响(第 10 章)
他人在场对你的进食行为有何影响(第 11 章)
你能否准确地预测未来的情绪(第 12 章)
你相信人格可以改变吗(第 13 章)

研究特写

“研究特写”专栏介绍的那些重要研究，突出展示了心理学研究是如何开展以及为何开展的。这些研究被整合进了正文中，使得读者能够在上下文中充分理解它们的影响。这些研究的主题包括成年大鼠视皮层的可塑性，冥想对脑结构的影响，文化对判断典型类别成员的影响，情绪唤起对记忆的影响，学术情境中的自我妨碍，儿童焦虑障碍的家庭治疗，认知失调的跨文化差异，以及内隐偏见的后果，等等。全书共有近 120 个研究特写，其中许多都是新增的或为本版修订的。

教学专栏

半个多世纪以来，《心理学与生活》以具有挑战性，同时又为广大学生易于理解的方式介绍心理科学而久负盛名，第 20 版也不例外。为了提升学生们的学习体验，本书加入了一些教学专栏：

- 停下来检查一下。这个专栏出现在每一主要章节的末尾，为学生提供了一些激发思考的问题，在继续阅读下一章节之前检验他们对内容的掌握情况。这些问题的答案见本书附录。
- 要点重述。各章的结束部分是该章的总结，即要点重述，总结了该章的内容，是根据主要章节的标题来组织的。
- 关键术语。关键术语在正文中以黑体字出现，而且注明了英文原文，每一章的结尾列出了本章所有的关键术语。

第 20 版的更新内容

各章变化

第 10 章

- 新增专栏“生活中的心理学：成为双语者会对儿童有何影响”

- 更新专栏“生活中的批判性思维：日托如何影响儿童的发展”中的研究
- 新增对发展心理学研究的伦理问题的讨论
- 新增对关键期与敏感期的讨论
- 新增对头尾原则和近远原则的讨论
- 新增有关婴儿认知的研究（Jowkar-Baniani & Schmuckler, 2011; Newman et al., 2010）
- 新增关于心理理论的章节
- 新增关于婴儿气质的长期影响的研究（Degnan et al., 2011）
- 新增对马西亚的同一性状态的讨论
- 修订对产前激素和性差异的讨论
- 新增有关道德推理的两性差异的研究（Mercadillo et al., 2011; You et al., 2011）
- 新增的“研究特写”：
    - “成年期电脑使用情况与认知能力的关联：运用认知能力，这样你就不会失去它”（Tun & Lachman, 2010）
    - “盐皮质激素受体基因的多态性调节教养方式与依恋安全性之间的关联：差别易感性的证据”（Luijk et al., 2011）
    - “乘客和喜欢冒险的朋友对青少年新手司机的风险驾驶行为和撞车（或险些撞车）的影响”（Simons-Morton et al., 2011）
    - “在工作中培养下一代：领导者的繁殖力在领导者年龄、领导者—成员交换、领导成功之间的关系中起着调节作用”（Zacher et al., 2011）
    - “两性在幽默加工的神经活动上的差异：预示着不同的加工模式”（Kohn et al., 2011）

第 11 章

- 更新专栏“生活中的批判性思维：动机如何影响学业成就”中的研究

- 修订关于激素与进食调节的讨论
- 更新对肥胖的讨论，包括可能使某些个体更易肥胖的基因与环境的交互作用（Gautron & Elmquist, 2011）
- 修订对形体不满的种族差异的讨论
- 新增关于关系中权力与出轨的研究（Lammers et al., 2011）
- 新增有关美国性规范的研究
- 新增有关成就需要的结果的研究
- 新增的“研究特写”：
    - “得到一块更大的比萨对限制性饮食者和非限制性饮食者的饮食行为和情绪的影响”（Polivy et al., 2010）
    - “精子竞争风险对雄性择偶模仿的影响”（Bierbach et al., 2011）
    - “择偶兴趣提升女性在判断男性性取向上的准确性”（Rule et al., 2011）

第 12 章

- 扩展有关文化与面部表情的章节
- 修订有关文化与情绪表达的章节
- 修订有关心境和情绪的影响的章节
- 新增考察“9·11”恐怖袭击事件长期影响的研究（DiGrande et al., 2011）
- 修订有关社会经济因素对身心健康影响的讨论
- 修订对心理神经免疫学的讨论
- 新增有关 A 型行为干预的研究（Wright et al., 2011）
- 新增的“研究特写”：
    - “聚焦于武器对人们关于女性和男性行凶者记忆的影响”（Pickel, 2009）
    - “适用于青少年的简短日常挫折量表的编制与初步验证”（Wright et al., 2010）
    - “教师干预能预防儿童灾后应激：一项对照研究”（Wolmer et

al., 2011）
  - “应对癌症的夫妇的伴侣支持与痛苦随时间的变化：个人控制感的作用”（Dagan et al., 2011）
  - “青少年的益处发现、对糖尿病压力的情感反应与糖尿病管理”（Tran et al., 2011）
  - “患者和医生关于控制健康的信念：信念一致与用药方案之间的关系”（Christensen et al., 2010）

第 13 章

- 新增专栏“生活中的心理学：你相信人格可以改变吗”
- 新增对卡尔·罗杰斯的自我观点的讨论
- 新增对恐惧管理理论的讨论
- 新增的“研究特写”：
  - “人格累积连续性的来源：一项多评分者的纵向双生子研究”（Kandler et al., 2010）
  - “了解亲密朋友有何好处：亲近关系中‘如果－那么’人格知识的价值”（Friesen & Kammrath, 2011）
  - “自我效能感对家庭中第一代大二学生学业成功的影响”（Vuong et al., 2010）
  - “不同文化对死亡提醒的反应差异”（Ma-Kellams & Blascovich, 2011）

个人致谢

尽管甲壳虫乐队可能在朋友们很少的帮助下就获得了成功，但这一版《心理学与生活》的修订和出版却是在许多同事和朋友的大力协助下才得以完成的。我要特别感谢 Brenda Anderson, Ruth Beyth-Marom, Susan Brennan, Turhan Canli, Joanne Davila, Anna Floyd, Tony Freitas, Paul Kaplan, Daniel Klein, Anne Moyer, Timothy Peterson, Suzanne

Riela, John Robinson, 以及 Aimée Surprenant。

我还要感谢本版和前几版的诸多审稿人，他们仔细阅读了初稿并且给出了有价值的反馈。

Nancy Adams, Marshalltown Community College
Debra Ainbinder, Lynn University
Robert M. Arkin, Ohio State University
Trey Asbury, Campbell University
Gordon Atlas, Alfred University
Lori L. Badura, State University of New York at Buffalo
David Barkmeier, Northeastern University
Tanner Bateman, Virginia Tech
Darryl K. Beale, Cerritos College
N. Jay Bean, Vassar College
Susan Hart Bell, Georgetown College
Danny Benbassat, George Washington University
Stephen La Berge, Stanford University
Karl Blendell, Siena College
Michael Bloch, University of San Francisco
Richard Bowen, Loyola University
Mike Boyes, University of Calgary
Wayne Briner, University of Nebraska at Kearney
D. Cody Brooks, Denison University
Thomas Brothen, University of Minnesota
Christina Brown, Saint Louis University
Sarah A. Burnett, Rice University
Brad J. Bushman, Iowa State University
Jennifer L. Butler, Case Western Reserve University
James Calhoun, University of Georgia
Timothy Cannon, University of Scranton
Marc Carter, Hofstra University
John Caruso, University of Massachusetts-Dartmouth
Dennis Cogan, Texas Tech University
Sheree Dukes Conrad, University of Massachusetts-Boston
Randolph R. Cornelius, Vassar College
Leslie D. Cramblet, Northern Arizona University
Catherine E. Creeley, University of Missouri
Lawrence Dachowski, Tulane University
Mark Dombeck, Idaho State University
Wendy Domjan, University of Texas at Austin
Dale Doty, Monroe Community College
Victor Duarte, North Idaho College
Linda Dunlap, Marist College
Tami Egglesten, McKendree College
Kenneth Elliott, University of Maine at Augusta
Matthew Erdelyi, Brooklyn College, CUNY
Michael Faber, University of New Hampshire
Valeri Farmer-Dougan, Illinois State University
Trudi Feinstein, Boston University
Mark B. Fineman, Southern Connecticut State University
Diane Finley, Prince George Community College
Kathleen A. Flannery, Saint Anselm College

Lisa Fournier, Washington State University

Traci Fraley, College of Charleston

Rita Frank, Virginia Wesleyan College

Nancy Franklin, Stony Brook University

Ronald Friedman, University at Albany

Eugene H. Galluscio, Clemson University

Preston E. Garraghty, Indiana University

Adam Goodie, University of Georgia

Ruthanna Gordon, Illinois Institute of Technology

Peter Gram, Pensacola Junior College

Jeremy Gray, Yale University

W. Lawrence Gulick, University of Delaware

Pryor Hale, Piedmont Virginia Community College

Rebecca Hellams, Southeast Community College

Jacqueline L. Hess, University of Indianapolis

Dong Hodge, Dyersburg State Community College

Lindsey Hogan, University of North Texas

Rebecca Hoss, College of Saint Mary

Mark Hoyert, Indiana University Northwest

Herman Huber, College of St. Elizabeth

Richard A. Hudiburg, University of North Alabama

James D. Jackson, Lehigh University

Stanley J. Jackson, Westfield State College

Tim Jay, Massachusetts College of Liberal Arts

Matthew Johnson, University of Vermont

Seth Kalichman, Georgia State University

Colin Key, University of Tennessee at Martin

Mark Kline, Indiana University

Jennifer Trich Kremer, Pennsylvania State University

Andrea L. Lassiter, Minnesota State University

Mark Laumakis, San Diego State University

Charles F. Levinthal, Hofstra University

Suzanne B. Lovett, Bowdoin College

Carrie Lukens, Quinnipiac University

Tracy Luster, Mount San Jacinto College

M. Kimberley Maclin, University of Northern Iowa

Gregory G. Manley, University of Texas at San Antonio

Leonard S. Mark, Miami University

Michael R. Markham, Florida International University

Karen Marsh, University of Minnesota, Duluth

Kathleen Martynowicz, Colorado Northwestern Community College

Laura May, University of South Carolina-Aiken

Dawn McBride, Illinois State University

Michael McCall, Ithaca College

Mary McCaslin, University of Arizona

David McDonald, University of Missouri

Mark McKellop, Juniata College

Lori Metcalf, Gatson College

Greg L. Miller, Stanford University School of Medicine

Karl Minke, University of Hawaii-Honolulu

Charles D. Miron, Catonsville Community College

J. L. Motrin, University of Guelph

Anne Moyer, Stony Brook University

Eric S. Murphy, University of Alaska

Kevin O’Neil, Florida Gulf Coast University

Barbara Oswald, Miami University

William Pavot, Southwest State University

Amy R. Pearce, Arkansas State University
Kelly Elizabeth Pelzel, University of Utah
Linda Perrotti, University of Texas at Arlington
Brady J. Phelps, South Dakota State University
Gregory R. Pierce, Hamilton College
William J. Pizzi, Northeastern Illinois University
Mark Plonsky, University of Wisconsin-Stevens Point
Cheryl A. Rickabaugh, University of Redlands
Bret Roark, Oklahoma Baptist University
Rich Robbins, Washburn University
Daniel N. Robinson, Georgetown University
Michael Root, Ohio University
Nicole Ruffin, Hampton University
Nina Rytwinski, Case Western Reserve University
Bernadette Sanchez, DePaul University
Patrick Saxe, State University of New York at New Paltz
Mary Schild, Columbus State University
Katherine Serafine, George Washington University
Elizabeth Sherwin, University of Arkansas-Little Rock
Stu Silverberg, Westmoreland County Community College
Norman R. Simonsen, University of Massachusetts-Amherst
Peggy Skinner, South Plains College
R. H. Starr, Jr., University of Maryland-Baltimore
Weylin Sternglanz, Nova Southeastern University
Priscilla Stillwell, Black River Technical College
Charles Strong, Northwest Mississippi Community College
Dawn Strongin, California State University, Stanislaus
Walter Swap, Tufts University
Jeffrey Wagman, Illinois State University
David Ward, Arkansas Tech University
Douglas Wardell, University of Alberta
Linda Weldon, Essex Community College
Alan J. Whitlock, University of Idaho
Paul Whitney, Washington State University
Allen Wolach, Illinois Institute of Technology
John Wright, Washington State University
John W. Wright, Washington State University
Jim Zacks, Michigan State University

撰写一本范围如此之广的著作无疑是一项艰巨的任务，只有依靠所有这些朋友和同事以及培生教育集团的编辑人员的专业帮助才有可能完成。我衷心感谢他们在本项目的每个阶段作出的宝贵贡献，不仅向他们这个集体表示感谢，还要向其中的个人单独致谢。我要感谢以下培生教育集团的工作人员：Amber Chow，策划编辑；Judy Casillo，执行编辑；Diane Szulecki，助理编辑；Brigeth Rivera，市场经理；Jeanette Koskinas，执行市场经理；以及 Annemarie Franklin，印制经理。

第 10 章

人的毕生发展

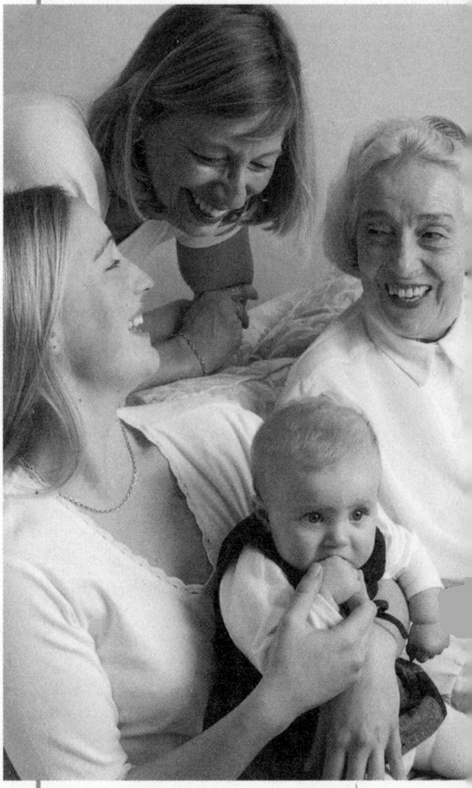

想象你正抱着一个新生儿，请你预测一下，这个孩子 1 岁时会是什么样子？ 5 岁时会是什么样子？ 15 岁时、50 岁时、70 岁时及 90 岁时又会是什么样子？预测新生儿生命进程的理论林林总总，本章我们要考察的是那些能够促使我们进行系统性思考的理论。**发展心理学**（developmental psychology）是心理学的一个分支，它关注个体从受孕开始的整个生命周期发生的生理和心理机能的变化。发展心理学家的任务就是记录和解释心理机能、社会关系以及人性的其他关键方面在整个生命周期中是如何发展和变化的。**表 10.1** 粗略勾画出了个体一生的主要阶段。

表 10.1　**毕生发展的阶段**

阶段	年龄段
胎内期	从受孕到出生
婴儿期	从足月出生到大约 18 月龄
儿童期早期	从大约 18 月龄到大约 6 岁
儿童期中期	从大约 6 岁到大约 11 岁
青少年期	从大约 11 岁到大约 20 岁
成年期早期	从大约 20 岁到大约 40 岁
成年期中期	从大约 40 岁到大约 65 岁
成年期晚期	大约 65 岁及以上

本章将概述研究者如何记录人的发展，以及他们用来解释随时间变化模式的理论。我们将生命历程划分成不同的领域（例如生理、认知、语言和社会性发展），并追踪它们在整个生命周期中的发展。现在，我们首先讨论一下研究人的发展的意义。

研究发展

假如现在要求你列出在过去一年中，你认为自己在哪些方面发生了变化，你会列出哪些内容？你是参加了新的健身项目，还是进行了伤病治疗？你是培养了一些新的爱好，还是决定只专注于某一兴趣？你是结交了一大帮新朋友，还是只与某个人特别亲近？本章将从变化的角度来定义发展。我们请你对自己所发生的变化进行思考，是想表明变化几乎总是涉及取舍。

人们通常认为，在人的一生中，儿童期主要是“得”——向好的方面变化，而成年期主要是“失”——向坏的方向变化。但是，本章所介绍的发展观强调选择，故而有得有失是所有发展的特征（Dixon, 2003; Lachman, 2004）。例如，当人们选择终生伴侣时，虽然他们放弃了更多的可能性，却收获了安全感；当人们退休时，虽然他们放弃了某种社会地位，却得到了闲暇。同样重要的是，你不能把人的发展看成是一个被动的过程。你会看到，许多发展性的变化都需要个体积极主动地参与到其所处的环境中（Bronfenbrenner, 2004）。

回想一下，在第 2 章我们介绍了心理学研究方法的一些重要方面。在此我们先看看与发展心理学最相关的一些方法。我们还讨论了心理学研究的伦理问题。成年人必须提供知情同意声明，以表明他们清楚参与研究的程序、风险和受益等事项。在大多数情况下，18 岁以下的儿童参与研究时必须得到家长或监护人的许可。此外，7 岁以上儿童参与研究时，研究者通常还需获得他们本人的同意。研究者需要撰写与参与者年龄相适宜的描述研究程序、风险和受益事项的材料。儿童也拥有成年参与者拥有的所有权利。例如，他们可以随时退出研究。因为我们并非总是能确定年幼的参与者理解了自己的权利，所以发展研究者必须特别小心地留意参与者表现出的不适或痛苦的迹象。

记录发展变化的第一步是确定在某个特定的年龄段，一个普通人在外表、认知能力等方面是什么样子的。**常模研究**（normative investigation）试图刻画某个特定年龄段或发展阶段的特征。通过系统

在纵向设计中，研究者对同一个体在不同年龄进行反复观测，通常持续多年。这位举世闻名的女性可作为考察 1926 年出生的英国儿童的纵向研究的参与者之一。她与那时期的其他儿童有什么相似和不同之处?

地观测不同年龄的个体，研究者可以确定发展的里程碑。基于对许多人的观察，这些数据提供了发展或成就的标准模式，即常模（norm）。

常模标准可以让心理学家区分生理年龄和**发展年龄**（developmental age），生理年龄是指一个人自出生以来的月龄或年龄，而所谓的发展年龄，是指假如一个儿童表现出来的身体和心理的发展水平与某一生理年龄的大多数人相当，则这一生理年龄就是该儿童的发展年龄。如果一个 3 岁儿童具有大部分 5 岁儿童典型具有的言语能力，那么这个儿童言语技能的发展年龄就是 5 岁。常模向我们提供了比较不同个体或不同群体的标准。

发展心理学家使用多种研究设计来理解变化的可能机制。在**纵向设计**（longitudinal design）中，随着时间的推移（往往长达数年），同一个体要接受重复的观察和测试（见**图 10.1**）。例如，为了记录家庭环境对儿童词汇量增长的影响，一组研究者分别在儿童 1 岁 3 个月大、2 岁 1 个月大、3 岁 1 个月大和 5 岁 3 个月大时对他们进行测试（Rodriguez & Tamis-LeMonda, 2011）。纵向研究数据的收集使研究者能对儿童早期环境特征的长期影响得出有力的结论。研究者也经常用纵向设计来研究个体差异。为了理解不同人的生活结果，研究者可能在个体的生命早期评估一系列潜在的因果性因素，以确定此类因素是如何影响个体生命历程的。

纵向研究的普遍优点是，因为参与者生活在同样的社会经济时期，所以与年龄有关的变化就不会与不同的年代条件所造成的变化相混淆。然而，它的缺点是，某些类型的泛化只适用于同一个“队列”，即与参与者出生在同一年代的一群人。例如，假设我们发现当前 50 多岁的群体在孩子离家后的几年里幸福感会有所增强。但这一结论可能并不适用于未来的 50 多岁的群体，他们可能会因成长经历的不同，而对“孩子应该跟父母一起生活多久”产生不同的预期。此外，纵向研究花费巨大，因为长时间对参与者进行追踪研究不仅难度大，而且数据也极易因参与者的中途退出或消失而缺失。

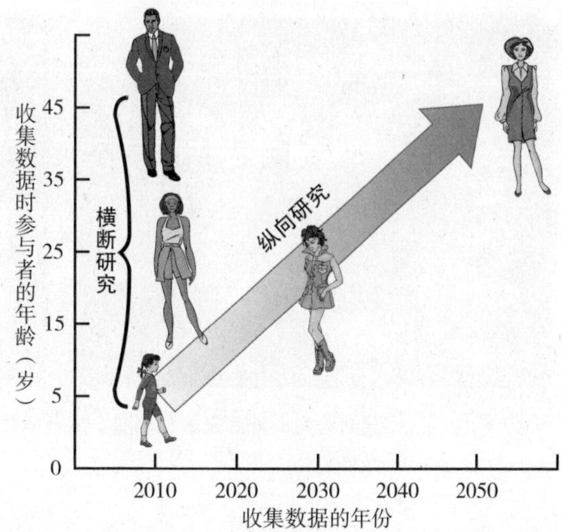

图 10.1　纵向研究和横断研究

在纵向研究中，研究者通常是连续追踪（数天、数月甚至数年）同一群人。在横断研究中，研究者在相同的时间点测试不同年龄的个体。

许多发展研究使用的是**横断设计**（cross-sectional design），在这种设计中，研究者在同一时间点观测和比较不同生理年龄的参与者，然后得出可能与年龄有关的行为差异的结论。例如，想要确定人们的说谎能力是如何随年龄增长而变化的，研究者会对 8~16 岁的儿童样本进行测试（Evans & Lee, 2011）。横断设计的缺点源于它比较的是出生年份和生理年龄都不同的参与者。与年龄有关的变化，就会同因出生于不同年代而经历不同的社会或政治条件所产生的差异相混淆。因此，现在比较 10 岁和 18 岁样本的研究可能会发现，参与者与 20 世纪 70 年代成长起来的 10 岁和 18 岁的参与者之间存在差异，这些差异既与他们所处的不同年代有关，也与他们的发展阶段有关。

横断研究的缺点是队列效应。由于所处的年代不同，这两组女性之间会存在什么样的差异?

每一种研究方法都为研究者提供了机会去记录参与者随年龄增长而发生的变化。研究者可使用这些方法研究每一领域的发展情况。我们现在开始探讨其中一些领域，诸如生理、认知和社会性发展，你将会逐渐欣赏并理解一些你曾经历过的巨大变化。

STOP 停下来检查一下

❶ 什么是发展年龄?

❷ 为什么纵向设计通常被用来研究个体差异?

❸ 出生队列和横断设计的关系是什么?

毕生的生理发展

我们在本章中考察的许多发展类型需要一些专门的知识来识别。例如，直到你在这里读到有关社会性发展的里程碑时，你才会关注它们。然而，有些变化即使对未经训练的外行来说也是显而易见的，这种变化就是**生理发展**（physical development），我们将以此为始进行讨论。毋庸置疑，自出生以来，你经历了巨大的生理变化，这些变化将持续下去，直至生命终结。因为生理的变化如此之多，故而我们将重点关注那些对心理发展产生重要影响的变化。

胎内期和儿童期的发展

你生来便具有独一无二的遗传潜质：在受孕的那一刻，精子与卵子相结合，形成了一个单细胞的**受精卵**（zygote）；你所拥有的所有正常人体细胞的 46 条染色体，一半来自你的母亲，另一半来自你的父亲。这一节，我们首先讲述胎内期的生理发展，也就是从受孕的那一刻到出生之前的发展。然后，我们将考察婴儿在出生前就已具有的某些感知能力。最后，我们将谈及你在儿童期所经历的一些重要生理变化。

胎内期的生理发展　受精卵形成后的最初两周称为胎内期发育的**胚种期**（germinal stage）。在这一阶段，细胞开始迅速分裂，大约一周后，一小团极微小的细胞将自己附着在母亲的子宫壁上。胎内期发育的第 3~8 周被称为**胚胎期**（embryonic stage）。这一阶段，细胞仍继续迅速分裂，但细胞开始分化，形成不同的器官。随着器官的形成，胚胎出现了第一次心跳。对刺激的反应早在第 6 周时就可以观测到，此时胚胎还不到 2.5 厘米长。到第 7 周或第 8 周时，我们可以观察到胚胎的自发动作（Stanojevic et al., 2011）。

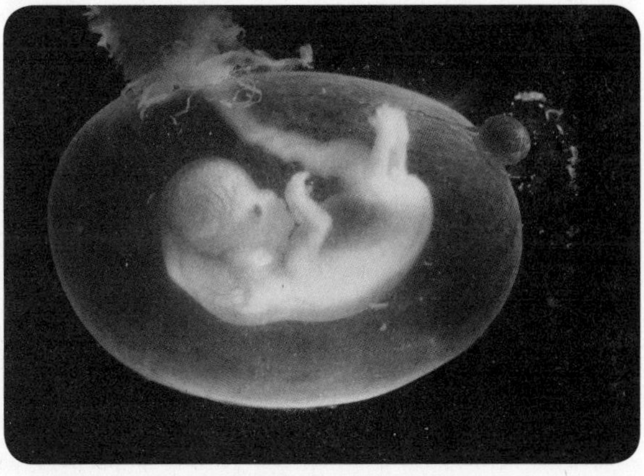

在胎儿发展过程中，脑迅速发育，婴儿出生时已有近千亿个神经元。孩子一旦来到这个世界，脑必须做好什么准备?

胎儿期（fetal stage）是指从胎内期的第 8 周结束直至婴儿出生。孕妇在怀孕 16 周后可以感觉到胎动。此时，胎儿体长约为 18 厘米（出生时的平均体长约为 50 厘米）。发育成熟的人脑中的 1 000 亿个神经元大部分是在子宫里产生的（Stiles & Jernigan, 2010）。对人类和许多其他哺乳动物来说，神经元细胞的繁殖以及向正确位置的迁移主要是在出生前进行的，而轴突和树突的分枝过程主要是在出生后发生的。**图 10.2** 显示了从胎内期 25 天到 9 个月之间脑发育的顺序。

在整个胎内期，诸如感染、放射或药物之类的环境因素会阻碍胎儿器官和身体结构的正常形成。任何能够造成胎儿结构异常的环境因素统称为**致畸物**（teratogen）。例如，母亲在孕期感染风疹，会造成子女智力迟钝、眼疾、耳聋或心脏病等负面后果。当感染发生在孕期的最初 6 周时，胚胎有先天缺陷的概率几乎是百分之百（De Santis et al., 2006）。如果孕妇在怀孕后期接触致畸物，则不良影响产生的概率会降低（例如，孕期第 4 个月产生不良影响的概率为 50%，第 5 个月则为 6%）。孕妇在敏感期饮酒，会使胎儿面临脑损伤及其他损伤的风险（Bailey & Sokol, 2008）。孕妇饮酒最严重的后果是胎儿会患胎儿酒

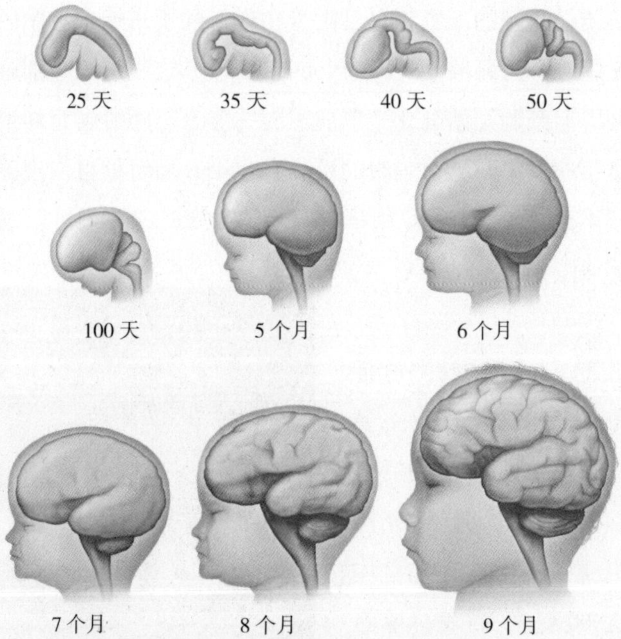

图 10.2 人脑的发育

在出生前的 9 个月里，人脑有了其全部的约 1 000 亿个神经元。（见彩插）

资料来源：*The Brain* by R. Restak. Copyright © 1984. Bantam Books.

精综合征。胎儿酒精综合征患儿的头和身体通常都较小，且面部畸形。中枢神经系统受损会造成胎儿的认知和行为问题（Niccols, 2007）。

孕妇吸烟也会使胎儿处于风险之中。她们在孕期吸烟增加了流产、早产和产下低出生体重儿的风险（Salihu & Wilson, 2007）。事实上，孕期接触二手烟的女性也更可能生出低出生体重儿（Crane et al., 2011）。最后，几乎所有的非法药物都会对胎儿造成伤害。例如，可卡因会通过胎盘直接影响胎儿的发育。对成人来说，可卡因会使其血管收缩；而对孕妇而言，可卡因会使胎盘的血管紧缩，血流量下降，从而使胎儿的供氧量减少。如果缺氧严重，胎儿脑内的血管可能会破裂。这类产前中风可能导致胎儿出生后终身的心智缺陷（Bennett et al., 2008; Singer et al., 2002）。研究表明，被可卡因损害最严重的大脑系统是那些负责控制注意的系统：在子宫内接触过可卡因的胎儿，可能终其一生都要费力克服无关视觉和听觉信息的干扰。

婴儿天生为生存做好了准备 出生伊始，婴儿的脑和身体便具备了哪些先天能力？我们习惯认为新生儿完全处于无助之中。行为主义学派创始人华生把婴儿描绘成“一个活泼的、蠕动的肉球，只能做出一些简单的反应”。如果你也是这么认为的，那么以下发现可能会让你倍感惊奇：婴儿一出生就表现出了非凡的能力。人们应该认识到婴儿具有生存的先天机制，他们能很好地对成人照护者做出反应，并影响其所处的社会环境。

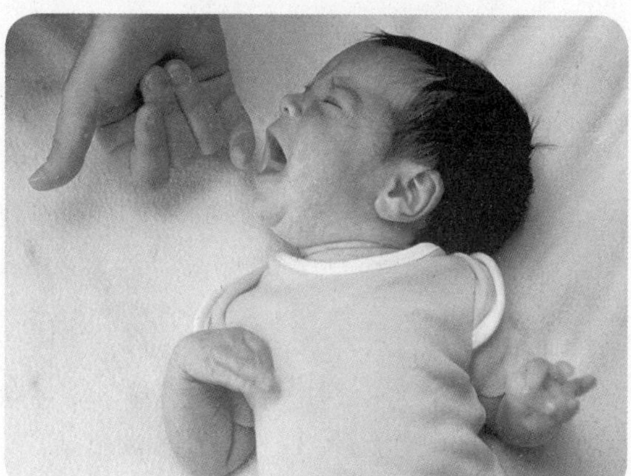

当有东西触碰新生儿的面颊时，觅食反射会促使他们去寻找可以吮吸的东西。婴儿还有哪些天生的生存机制？

首先，婴儿生来便拥有一系列的反射行为，在他们对周围环境做出的最早的行为反应中，许多都是这类反射。回顾一下第 6 章的内容，反射是由对机体有生物学意义的特定刺激自然引发的反应。下面我们来看对婴儿生存至关重要的两种先天反射。当用物体轻触婴儿面颊时，他们会将头转向物体的方向，这种觅食反射使得新生儿能找到母亲的乳头。当把一个物品放入婴儿口中时，他们会开始吮吸，这种吮吸反射能让他们开始进食。这类反射是婴儿在生命最初的几个月赖以生存的保证。

例如，婴儿在出生前就能够听到声音。研究者证实，婴儿在子宫内听到的声音会对其产生影响。相对于其他女性的声音，新生儿更喜欢听母亲的声音（Spence & DeCasper, 1987; Spence & Freeman, 1996）。事实上，研究表明，婴儿在子宫内就已经能辨识母亲的声音。在一项研究中，当听到母亲声音的录音时，胎儿的心率会增加；而听到陌生人的声音时，胎儿的心率不会发生改变（Kisilevsky et al., 2009）。对新生儿来说，辨认母亲的面孔可能相对容易，因为母亲的面孔与自己已经熟悉的声音联系在一起（Sai, 2005）。鉴于有关母亲声音的这些重要发现，你或许想知道胎儿是否也会对父亲的声音做出同样的反应。遗憾的是，当听到父亲的声音时，胎儿的心率并没有发生类似的改变，这意味着子宫内的胎儿对父亲的声音还不够熟悉。事实上，新生儿尚未表现出对父亲声音的任何偏好（DeCasper & Prescott, 1984）。

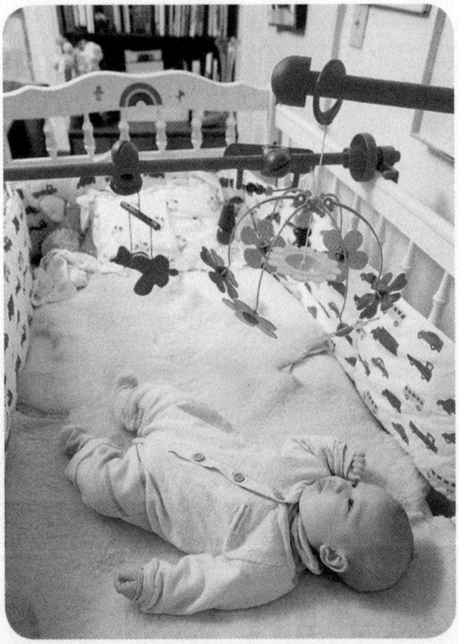

婴儿在早期就能够感知对比强烈的大型物体。新生儿最喜欢什么样的视觉经验？

大多数胎儿在子宫内的最后两个月开始获得视觉体验（Del Giudice, 2011）。他们能感知自己的动作。鉴于这一起步优势，新生儿几乎可以立即使用他们的视觉系统也就不足为奇了：出生几分钟后，新生儿的眼睛就会警觉起来，开始转向发出声音的方向，并好奇地寻找某些声音的来源。尽管如此，他们的视觉在出生时还是比其他感觉发展得迟缓一些。成人的视敏度大约是新生儿的 40 倍（Sireteanu, 1999）。然而，在出生后的最初 6 个月内，婴儿的视敏度迅速得到提高。此外，新生儿也不具备体验三维世界的能力。回顾一下第 4 章，我们需要整合大量线索才能感知深度。研究者已经开始记录婴儿能够理解各种线索的时间进程。例如，4 个月大时，婴儿开始能够利用诸如相对运动和插入等线索，从物体的二维图像中推断其三维结构（Shuwairi et al., 2007; Soska & Johnson, 2008）。

然而，即使婴儿没有发达的视觉，也具有视觉偏好。**罗伯特·范茨**（Fantz, 1963）的开创性研究发现，4 个月大的婴儿就已经开始偏爱轮廓鲜明的物体，不喜欢轮廓不清晰的物体；偏爱构造复杂的物体，不喜欢简单的物体；偏爱完整的面孔，不喜欢五官特征随意排列的面孔。更近期的一项研究表明，3 天大的婴儿对“*头重脚轻*”的*模式*有所偏好（Macchi Cassia et al., 2004）。你可以注视镜子中自己的脸来体验一下“头重脚轻”的模式：你的眼睛、眉毛等比你的嘴唇占更大的空间。人脸是“头重脚轻”的这一事实，可以用来解释为什么婴儿更喜欢看人脸而不是其他类型的视觉刺激。

一旦婴儿开始在其所处环境中四处活动，他们很快就能获得其他感知能力。例如，**伊利诺·吉布森**和**理查德·沃克**（Gibson & Walk, 1960）的经典研究考察了婴儿如何对深度信息做出反应。该研究采用了一种被称为*视崖*的装置。在此装置中，一块板子横跨牢固的玻璃表面的中线，如**图 10.3** 所示，棋盘格布被用来制造出深的一端和浅的一端。在他们最初的研究中，吉布森和沃克证明，婴儿很乐意离开中央的板子，爬向浅的一端，但他们不愿意爬向深的一端。后续的研究表明，婴儿对深度是否恐惧取决于其爬行经验：已经开始爬行的婴儿体验了对深的一端的恐惧，而不会爬行的同龄婴儿则不会产生这种恐惧（Campos et al., 1992; Witherington et al., 2005）。因此，对深度的警觉并非“天生的”，但随着婴儿开始靠自己的力量去探索世界时，他们很快就能学会这一点。

儿童期的发育和成熟 新生儿的变化速度惊人，如**图 10.4** 所示，但是婴儿身体各部分的发育速度并不相同。你也许已经注意到，婴儿

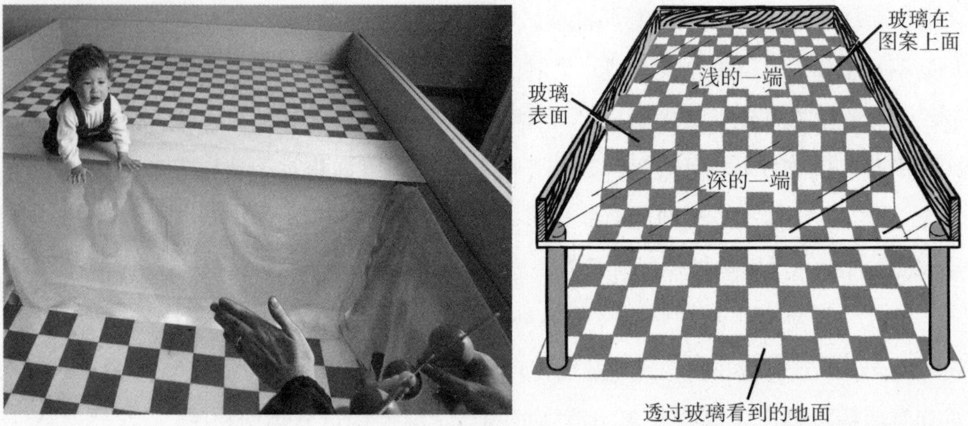

图 10.3 视崖

一旦婴儿获得了在周围环境中爬行的经验，他们就会表现出对视崖深的一端的恐惧。（见彩插）

的头部似乎占据了身体的大部分。刚出生时，婴儿的头已经是成人头部大小的 60%，并占整个体长的 25%（Bayley, 1956）。出生后的头半年，婴儿的体重翻了一番；到 1 岁时，体重翻了两番。到 2 岁时，儿童的躯干长度大约是成人的一半。生殖器官在青少年期之前变化较少，青少年期后迅速发育到成人的比例。

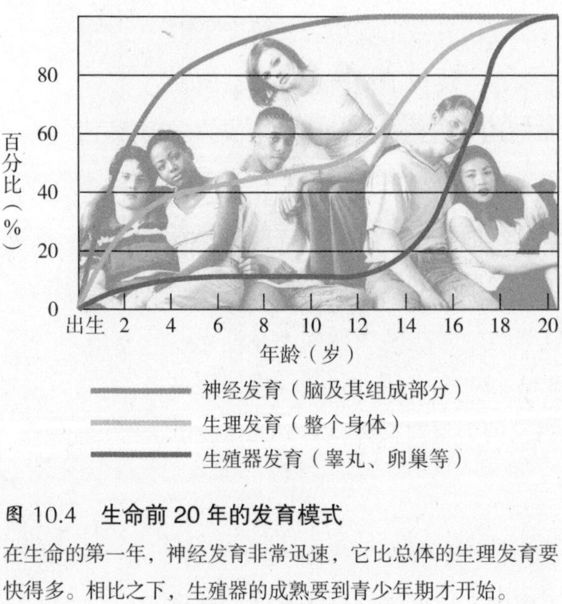

图 10.4 生命前 20 年的发育模式

在生命的第一年，神经发育非常迅速，它比总体的生理发育要快得多。相比之下，生殖器的成熟要到青少年期才开始。

对大多数儿童而言，生理发育伴随着运动能力的成熟。**成熟**（maturation）是指一个物种的所有成员在其通常的栖息地被抚养长大的典型成长过程。新生儿经历的典型成熟序列是由遗传的生物学限制和环境输入的相互作用决定的。为了理解环境输入的影响，发展心理学家区分了敏感期和关键期。敏感期（sensitive periods）是儿童获得与正常发展相关的适宜环境经验的最佳年龄范围。如果儿童在敏感期获得了这些经验，他们的发展将会非常顺利。然而，如果他们在以后的生活中获得这些经验，他们将仍然能够经历发展——只不过更加困难而已。关键期对儿童发展的制约更大：关键期（critical periods）是儿童必须获得适宜环境经验的年龄范围。如果在关键期没有获得适宜的经验，儿童可能就无法发展出某种特定的功能。

我们来考察一个关于运动发展的具体例子。如**图 10.5** 所示，在运动发展的序列中，儿童不需要接受特殊训练就能学会走路。请注意，图 10.5 反映的是儿童“平均”发展序列，不同的儿童会以自己特有的序列达到这些运动里程碑（Adolph et al., 2010）。事实上，有些儿童会完全跳过像爬行这样的阶段。对学步发展的研究也有助于我们理解环

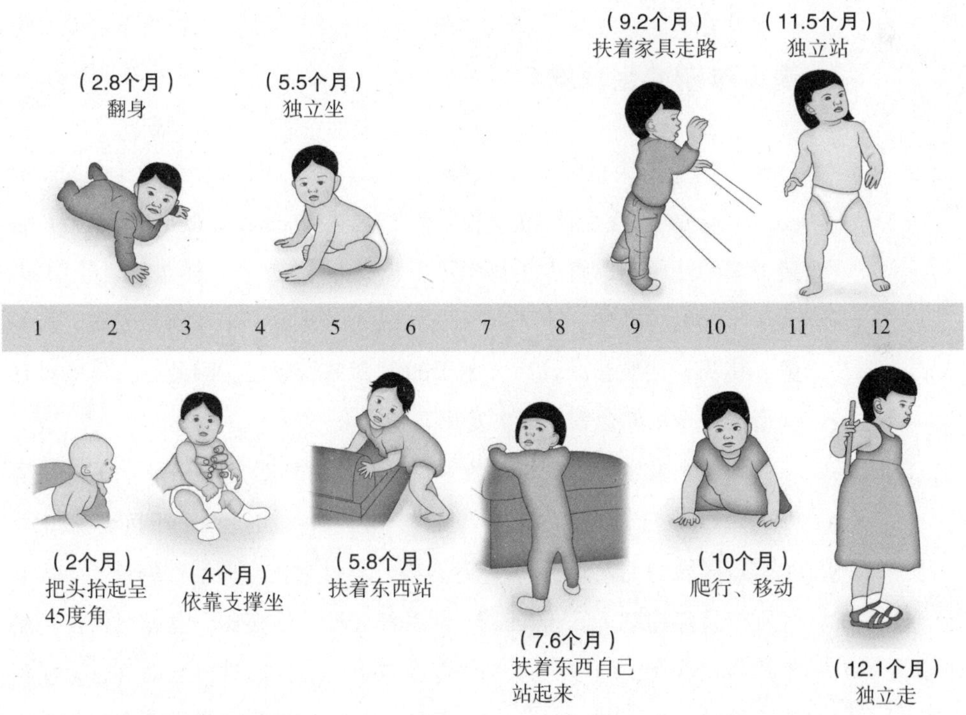

图 10.5　运动发展成熟的时间表

学步的发展并不需要特别的教导。我们人类中身体健全的个体在出生后的第一年都会经历许多相同的发展阶段。

境输入的重要性。经历额外运动训练的儿童可能会更快达到运动发展的里程碑，而运动经验受限的儿童可能就会发展得较为迟缓。尽管如此，在这种个体差异中，你仍然可以认为所有无缺陷的新生儿都具有同样的生理成熟潜质。

儿童的生理发展遵循两条一般原则。*头尾原则*（cephalocaudal principle）指的是发展是按照从头到脚的顺序进行的。例如，婴儿通常先学会控制手臂，然后再学会控制腿部。*近远原则*（proximodistal principle）是指身体靠近中心的某些部位的发展先于四肢。例如，儿童手臂的发展先于手掌，而手掌的发展先于手指。最后，发展通常是从*粗大*运动技能发展到*精细*运动技能。大肌肉运动技能需要更大的肌肉，比如婴儿的踢腿或翻身。精细运动技能需要小肌肉更精确的协调。随着精细运动技能的发展，婴儿能够握住物体或把它们放进嘴里。

青少年期的生理发育

儿童期结束的第一个具体指标就是*青春期生长突增*（pubescent growth spurt）。在女孩 10 岁和男孩 12 岁左右，生长激素进入血液。在接下来的几年中，青少年每年可以长高 8~15 厘米，体重也迅速增加。青少年的身体并非一下子就发展到成人的比例。手和脚最先发育得与成人相当，四肢紧跟其后，躯干的发育最为缓慢。因此，个体的整体体型在青少年期会发生多次变化。

另一个发生在青少年期的重要过程是**青春期**（puberty），它伴随着性成熟。（拉丁语“pubertas”意为“覆盖着毛发”，是指四肢、腋下和生殖器区域的毛发生长。）在青春期，男性会产生有活性的精子；而女性则会**月经初潮**（menarche），即月经开始。在美国，女孩月经初潮的平均年龄在 12~13 岁，但正常范围是 11~15 岁。对男孩而言，首次产生活性精子的平均年龄在 12~14 岁，但这一时间同样也存在较大的个体差异。这些生理变化通常会带来性觉醒。在第 11 章中，我们将讨论性动机的萌发。

另外一些重要的生理变化发生在青少年的脑内。研究者曾经认为，大部分的脑发育在生命的最初几年就已完成。然而，近些年使用脑成像技术的研究发现，脑在青少年期也一直在持续发育（Paus, 2005）。研究者发现，两个脑区的变化在该时期尤其重要，即负责情绪过程调节的**边缘系统**以及负责计划和情绪控制的**前额叶**（见第 3 章）。但是，边缘系统比前额叶更早发育成熟。这些脑区变化的相对时间可以解释青少年期社会性发展最突出的一个方面：青少年往往会做出一些危险行为（Andrews-Hanna et al., 2011）。

在回顾整个生命周期的社会性发展时，我们将再次从社会性发展的层面提及危险行为。现在，我们重点关注的是生理发展。研究者推断，边缘系统的成熟为青少年步入社会做好了准备，“从进化的角度来看，青少年期是获得独立技能，从而成功脱离家庭保护的阶段”（Casey et al., 2008, p.70）。在进化的背景下，负责抑制和控制情绪驱力（向往独立）的前额皮质区成熟较晚是有其意义的。脱离家庭后，为了生存，青少年不得不开始冒险。问题在于，在现代社会中，青少年通常不再离开家庭。因此，寻求新异刺激和冒险的进化冲动也就丧失了适应性功能。所幸，随着青少年逐渐进入成年期，前额叶逐渐发育成熟（Steinberg, 2008）。前额叶和边缘系统之间建立了新的连接，这些新连接使得个体能够对情绪冲动进行更多的认知控制。

青少年期过后，个体的身体再次进入生命历程中生物变化相对较小的阶段。你可能会通过各种方法来影响自己的身体，例如饮食和锻炼，但下一波显著的变化是老化的一贯后果，这要到成年中期和晚期才会发生。

成年期的生理变化

随着年龄的增长，一些最显而易见的变化与个体的外表和能力有关。当你逐渐变老，你会发现自己的皮肤有了皱纹，头发越来越稀少并变得灰白，身高也会下降 2~5 厘米。你还会发现自己的感官也不如

为什么研究者给出"用进废退"的忠告?

以前灵敏了。这些变化并不是在65岁时突然发生的，它们从成年早期就逐渐开始了。然而，在思考一些常见的与年龄有关的变化之前，我们想强调一个一般性的观点：许多生理变化并不是因为老化，而是因为不使用。有研究结果支持了一条普遍的格言——"用进废退"。持续（或重新开始）锻炼身体的老年人，较少体验到那些通常被认为由衰老所带来的不可避免后果的困难。然而，我们现在来看一些在很大程度上不可避免的变化，它们往往会影响成年人看待其生活的方式。

视觉　从四五十岁开始，大多数人的视觉系统功能开始发生变化：眼睛的晶状体弹性下降，调节晶状体厚度的肌肉功能减弱。这些变化导致眼睛看近处的物体变得困难。晶状体硬化也会影响眼睛的暗适应，这会造成老年人夜间视物困难。许多这类正常的视力变化可以通过佩戴矫正视力的眼镜进行辅助。随着年龄的增长，眼睛的晶状体也会变黄。研究者认为，晶状体变黄是一些老年人颜色视觉衰退的原因。有些老年人尤其难以区分较短波长的颜色，如紫色、蓝色和绿色。在对美国1 219名成年人的抽样调查中，17%的人报告在45岁时出现视力下降。在75岁及以上的老年人中，这一数字增至26%（Horowitz et al., 2005）。

听觉　听力丧失在60岁及以上的人群中相当普遍。老年人在听高频音时普遍会有困难（Mendelson & Rajan, 2011）。老年人可能难以理解他人的言语，特别是那些用高音说出的语言。（奇怪的是，随着年龄的增长，人们说话的音调会因声带硬化而变高。）听力丧失是渐进式的，在变得严重之前很难被人觉察。此外，即使个体意识到听力丧失，他们也许会否认这一点，因为这被视为人们不愿看到的老化征兆。听力丧失的某些生理因素可通过助听器的帮助来克服。同样，你也应该意识到，当你变老或与老年人打交道时，压低音调、咬字清晰和减少背景噪声，均有助于你们之间的交流。

生育和性功能 我们已经知道，青春期标志着生殖功能的开始。在成年期的中晚期，生殖能力下降。到了 50 岁左右，大多数女性会经历**更年期**（menopause），停止月经和排卵。对男性来说，变化不会那么突然，但男性 40 岁后活性精子的数量会减少，而 60 岁后精液量也会减少。当然，这些变化主要与生殖有关。年龄的增长和身体的变化并不一定会损害性体验的其他方面（Delamater & Sill, 2005; Lindau et al., 2007）。

我们已经简要回顾了生理发展的里程碑。在此背景下，我们现在转向个体理解周围世界的能力是如何发展的。

STOP 停下来检查一下

❶ 爬行经验如何影响儿童在视崖实验中的表现？

❷ 关于青少年期的脑发育，近期的研究有什么新发现？

❸ 为什么年龄的增长通常会影响个体的颜色视觉？

毕生的认知发展

个体对物理现实及社会现实的理解在一生中是如何变化的？**认知发展**（cognitive development）研究的是随着时间的推移而出现和变化的心理过程及其产物。由于研究者对最初出现的认知能力特别感兴趣，本节将主要关注认知发展的早期阶段。然而，我们也将讨论研究者关于成年期认知发展的某些发现。

下面，我们对认知发展的讨论将从已故瑞士心理学家皮亚杰的开拓性工作开始。

皮亚杰关于心理发展的观点

近半个世纪以来，**皮亚杰**（Piaget, 1929, 1954, 1977）提出了一套有关儿童思维、推理和问题解决的理论。也许皮亚杰对认知发展的兴趣源于他本人在青少年时期活跃的智力表现：他在 10 岁时发表了第一篇文章，14 岁时就获得了博物馆馆长的职位（Brainerd, 1996）。皮亚杰采用简单的示范法对自己的孩子以及其他儿童进行了机敏的访谈，形成了有关早期心理发展的复杂理论。他的兴趣并不在于儿童拥有信息的数量，而在于他们的思维方式以及对外部物理世界的内部表征在发展的不同阶段是如何变化的。

发展变化的基本单元　皮亚杰把那些使个体能够理解世界的心理结构称为**图式**（scheme），图式是发展变化的基本单元。皮亚杰将婴儿的最初图式描述为*感知运动智力*，即指导感知运动序列（如吮吸、注视、抓握和推等）的心理结构或程序。经过练习，基本的图式可以组合、整合和分化成更为复杂多样的行为模式，就像当儿童推开不想要的物体去抓其身后想要的物体一样。皮亚杰认为，两个基本过程协同工作来实现认知的发展，这两个过程就是同化和顺应。**同化**（assimilation）是对新的环境信息加以修改，使之适合个体已有的知识结构。例如，儿童使用已有的图式来组织新输入的感官数据。**顺应**（accommodation）就是对儿童已有的图式进行修改或重构，从而使新信息得到更完整的解释。

从吮吸母亲的乳头到吮吸奶瓶上的奶嘴，再到用吸管喝，最后到用杯子喝，想象一下，婴儿在这期间必须做出哪些转变。最初的吮吸是与生俱来的反射行为，但必须做出一些改变，婴儿的嘴才能适应母亲乳头的大小和形状。在适应奶瓶的过程中，婴儿仍然使用许多未变的行为序列（同化），但他们必须用不同于以前的方式抓握橡皮奶嘴，

表 10.2　**皮亚杰的认知发展阶段**

阶段 / 年龄	特征和主要成就
感知运动阶段（0~2 岁）	儿童的生活始于少量感知运动序列。 儿童发展出客体恒常性，并开始进行符号思维。
前运算阶段（2~7 岁）	儿童的思维具有自我中心和中心化的特点。 儿童具备了更好的符号思维能力。
具体运算阶段（7~11 岁）	儿童理解了守恒。 儿童能就具体的、实在的物体进行推理。
形式运算阶段（11 岁以后）	儿童发展出抽象推理和假设思维的能力。

并学会以适当的角度握住奶瓶（顺应）。从奶瓶到吸管再到水杯，这些过程需要更多的顺应，但仍然依赖于早期的一些技能。皮亚杰认为，认知发展正是这种同化与顺应相互交织的结果。同化和顺应的平衡作用，使儿童的行为和知识越来越少地依赖具体的外部现实，越来越多地依赖抽象的思维。

认知发展的阶段　皮亚杰认为，儿童的认知发展可分为四个有序但不连续的阶段（见**表 10.2**）。他认为，所有的儿童都以同样的顺序经历这些阶段，虽然与其他儿童相比，某些儿童可能需要更长的时间来通过某个特定的阶段。

感知运动阶段　感知运动阶段（sensorimotor stage）大约是从出生到 2 岁。在出生后的最初几个月内，婴儿的大部分行为都以有限的先天图式为基础，如吮吸、注视、抓握和推。在第一年中，感知运动序列得以改善、组合、协调和整合（如吮吸和抓握、注视和摆弄）。随着婴儿发现自己的行为对外界能够产生影响，他们的行为变得更为丰富多彩。

在婴儿期，最重要的认知发展就是儿童获得了对不在眼前的客体形成心理表征的能力。所谓不在眼前的客体，是指儿童的感知运动不能直接接触到的客体。**客体恒常性**（object permanence，也译作“客体永久性”）是指儿童理解了客体可以独立于他们的行为和知觉而存在或运动。在生命的最初几个月里，儿童的目光追随客体，但当客体从视野中消失时，他们会移开目光，就好像客体不存在了一样。然而，到3个月大时，他们会持续盯着物体消失的地方看。到8~12个月大时，儿童开始寻找那些消失的客体。到2岁时，儿童已经能够确定，“消失”了的客体仍持续存在（Flavell, 1985）。

前运算阶段　前运算阶段（preoperational stage）是在2~7岁。在这一发展阶段，认知上的最大进步是儿童对不在眼前的客体有了更好的心理表征能力。除此之外，皮亚杰还根据儿童不能做什么来定义前运算阶段。例如，皮亚杰认为，年幼儿童的前运算思维的特点是**自我中心**（egocentrism），即他们不能站在他人的角度来思考问题。如果你曾听过一个2岁孩子与其他孩子的对话，你就可能注意到过这种自我中心性。这一年龄的儿童似乎经常在自言自语，而不是与他人交流。

前运算阶段的儿童也会经历**中心化**（centration），即他们往往只关注情境的某一方面，而忽略了其他相关方面。皮亚杰的经典实验例证儿童的中心化，在实验中，儿童不能理解液体的总量不会随容器的大小和形状而改变。

研究特写

将同样多的柠檬汁倒进两个相同的杯中，5岁和7岁的儿童都认为杯中有同样多的柠檬汁。然而，当把其中一个杯中的柠檬汁倒进另一个细长的高杯中时，这两组儿童的看法发生了分歧。5岁的儿童虽然知道高杯中的柠檬汁还是原来杯中的柠檬汁，但他们却认为现在的柠檬汁更多了。7岁的儿童正确地断言两杯中柠檬汁的量并没有差异。

在皮亚杰的实验中，年幼儿童的注意力固着于知觉上突出的单一维度——杯中柠檬汁的高度。年龄大一点的儿童既考虑到高度，也考

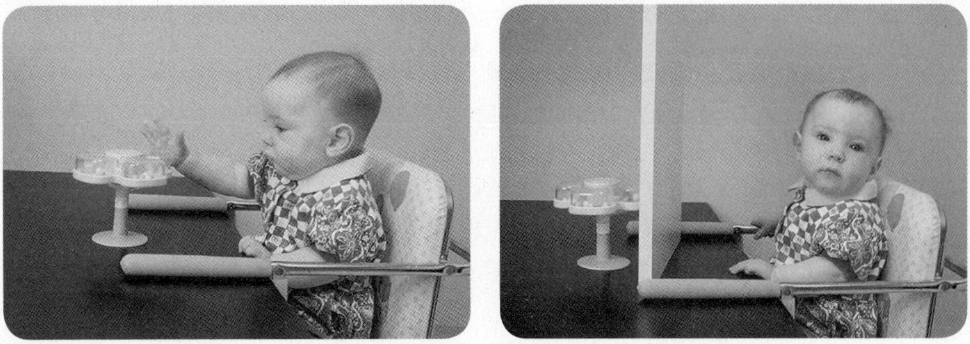

皮亚杰观察到，典型的 6 个月大的婴儿会注意诱人的玩具（左图），但如果屏幕挡住了视线，他很快就会失去兴趣（右图）。2 岁大的儿童会对物体有什么样的理解?

虑到宽度，从而正确地推断出表象并不代表实质。

具体运算阶段　具体运算阶段（concrete operations stage）是在 7~11 岁。在这个阶段，儿童具备了心理运算能力，即在脑中执行活动，从而产生逻辑思维。研究者通常会把前运算阶段与具体运算阶段相对照，因为在具体运算阶段，儿童能够完成他们早先不能完成的一些任务。具体运算使得儿童可以用心理活动代替物理活动。例如，如果一个儿童看到亚当比扎拉高，后来又看到扎拉比塔尼娅高，那么在无须实际比较三人身高的情况下，这个儿童就能推断出亚当在三人中是最高的。但是，如果只是用言语来表述这个问题，则这个儿童还是不能做出准确的推断（亚当最高）。只有达到形式运算阶段，儿童才能运用抽象思维来解决这类问题。

上述关于柠檬汁的研究还表明了具体运算阶段的另一个标志。7 岁的儿童已经掌握了皮亚杰所谓的**守恒**（conservation）：他们知道，在不增加或减少的情况下，即使物体的外观发生了变化，其物理属性也不会改变。**图 10.6** 展示了皮亚杰从不同维度测试守恒的例子。儿童新获得的可应用于执行守恒任务的运算之一是可逆性。*可逆性*是指儿童能理解物理活动和心理操作都是可逆的：儿童可以推理说，柠檬汁的总量不可能发生变化，因为当物理操作被反向执行，即将柠檬汁倒回原先的杯子中时，两者的总量将再次看起来一样多。

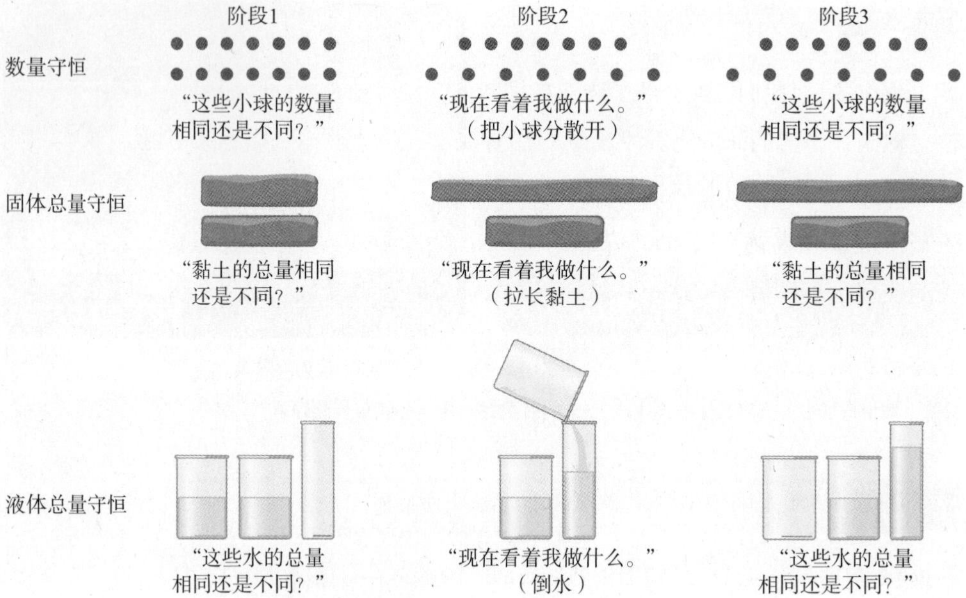

图 10.6 **守恒测验**（见彩插）

形式运算阶段　形式运算阶段（formal operations stage）大约始于 11 岁。在认知发展的这个最后阶段，儿童的思维变得抽象化。青少年能够认识到，他们所感知的特定现实只是众多可以想象到的现实中的一个，他们开始思考真理、公平和存在等深刻的问题。他们开始系统地寻求问题的答案：一旦达到了形式运算，儿童可以开始担当科学家的角色，按顺序逐一尝试一系列的可能性。青少年也开始能使用我们在第 8 章中描述的高级演绎推理。与年幼的弟弟妹妹不同，他们具有从抽象的前提（"如果 A，则 B"和"非 B"）得出逻辑结论（"非 A"）的能力。

关于早期认知发展的当代观点

皮亚杰的理论依然是我们理解认知发展的经典的参照点（Feldman, 2004; Flavell, 1996）。然而，当代研究者已经提出了一些更为灵活的研究儿童认知能力发展的方法。

婴儿的认知　我们已经介绍了皮亚杰推断认知发展结论的一些研究方法，但是，当代的研究者开发出了一些新技术，这让他们可以重新审视皮亚杰的结论。以客体恒常性为例，皮亚杰认为这是 2 岁儿童认知发展上的重大成就。然而，采用当代技术的研究表明，3 个月大的婴儿其实就已经发展出了这一概念的某些方面。研究者**蕾妮·巴亚尔容**（Renée Baillargeon）及其同事设计的不同研究任务就证实了这个重要发现。

研究特写

在一项研究中，4 个月大的婴儿观看实验者放下一个宽的长方形物体（Wang et al., 2004）。在一种条件下，物体下落的路径在一个宽的遮挡物后，该遮挡物足以完全挡住长方形物体。在另一种条件下，物体下落的路径在一个窄的遮挡物后，该遮挡物不能完全遮挡住长方形物体。随着下落事件的进行，一块幕布会遮挡住物体下落的后半段，当幕布撤除时，物体被完全遮挡住。婴儿在这两种条件下会作何反应？如果他们不具备客体恒常性的概念，我们推测，他们在两种条件下都不会感到困惑：一旦长方形物体消失，我们预测婴儿不能回忆起它们曾存在过。假设婴儿对客体有一些记忆，在这种情况下，我们预测像观看事件的成人一样，他们会对宽的物体可以被窄的遮挡物遮挡感到相当惊讶。为了测量婴儿的惊讶程度，研究者记录了幕布撤除后婴儿观看演示的时间。结果发现，那些看到窄的遮挡物的婴儿看演示的时间，比那些看到宽的遮挡物的同伴大约长 16 秒。长方形物体离开了婴儿的视野，但并没有脱离他们的脑海。

我们不能把婴儿的惊讶视为他们已经完全掌握客体恒常性概念的证据，也许他们只是觉得有点儿不对劲，但并不确切知道什么地方不对。即使这样，巴亚尔容及其同事的研究也表明，即便是特别小的孩子也已经获得了有关物理世界的重要知识。

研究者开发出的了解婴儿心理的创新方法，使我们能够不断地改变着对“婴儿知道什么以及他们如何知道”的理解。想一想知觉过程的发展。我们在本章中曾谈及婴儿天生具有“生存机制”。然而，他们关于这个世界的经验扩展了其感知和概念能力。例如，作为成年人，你可以很容易地识别出一个二维图像表征了一个三维物体。这种能力是何时开始出现的？通过测量注视时间（类似于巴亚尔容及其同事所使用的方法），研究者证实9个月大的婴儿已经具备这种识别能力，例如，他们可以识别一张绵羊的线条画对应一个三维的毛绒羊玩具（Jowkar-Baniani & Schmuckler, 2011）。接下来我们考虑第二个例子，它展示了婴儿是如何逐步理解世界运作的。假设你看了两段视频片段，视频中一个小生灵或一个移动的球使一堆杂乱的积木变得整齐有序。作为成年人，你知道非生命体通常不会自己让世界变得更有秩序，因此，那段球的视频可能会让你更惊讶。根据对注视时间的测量，12个月大的婴儿表现出了同样的惊讶（Newman et al., 2010）。然而，7个月大的婴儿观看两段视频的时间相同。因此，对生命体和非生命体的因果属性的理解是在出生后第一年的下半年发展起来的。

心理理论　随着儿童认知能力的发展，他们逐渐明白其他人也拥有这个世界的认知经验，并且这些认知经验未必与他们自己的完全相同。随着时间的推移，儿童会发展出一种**心理理论**（theory of mind），即一种基于对他人心理状态的理解来解释和预测他人行为的能力。**表 10.3** 提供了研究者用于评估心理理论发展的任务示例（Wellman et al., 2011）。这些任务分别考察了儿童在多大程度上理解他们对世界的愿望、信念、知识或感受与他人的有所不同。儿童在不同的时间获得心理理论的不同方面：大多数美国儿童按照表10.3自上而下的顺序获得这些能力，并且是在2岁到6岁这几年内获得的。

尽管如此，研究者发现心理理论的某些方面在婴儿期就已出现。思考一下行为和目的（人们的意图）的关系。作为成年人，你已经习惯了在看到人们做出某种行为时去推测其目的。例如，看到某人掏

表 10.3　用于评估心理理论发展的各种任务

任务	描述
愿望多样性	儿童判断两个人（自己与他人）对同一客体有不同的愿望。
信念多样性	在不知道哪个信念为真的情况下，儿童判断两个人（自己与他人）对同一客体有不同的信念。
知识通达	儿童看到盒子里装的是什么，然后判断另一个没看到盒子内情况的人（是或否）具备这一知识。
错误信念	知道被替换过的容器内装有什么物品的儿童，判断另一个人（不知容器被替换过）对容器内物品的错误信念。
隐藏情绪	儿童判断一个人对事物会有某种感受，但却表现出另一种情绪。

资料来源：Sequential progressions in a theory-of-mind scale: Longitudinal perspectives by Henry M. Wellman, Fuxi Fang, and Candida C. Peterson, *Child Development*, 82, pages 780–79, copyright © 2011 Society for Research in Child Development. Reprinted by permission of John Wiley and Sons.

出一串钥匙，你很容易推断他 / 她可能想打开某些东西。你是从何时开始理解行为和目的是如何相关的？研究者指出，7 个月大的婴儿已经开始区分受目的指导的行为和不受目的指导的行为（Hamlin et al., 2008）。考虑另一个例子，当你的朋友用手指向某个物体时你会如何反应？作为成年人，你推断朋友的行为是受意图引导的：你应该把注意力转向手指的方向。与此相似，12 个月大的婴儿能通过大人做出的指向手势找到隐藏的玩具（Behne et al., 2012）。这些研究表明，婴儿是如此仔细地关注着他们周围的世界，以发展对他人行为背后的心理状态的理解。

社会和文化对认知发展的影响　当代研究者的另一关注点是社会互动在认知发展中的作用。这类研究大都可以追溯到俄国心理学家**维果斯基**（Lev Vygotsky, 1896—1934）的理论。他认为儿童通过内化过程而获得发展。所谓**内化**（internalization），是指儿童从自己的社会环境中吸收知识，这种知识对认知如何随时间而展开具有重大影响。

维果斯基开创的社会理论得到了有关发展的跨文化研究的支持（Gauvain et al., 2011）。由于皮亚杰的理论一开始就引发了发展研究者们的注意，他们中的许多人试图使用其任务来研究不同文化背景下儿童的认知成就（Maynard, 2008）。结果，这些研究开始对皮亚杰观点的普遍性提出了质疑。原因之一是，在许多文化中，儿童并没有表现出皮亚杰主张的形式运算。在晚年，皮亚杰本人也开始推测，被他描述为形式运算的那种发展成就也许更多源于儿童所获得的特定的科学教育，而不是源于由生物因素决定的认知发展阶段的展开（Lourenco & Machado, 1996）。

维果斯基的内化概念有助于解释文化对认知发展的影响。儿童的认知发展是为了执行那些从文化视角来看重要的功能（Fleer & Hedegaard, 2010; Serpell, 2000）。例如，皮亚杰发明的任务反映了他自己对什么是适当的和重要的认知活动这一问题的先入之见。其他的文化更希望本文化中的孩子在别的方面卓越。如果根据对手工编织的认知复杂性的理解来评价皮亚杰任务中的儿童，那么与危地马拉的玛雅儿童相比，他们的发展可能会显得相对迟滞（Rogoff, 1990）。认知发展的跨文化研究通常表明，学校教育的类型在决定儿童完成皮亚杰任务的成绩方面具有很大的作用（Rogoff & Chavajay, 1995）。心理学家必须使用这些不同类型的发现来区分认知发展中的先天成分和教养成分。

到目前为止，我们所描述的发展变化都是十分显著的。我们很容易看出，12 岁的儿童具有 1 岁婴儿所不具备的各种认知能力。接下来，我们将转向发生在整个成年期的更细微的变化。

成年期的认知发展

当我们追溯从儿童期到青少年期的认知发展时，“变化”通常意味着“变得更好”。然而，当我们进入成年期晚期时，文化刻板印象则认为，“变化”意味着“变得更糟”（Parr & Siegert, 1993）。然而，即使人们认为成年期会带来普遍的衰退，他们还是预期在生命晚期仍然能有所收获（Dixon & de Frias, 2004）。下面，我们将通过考察成年期的智力和记忆来看看丧失与获得的相互作用。

智力　几乎没有证据支持健康老年人的一般认知能力会下降这一看法。全美人口中只有大约 5% 的人会出现较大程度的认知功能下降。当出现与年龄相关的认知功能下降时，它通常只局限于某些能力。如果把智力分为言语能力（*晶体智力*）和快速学习能力（*流体智力*）这两种成分，那么随年龄的增长而表现出较大程度下降的是流体智力（Hertzog, 2011）。流体智力的下降很大程度上可归因于加工速度的普遍变慢，即完成需要在短时间内进行许多心理操作的智力任务时，老年人的表现会显得受到了较大的损害（Sheppard & Vernon, 2008）。

老年人如何能够最大限度地减少认知表现随年龄增长而下降，这是从事认知能力的研究者一直感兴趣的问题。“用进废退”这一格言备受关注。例如，一项以一组平均年龄为 69 岁的老年人为对象的研究（Bielak et al., 2007）发现，在日常生活中保持高水平的社交活动、体育锻炼和智力活动的老年人，在认知任务中的加工速度也最快。这些结果似乎支持了“用进废退”的观点。但是，正如我们在第 2 章中讲过的，对这类结果的解释很容易被混淆：相关不等于因果（Salthouse, 2006）。这一结果可能表明，高水平的活动使得加工速度能够保持相对较高的水平。但是，我们也必须考虑到另外一种可能，即加工速度下降较少

许多杰出人物，如纳尔逊·曼德拉，在他们 70 多岁甚至更老的时候，仍在作出重要的贡献。在成年期晚期，如何才能保持智力的某些方面不衰退呢？

使得某些老年人能够保持较高的活动水平。

尽管很难证明“使用”能够预防“丧失”，但研究者还是提供了一些证据，证明“多用”能够改善智力功能（Hertzog et al., 2008）。接下来，我们看看频繁使用电脑有助于对抗智力下降的证据。

研究特写

在一项研究中，年龄为 32 岁至 84 岁的参与者提供了他们使用电脑频率的信息（Tun & Lachman, 2010）。此外，这 2 671 名参与者还完成了一系列认知测试。数据显示，电脑使用频率与认知能力存在正相关：电脑使用越多，认知能力越强。例如，研究者通过一项在两种不同规则之间快速切换的认知任务来评估参与者对刺激的反应能力。使用电脑越多的参与者在这项任务中表现得越好。智力水平较低的参与者在这一任务中受益尤其大。

研究者承认，这些结果只是具有相关性，他们提出存在这样一种可能，即认知能力更强的人可能更多地选择使用电脑。然而，他们认为，这种特定的受益模式有利于作出这样一种解释：多使用电脑可以防止人们的“认知能力丧失”。为了理解这一说法，请你下次在网络空间遨游时试着思考你所投入的多种认知活动。

值得注意的是，有一种智力指标在人的一生中都在不断提升。心理学家已经证明，人的智慧会随年龄的增长而增长（Staudinger & Glück, 2011）。所谓**智慧**（wisdom），是指基本生活实践中的那些专门知识。**表 10.4** 呈现了一些能定义智慧的知识类型（Smith & Baltes, 1990）。你会发现，每种知识类型都是在漫长而深思的生活实践中逐渐获得的。

表 10.4 智慧的特征

- 丰富的事实性知识。有关生活状况及其变化的一般性和特殊性的知识。
- 丰富的程序性知识。有关如何为生活事务提供判断和建议的一般性和特殊性的知识。
- 毕生的背景主义。有关生活的各种语境以及语境间世俗的（发展的）关系的知识。
- 不确定性。有关生活的相对不确定性、不可预见性以及应对方法的知识。

记忆　老年人最常抱怨的是感觉自己的记忆力不如以前了。在许多记忆测验中，60 岁以上的人确实比 20 多岁的人表现得差（Hess, 2005）。但是，老化似乎不会降低老年人提取一般性知识以及回忆多年前发生事件的个人信息的能力。在一项关于姓名和面孔再认的研究中，中年人在毕业 35 年后能够从纪念册中认出 90% 的高中同班同学；老年人在毕业 50 年后能够从纪念册中认出 70%~80% 的高中同班同学（Bahrick et al., 1975）。但老化会影响人们有效组织、存储和提取新信息的过程（Buchler & Reder, 2007）。

然而，迄今为止，研究者还无法完全充分地描述老年人记忆受损的机制，这也许是因为此类受损源于多种因素（Hess, 2005）。有些理论集中探讨了老年人和年轻人在组织和加工信息时努力程度的差异，有些理论关注了老年人对信息的注意力的衰减，还有一类理论考察了产生记忆痕迹的大脑系统的神经生物学变化（Charlton et al., 2010）。请注意，这些大脑变化不同于神经组织的异常缠结及斑块样病变，后者会引发阿尔茨海默病患者的记忆丧失（见第 7 章）。研究者还认为，老年人记忆成绩下降的一个原因可能是他们自认为记忆力不好了（Hess & Hinson, 2006）。现在，研究者还在继续探讨这些因素的相对作用。

接下来，我们将从一般性的认知发展转到更为具体的方面——语言的获得。

STOP 停下来检查一下

❶ 在皮亚杰的理论中，同化和顺应之间是什么关系？

❷ 当儿童能克服中心化时，这意味着什么？

❸ 当代的研究对客体恒常性的一些结论做了怎样的修正？

❹ 维果斯基理论的主要观点是什么？

❺ 在人的一生中，认知加工速度会发生什么样的变化？

批判性思考：回忆一下研究 4 个月大婴儿客体恒常性的实验，为什么婴儿的注视时间可以作为检验研究者假设的恰当指标？

语言的获得

有一个引人注目的事实：到 6 岁时，儿童就能够把语言分解成语音和语义单元，用他们发现的规则把声音组合成词，把词组合成有意义的句子，然后积极参与连贯的对话。儿童非凡的语言成就使得大多数研究者认为，学习语言的能力具有生物学基础，即儿童生来就具备语言能力（Tomasello, 2008）。即便如此，根据儿童的出生地，世界上 4 000 多种语言中的任何一种都有可能成为其母语。此外，儿童也为学习口头语言和手势语言（如美国手语）做好了准备。这意味着学习语言的先天基础既十分强大，又具有很强的灵活性（Schick et al., 2006）。

为了解释婴幼儿为什么是语言学习专家，我们将考察那些用于支持儿童具有先天语言能力这一说法的证据；但我们也要承认环境因素在其中所起的作用，毕竟儿童学习的是其所处世界中的特定语言。**表 10.5** 列出了儿童在习得某种手势语言或口头语言时必须掌握的各类知识。你可以回顾第 8 章中“语言的使用”的内容，看看成年人是如何在流利的对话中使用这些知识的。

表 10.5 **语言的结构**

语法学是描述语言结构和使用方式的学科，它包括以下几个领域：
音素学研究构成词的语音。 　**音素**是区分词的最小言语单位，例如 *b* 和 *p* 区分了 *bin* 和 *pin*。 　**语音学**研究语音，并对其进行分类。
句法是指将词组合成句子的方式。例如，主语（*I*）＋动词（*like*）＋宾语（*you*），是标准的英语句子词序。 　**词素**是传递意义的最小语法单位，*bins* 一词有两个词素，*bin* 和 *s*，表示复数形式。
语义学研究词的意义以及它们如何随时间而变化。 　**词汇意义**是指词的词典意义。某个词的意义有时是通过句子中的上下文来表达的［比较“Run *fast*（跑快点）”与“make the knot *fast*（把那个结系紧）”］，有时是通过说话时语气的抑扬顿挫来表达的（分别重读短语“*white house cat*”中的三个词，看看会有什么效果）。
语用学研究参与对话的规则；交流、安排语句顺序、恰当回应他人的社会惯例。

理解言语和词汇

假设你是一名新生儿，听到周围有各种嘈杂的声音。你是如何开始懂得其中的某些声音与人际交流有关？儿童习得某种特定语言的第一步是注意到该语言中被有意义地使用的声音差异（例如，就手势语而言，儿童必须注意到手的位置之间的差别）。人类的声带可以发出许多不同的声音，而每种口头语只是使用了其中的一部分；没有一种语言会使用所有的声音差异。言语中可以区分词的最小单位是**音素**（phonemes），英语中大约有 45 个不同的音素。假定你听到某人说了单词“*right*”和“*light*”，如果你的母语是英语，你很容易就能听出这两个词之间的差别，因为 /r/ 和 /l/ 在英语中是不同的音素。但如果你的语言经验仅局限于日语，你就很有可能听不出这两个词之间的差别，因为 /r/ 和 /l/ 在日语中并不是两个不同的音素。这是因为说英语的人获得了区分这两个音素的能力，还是因为说日语的人失去了这种能力？

为了回答这类问题，研究者需要开发出能从前语言期儿童那里获得语言信息的方法。

研究特写

研究者利用我们在第 5 章中介绍过的操作性条件作用原理，让婴儿在察觉语音发生变化时把头转向声音源。强化这种行为的奖赏是一个亮晶晶的盒子，盒子中有一个会拍手和敲鼓的玩具动物。这个程序能够保证，如果婴儿能够察觉到声音的变化，他们很可能会把头转向声音源。为了测量婴儿区分语音的能力，研究者监控了在发生声音变化时他们转头的频率。

珍妮特·沃克及其同事（Werker, 1991; Werker & Lalond, 1988）利用这种技术，考察了言语知觉能力的先天基础，即类似于区分 /r/—/l/ 这样的问题。沃克研究了在印度语中使用但在英语中不使用的声音差异，对于学习印度语的成年英语使用者来说，这些差异使得他们的学习很困难。沃克及其同事测量了学习英语或印度语的婴儿以及讲英语或印度语的成年人区分印度语的音素差异的能力。结果发现，不管是学习英语还是学习印度语的婴儿，在 8 个月大之前都能区分印度语中的音素差异，但对 8 个月以后的婴儿和成年人来说，只有学习或者讲印度语的人才能听出这种差异。

这类研究显著地表明，你出生时就具有感知声音差异（对口语来说极为重要）的能力。但是，你很快又失去了感知其中某些声音差异的能力，因为在你的母语中不存在这些差异（Werker & Tees, 1999）。

除了言语感知的生物学优势之外，许多儿童也得到了环境的支持。在许多文化中，当成年人对着婴幼儿说话时，他们会使用一种不同于和成年人说话时的特殊语言形式。例如，在与婴幼儿讲话时，成年人通常会放慢语速，使用夸张的高语调，并且采用结构比较简单的短句（Soderstrom, 2007）。根据儿童年龄的不同，研究者把这类言语形式称为**婴儿指向型言语**（infant-directed speech）或**儿童指向型言语**（child-directed speech）。婴儿和儿童指向型言语的特征出现在许多但并非所有的文化中（Kitamura et al., 2002; Lee & Davis, 2010）。研究者提出，这些特殊的说话形式为婴幼儿提供了信息，使得他们能更好地从周围的语言中习得音素和词汇（Song et al., 2010; Thiessen et al., 2005）。

儿童何时能够在一连串指向他们的言语中感知到声音模式（即词）的重复？这是语言习得的第一大步：如果你没有注意到“小狗”这个声音模式总是与那个毛茸茸的小动物一同反复出现，那么你就不可能知道“小狗”与角落里那个毛茸茸的小动物有某种关系。总而言之，婴儿在 6~7 个月大时，似乎就开始意识到重复的声音具有某种意义（Jusczyk, 2003; Jusczyk & Aslin, 1995）。然而，早在几个月之前，婴儿就对一个特殊的词实现了突破：4 个月大时，婴儿就已经能对自己的名字表现出识别偏好了（Mandel et al., 1995）！

学习词的含义

一旦你能够探测到声音和某种经验的同现关系，你就已经为开始学习词义做好了准备。毫无疑问，儿童是学习词汇的能手。在大约 18

个月大时，儿童的词汇学习以惊人的速度发展，研究者把这个阶段称为命名爆炸阶段，因为这时的儿童以极快的速度学习新词，特别是客体的名称（见图 10.7）。到 6 岁时，儿童平均能够理解 14 000 个词汇（Templin, 1957）。假设这些词大部分是儿童在 18 个月到 6 岁这一期间学会的，我们可以算出他们大概一天能学会 9 个新词，或者说他们在醒着的时候几乎是一小时学一个新词（Carey, 1978）。儿童拥有一种特殊能力，研究者称之为快速映射（fast mapping），即儿童能够从极少的经验中学会新词的含义，有时甚至只需接触一次某词及其所指的事物即可（Gershkoff-Stowe & Hahn, 2007）。这怎么可能呢？

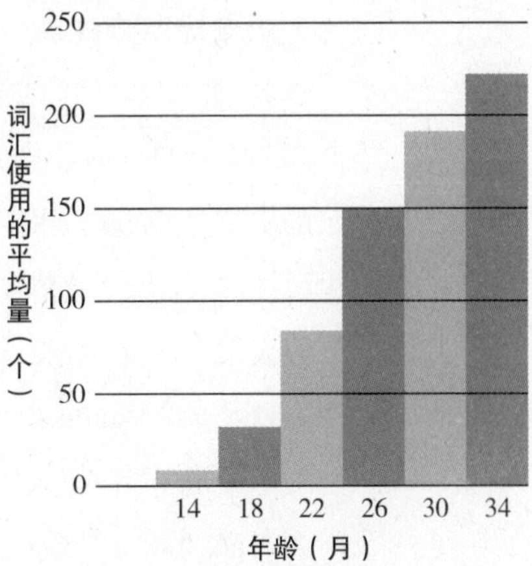

图 10.7　儿童词汇量的增长

在学会第一批词汇后不久，儿童的词汇量就会迅速增长。这些纵向数据显示了儿童在 90 分钟内与其照护者在日常活动中使用的词汇量。

资料来源：摘自 Huttenlocher, J., Waterfall, H., Vasilyeva, M., Vevea, J., & Hedges, L. V. (2010). Sources of variability in children's language growth. *Cognitive Psychology, 61*, 343–365。

设想一种简单的情景：一个孩子和父亲在公园中散步，父亲指着某个东西说："这是一只小狗。"这个孩子必须确定"狗"这个词到底是指世界中的哪一部分。这并不是一件容易的事（Quine, 1960）。"狗"也许是指"任何有四条腿的生物"，也许是指"动物的毛皮"，也许是指"动物的叫声"，抑或是指某人每次指向一只狗时可能都正确的其他一大堆含义中的任何一个。在所有这些可能性中，儿童如何能确定一个词的含义？

研究者认为，儿童会像科学家一样工作：会对每个新词的含义形成一些假设。你可以在下面的例子中看到他们的科学头脑在积极地工作，儿童会过度扩展某个词的含义，错误地用这个词来表达更大范围的东西。他们也许会用"狗"来指代所有的动物，用"月亮"来指代所有的圆形东西（包括钟表和硬币）。在另外一些时候，儿童也许会过度减小某个词的含义，例如，儿童认为"狗"只是指他家的狗。

但是，儿童形成假设这一观点并不能解释儿童如何在特定的情境中获得特定的含义。有研究者已经提出，儿童的假设可能会受预期的指导，如对比原则。这一原则认为，形式上的差异预示了含义上的差异：当儿童听到新词语时，他们应该会寻找与他们已经掌握的词汇所不同的含义（Clark, 2003）。例如，父亲和女儿在看电视时，节目中有袋鼠在跳，女儿知道单词“跳”（jump），但是不知道单词“袋鼠”（kangaroo）。假设父亲说：“袋鼠（kangaroo）！”接下来会发生什么呢？因为女儿知道“跳”（jump），所以她认为如果“袋鼠”（kangaroo）只是意味着“跳”（jump），那么父亲应该直接说“跳”（jump），不同的形式应该代表不同的意义。现在，儿童能够假设“袋鼠”（kangaroo）指的是那个客体而不是那个行动。她正在逐步掌握“袋鼠”（kangaroo）这个词的含义。如果你花时间观察小孩子，你很可能会注意到对比原则在起作用。例如，儿童很可能因为母亲将他的“消防车”说成“救火车”而生气！

获得语法

在解释儿童如何获得词的含义时，我们把儿童描绘成科学家，他们的假设受到先天原则的制约。我们可以用同样的比喻来描述儿童如何获得把有意义的单位组合成更大单位的规则，也就是语法。儿童面对的挑战是不同的语言有不同的规则。例如，在英语中，句子典型的词序是主格—动词—宾格；但在日语中，典型的词序却是主格—宾格—动词。儿童必须发现他们所使用的语言的词序。他们是如何做到这一点的呢？

现在，大多数研究者认为，这个问题的答案很大一部分存在于人类的基因组中。例如，语言学家**诺姆·乔姆斯基**（Chomsky, 1965, 1975）认为，儿童一出生就具有帮助他们理解和产生语言的心理结构。某些支持语法具有生物学基础的最佳证据来自这样一个事实，即儿童在缺少良好语言输入的情况下仍然能够获得完整的语法结构。例如，研究者研究了严重失聪的儿童，这些儿童不能获得口头语言，而其父母也没有让他们接触完整的手势语，如美国手语（Franklin et al., 2011;

Goldin-Meadow, 2003）。这些儿童开始创造自己的手势系统，尽管环境并不支持他们所创造的语言，但他们的手势系统产生了规则的语法结构。“无论是否有已建立的语言作为向导，儿童在建立交流系统时，似乎已经准备好在词和句子的水平上追求结构”（Goldin-Meadow & Mylander, 1990, p. 351）。

儿童通过倾听周围人的言语模式来发展语言流畅性。有什么证据表明他们在学习语法方面具备生物学上的优势?

但是，研究者如何才能具体说明哪些知识是先天的？研究这个问题最有效的手段是考察许多不同语言中的语言获得，即*跨语言研究*。通过在全世界的许多语言中考察儿童容易获得什么以及难以获得什么，研究者就可以确定语法的哪些方面最有可能得到先天倾向的支持。

我们再次回到儿童是科学家这一类比上。儿童在学习某种特定语言时会受到某些先天机制的制约。**丹・斯洛宾**把这些准则定义为构成儿童**语言生成能力**（language-making capacity）的一系列操作原则。根据斯洛宾（Slobin, 1985）的理论，操作原则以指令的形式作用于儿童。例如，这是一种有助于儿童发现词与词组合起来构成一个语法单元的操作原则：“把在特定命题类型表述中同现的词类和功能词类的有序序列，连同该命题类型的标记存储在一起（p. 1252）。”简言之，这个操作原则表明，儿童必须掌握词出现的顺序与其词义之间的关系。通过综合其他研究者提供的大量数据（他们考察了许多不同的语言），斯洛宾总结出了一系列操作原则。我们将用英语作为例子来说明这些原则是如何起作用的。

思考一下，讲英语的儿童在 2 岁左右开始使用词的组合（*双词阶段*）时，他们能做些什么。这时儿童的言语被描述为*电报句*，因为它主要是一些通常只包含名词和动词的简单短句。电报句中缺少有助于表达词与思想之间关系的功能词（如 *the*、*and* 和 *of* 等）。例如，“All gone milk”就是一个电报句。成年人必须结合语境才能理解双词句。例如“坦尼娅球”可以指“坦尼娅想要球”或者“坦尼娅扔球”，抑或其他什么意思。即便如此，有证据表明，处于双词阶段的儿童已经获得了某些英语语法知识。操作原则使他们能够发现，词序在英语中很重要，依次出现的三个关键成分是动作发出者—动作—客体（主格—动词—宾格）。支持这一“发现”的证据是，儿童把句子“玛丽的小羊跟着她去了学校（Mary was followed by her little lamb to school）”，误解为“玛丽（动作发出者）跟随（动作）她的小羊（客体）（Mary followed her little lamb）”（见**图 10.8**）。随着时间的推移，儿童必须利用其他的操作原则来发现“动作发出者—动作—客体”这条规则也有例外。

现在再回来思考一下斯洛宾称之为*扩展*的操作原则，该原则要求儿童使用同一个意义单位（词素）来标记同一个概念。这些概念的例子包括所有格、过去式和进行式。在英语中，这些概念都是通过在一个实义词后面加上一个符合语法的词素，例如 *-'s*（如 Maria's）、*-ed*（如 called）和 *-ing*（如 laughing）来表达的。请注意，在名词或动词后面加上这些发音后，其意义发生了什么样的变化。

图 10.8　语法的获得

许多学步儿认为句子“Mary was followed by her little lamb”和句子“Mary followed her little lamb”具有相同的意思。

儿童利用诸如扩展之类的操作原则来形成此类词素如何工作的假设。然而，因为这一原则需要儿童用同样的方式来标记所有情况，所以儿童通常会产生**过度规则化**（overregularization）的错误。例如，一旦儿童在掌握了过去式的规则（在动词后面加 -ed）后，他们会把 -ed

生活中的心理学

成为双语者会对儿童有何影响

在“语言的获得”这一节中，我们主要关注儿童学习单一语言的过程。然而，在世界范围内，许多儿童在很小的时候就成了*双语者*——他们同时学习不止一种语言。你可能想知道他们是如何做到的。例如，当他们所处的环境中出现了两个意思相同的单词（如英语中的 *dog* 和西班牙语中的 *perro*）时，这些儿童会如何应对？一种可能是，他们把两种语言整合成一个大的存在于头脑中的词典。然而事实似乎并非如此。令人惊讶的是，从学习双语的最初那刻起，他们似乎就已将两个或两个以上的词汇表分离开（Montanari, 2010）。他们很快就能在合适的语言环境下产生合适的词。

尽管如此，成为双语儿童仍需付出潜在的代价。从本质上讲，他们需要将相同的语言学习时间分配到两种不同的语言学习中。结果之一就是，双语儿童所掌握的每种语言的词汇量都比只用一种语言的同龄儿童的少。例如，一项研究考察了 1 738 名年龄为 3~10 岁的儿童理解一种语言或两种语言中词汇的能力（Bialystok et al., 2010）。尽管有些双语儿童的词汇量比只用一种语言的同龄儿童的词汇量大，但在这 7 年的时间段中，双语儿童的平均词汇量都较小。

在你决定永远不让孩子在早期成为双语者之前，我们有一个重要的澄清：词汇量和词汇技能之间的差异是双语唯一持续存在的负面影响（Bialystok & Craik, 2010）。事实上，研究者已证明双语能带来许多积极的结果。在一项研究中，只会单一语言的 6 岁儿童和会双语的 6 岁儿童分别观看了四幅双关图（Bialystok & Shapero, 2005）。其中一幅是在第 7 章中出现过的“鸭—兔图”。研究者评估了儿童知觉到每幅图中的两种不同解读的容易程度。结果表明，双语儿童的表现始终优于只会一种语言的儿童。为什么会这样呢？研究者认为，“信息加工的优势很可能源于（双语儿童）为了流利地使用其中一种语言而不得不持续地管理两个活跃的语言系统”（p. 596）。

更普遍的说法是，在需要选择性注意和认知灵活性的任务中，双语儿童能更好地控制自己的认知资源。这种能力被称为*执行控制*。双语者早在 2 岁时就已表现出比只会一种语言的同龄人更强的执行控制能力（Poulin-Dubois et al., 2011）。此外，由于执行控制的益处，终身使用双语可能会使人们免受某些伴随老化而来的认知衰退（Bialystok & Craik, 2010）。

你可以看到双语呈现出的有趣情况。早期就成为双语者的人可能终身都只有更少的词汇量（就一种语言而言）。但与此同时，他们很可能在需要执行控制的各种任务中有更好的表现。这对你来说是一个可接受的取舍吗？

加在所有动词后，产生诸如 *doed* 和 *breaked* 这类不正确的过去式。当儿童学习复数规则（在词尾加 -s 或 -z）时，他们也会过度扩展这一规则，产生像 *foots* 和 *mouses* 这类不正确的词。过度规则化是一种特别有趣的错误，因为它通常出现在儿童学会使用名词和动词的正确形式之后。儿童起初使用正确的动词形式（如 *came* 和 *went*），这显然是因为他们把这些词作为单独的词来学习的；但当他们学习了动词过去式的一般性原则后，他们甚至会把这一规则扩展到对于该规则例外的那些动词上，虽然他们之前能正确地使用那些动词。随着时间的推移，儿童会使用其他操作原则来克服这些暂时的过度应用。

儿童的语言获得对他们的社交能力有巨大的影响。在我们把焦点转向毕生的社会性发展之前，你应该牢记这一点。

STOP 停下来检查一下

❶ 婴儿和儿童指向型言语与成年人指向型言语有何不同？

❷ 为什么儿童会过度扩展词的含义？

❸ 关于失聪儿童的研究如何支持"语法的某些方面具有生物学基础"这一观点？

❹ 你如何发现儿童在过度规则化英语的过去式结构？

批判性思考：思考关于儿童察觉声音差异能力的研究。为什么将母语为英语的成年人和母语为英语的婴儿进行比较很重要？

毕生的社会性发展

通过上面的学习，我们已经了解了从出生到老年期的生理和认知变化是多么巨大。在本节中，我们将探讨**社会性发展**（social development），即个体的社会交往和社会期望在一生中是如何变化的。我们将看到，社会和文化环境与生物学上的老化过程相互作用，为一生中的每个阶段提供了独特的挑战和回报。

在讨论社会性发展时，特别重要的是，你要考虑文化和环境会如何影响我们生活的某些方面。例如，生活在经济困境中的人会遭受“正常”发展过程中所没有的各种压力（Conger et al., 2010; Edin & Kissane, 2010）。美国和世界上其他国家的当前趋势迫使发展心理学家开始考虑艰难生活环境的影响，许多儿童、青少年和成年人正被迫生活在这类环境中，致使他们的心智健康、安全和生存持续受到威胁。美国文化也将男女两性以及少数族群置于不同的生活境况中。例如，2007 年在 65 岁以上的老人中，有 12% 的女性处于贫困中，而只有 7% 的男性生活贫困；在同年龄段的群体中，27% 的非裔美国女性生活贫困，而仅有 9% 的白人女性处于贫困中（Federal Interagency Forum on Aging-Related Statistics, 2010）。这些差异是当代美国社会结构性不平等的直接产物。

当我们在对“平均”生命进程下结论时，你应该记住，文化决定了某些个体会偏离这个均数；在我们描述“普通”个体所面临的心理挑战时，请记住，许多个体面临着非同寻常的挑战。研究者的职责就是记录这些问题所造成的影响，并设计出能减轻这些可怕后果的干预方案。

在阅读本章余下的内容时，你应该记住，生理年龄的增长和文化经验的社会积累是如何共同决定人生任务的。接下来，我们先从埃里克森的毕生发展理论开始关于社会性发展的讨论，该理论清晰地阐述了人生各个阶段的挑战和回报。

埃里克森的心理社会发展阶段

埃里克·埃里克森（Erik Erikson, 1902—1994）是弗洛伊德的女儿安娜·弗洛伊德的学生。他提出每个个体必须成功度过一系列的**心理社会发展阶段**（psychosocial stages），每个阶段都会出现一个主要冲突或危机。埃里克森认为人的一生可分为八个发展阶段（Erikson, 1963）。每个阶段都会有一个特定危机成为焦点（见**表 10.6**）。虽然每个危机

表 10.6 **埃里克森的心理社会发展阶段**

危机	大致年龄	挑战
信任对不信任	0~1 岁	形成世界是安全和美好的感觉
自主对自我怀疑	1~3 岁	意识到自己是一个独立的人，有能力做决定
主动对内疚	3~6 岁	发展出尝试新事物和应对失败的意愿
勤奋对自卑	6 岁至青少年期	学会基本的技能及与人合作
同一性对角色混乱	青少年期	发展出一种连贯的、完整的内在自我意识
亲密对孤独	成年期早期	在充满信任和爱的关系中与他人建立联系
繁殖对停滞	成年期中期	在职业、家庭和社区中，通过生产性活动寻求意义
自我整合对绝望	成年期晚期	对自己的一生感到满意并认为值得

资料来源：Morris, Charles G.; Maisto, Albert A., *Understanding Psychology*, 9th Ed., © 2010. Reprinted the Electronically reproduced by permission of Pearson Education, Inc., Upper Saddle River, New Jersey.

都不会彻底消失，但如果个体想要成功应对后续发展阶段的冲突，就需要充分地解决当前阶段的主要危机。

信任对不信任（trust vs. mistrust） 在埃里克森提出的第一个发展阶段，婴儿需要通过与照护者的互动来建立对环境的基本信任感。信任是对父母的强烈依恋关系的自然伴随物，因为父母能够为他们提供食物、温暖以及由身体接触带来的安慰。但是，如果儿童经历了不一致的照护方式、缺乏身体的亲密接触及其所带来的温暖，并且经常没有体贴的成年人陪伴左右，其基本需要便得不到满足，那么他们就可能发展出一种普遍的不信任感、不安全感和焦虑感。

自主对自我怀疑（autonomy vs. self-doubt） 伴随着行走能力的发展和语言技能的出现，儿童探索和操纵客体（有时是人）的范围得以扩展。这些活动让个体体验到一种舒适的自主感（或独立感），并意识到自己是一个有能力和有价值的人。相反，在第二阶段中，过分地约束和批评儿童可能导致他们出现自我怀疑，而要求过高（如过早或过严格的如厕训练）则可能损害儿童掌握新任务的韧性。

主动对内疚（initiative vs. guilt） 在学前期接近结束时，发展了基本信任感（首先是对周围环境的信任，然后是对自己的信任）的儿童能主动发起智力或运动活动。父母对儿童自主发起的活动的反应方式，要么鼓励儿童形成了下一发展阶段所需的自主感和自信感；要么导致儿童产生内疚感，让他们感觉自己是成人世界中无能的闯入者。

勤奋对自卑（competence vs. inferiority） 到了小学阶段，如果儿童顺利解决了之前的发展危机，那么现在他们就不仅仅是随意地探索和试验了，而是准备系统地发展各项能力。学校和操场成为儿童获得知识技能和运动技能的场所，与同伴的交往为儿童提供了发展社交技能的机会。这些方面的成功将给儿童带来能力感。但是，一些儿童成为了旁观者而不是参与者，或者他们经历了太多的失败以至于产生了自卑感，导致他们无力去面对下一个阶段的发展要求。

同一性对角色混乱（identity vs. role confusion） 埃里克森认为，在不断扩大的社交世界中，青少年面对不同的人时会扮演不同的角色，因此，这一阶段的根本危机是他们需要从这种混乱中发现自己真正的同一性（identity）。成功解决这一危机有助于个体获得统合的自我感；如果失败，则导致青少年缺乏稳定、核心的自我意象。

埃里克森的心理社会发展阶段模型被广泛用于理解人一生的发展。埃里克森提出的哪种危机主导着你这一年龄段的个体?

亲密对孤独（intimacy vs. isolation） 成年期早期的主要危机是解决亲密和孤独之间的矛盾，即发展对他人做出充分的情感、道德和性承诺的能力。做出这种承诺要求个体对一些个人偏好做出妥协，承担一些责任，放弃些许的隐私和独立。如果不能充分解决这个危机，则会导致孤独，无法与他人建立有心理意义的联系。

繁殖对停滞（generativity vs. stagnation） 下一个重要的发展时机出现在成年期中期，称之为繁殖。到了三四十岁，个体不再只关注自己和伴侣，而是将承诺扩展到对家庭、工作、社会和后代的承诺。没有妥善解决之前发展任务的个体则仍将沉溺于自我放纵之中，他们将质疑过去的决定和目标，以安全为代价去追求自由。

自我整合对绝望（ego integrity vs. despair） 成年期晚期的危机是自我整合与绝望之间的冲突。成功解决前几个阶段危机的老年人可以回首往事而不留遗憾，享受一种圆满感。如果先前的危机仍未解决，愿望仍没有实现，那么个体将会体验到无价值感、绝望感和自我贬低。

你会发现，埃里克森的理论框架对于追踪个体一生的发展非常有用。我们首先从儿童期开始。

儿童期的社会性发展

儿童的基本生存取决于和他人建立有意义且有效的关系。**社会化**（socialization）是一个终生的过程，在此过程中，个体的行为模式、价值观、标准、技能、态度和动机被塑造，以符合特定社会的期望。这一过程涉及许多人（亲戚、朋友、老师）和机构（学校和社区）共同对个体施加压力，促使其接受社会认同的价值和行为标准。但是在社会化过程中，家庭是最具影响力的塑造者和调节者。家庭这个概念本身正在发生变化，传统的家庭是由父亲、母亲和兄弟姐妹组成的，而现在许多孩子或在比传统家庭成员少（单亲家庭）或在比传统家庭成员多（大家庭）的环境中长大。然而，无论何种家庭，它都有助于个体形成对他人反应的基本模式，而这些模式反过来又成为个体一生与他人相处方式的基础。

气质 即使婴儿开始了社会化的过程，他们也不都是从相同的出发点开始的。儿童在生命之初便拥有不同的**气质**（temperament），即对环境做出的具有生物学基础的情感和行为反应水平（Thomas & Chess,

1977）。研究者**杰罗姆·卡根**及其同事业已发现，有些婴儿“生就胆小”，而有些婴儿“生就胆大”（Kagan & Snidman, 2004）。这些孩子在对物理和社会刺激的敏感性方面存在差异：胆小或拘谨的孩子“在面对陌生的人或环境时，总是显得小心谨慎和情绪淡漠”；胆大或者无拘束的孩子“在同样的陌生情境下，总是表现得合群、情感自然，并且很少感到恐惧”（Kagan & Snidman, 1991, p. 40）。在某个研究样本中，约 10% 的婴儿是拘谨的，约 25% 的婴儿是无拘束的；剩下的婴儿处于这两种类型之间（Kagan & Snidman, 1991）。研究者已经开始探索这些气质差异的遗传和脑基础（LoBue et al., 2011; Rothbart, 2007）。

追踪研究已经证实了早期气质的长期影响。例如，一项研究追踪了一组儿童，从他们 4 个月大一直追踪到 5 岁（Degnan et al., 2011）。在这些孩子 4 个月大时，研究者测量了他们在多大程度上表现出社交能力模式和亢奋模式（对新体验表现出积极的情绪反应）。9 个月大、2 岁和 3 岁时的测量结果显示，他们的亢奋水平相当稳定。在 5 岁时，亢奋水平越高的儿童在与陌生的同伴互动时表现出越强的能力。同样，当他们受挫时，亢奋水平越高的孩子越可能做出破坏行为。

为什么与父母或其他照护者建立安全依恋对儿童非常重要？

婴儿的气质为其以后的社会性发展奠定了基础。接下来，我们将考察他们建立的第一种社会关系——依恋。

依恋　社会性发展始于婴儿与父母或其他主要照护者建立紧密的情感联系。这种强烈且持久的社会性—情感关系就叫作**依恋**（attachment）。儿童无力养活和保护自己，因此依恋的最初功能是保证生存。

印刻研究的先驱康拉德·洛伦兹形象地展示了当幼雏对其母亲之外的客体产生印刻时会发生什么。为什么对许多动物而言，印刻非常重要？

某些物种的幼雏会自动地对第一次看到或听到的移动客体产生印刻（Bolhuis & Honey, 1998）。在发展的某个关键期，**印刻**（imprinting）迅速发生，而且很难被修改。印刻的自动性并不总是有利。习性学家**洛伦兹**（Konrad Lorenz, 1903—1989）证实，由某个人养育的幼鹅会对这个人而非它们的同类产生印刻。幸运的是，在自然界中，几乎所有的幼鹅最先见到的都是其他的鹅。

你不会发现人类的婴儿会对其父母产生印刻。即便如此，研究人类依恋的知名理论家**约翰·鲍尔比**（Bowlby, 1973）认为，婴儿与成人有形成依恋的生物学倾向。依恋关系具有广泛的影响。从鲍尔比开始（Bowlby, 1973），理论家们就指出，产生依恋关系的那些经验为个体提供了一个有关社会关系的终生图式，称之为内部工作模型（internal working model）（Dykas & Cassidy, 2011）。它是一种记忆结构，收集了儿童与其照护者的互动历史。正是这些互动产生了特定的依恋模式。内部工作模型为个体提供了一个模板，个体通过它产生对未来社会关系的预期。

玛丽·安斯沃斯及其同事发明的陌生情境测验（Strange Situation Test）是应用最广泛的依恋评估方法之一（Ainsworth et al., 1978）。该测验标准程序的第一步是，儿童被带进一个有很多玩具的陌生房间。有母亲在场的情况下，儿童被鼓励去探索房间和玩玩具。几分钟后，一个陌生人走进来与母亲交谈，并接近这个儿童。接着，母亲离开房间。经过短暂分离后，母亲返回房间，与孩子重聚，陌生人离开。研究者记录儿童与母亲分离和重聚时的行为。研究者发现，儿童在这个测验中的反应可分为三种基本类型（Ainsworth et al., 1978）：

- 安全型依恋（securely attached）　这类儿童在母亲离开房间时表现得有些忧伤；在母亲返回后向其寻求亲近、安慰和接触；然后慢慢地又去玩耍。
- 不安全依恋—回避型（insecurely attached–avoidant）　这类儿童看起来比较冷淡，在母亲返回后有意回避或忽视她。
- 不安全依恋—焦虑/矛盾型（insecurely attached–anxious/ambivalent）　这类儿童在母亲离开后变得极为不安和焦虑；在母亲返回后也不能被安抚，对母亲表现出生气和抗拒，但同时又表现出与母亲接触的需要。

在一份来自几个国家的样本中，大约 65% 的婴儿被归为安全型依恋；在不安全依恋的儿童中，大约 20% 被归为回避型，15% 被归为矛盾型（Ein-Dor et al., 2010）。

建立在陌生情境测验基础上的分类，尤其是将儿童总体上分为安全型和不安全型依恋，能高度有效地预测儿童未来在更广范围内的行为。例如，与被归为不安全型依恋的同伴相比，12 个月大时被归为安全型依恋的婴儿到 24 个月大时能更自在地与母亲玩耍（Donovan et al., 2007）。同样，15 个月大时在陌生情境测验中表现出安全或不安全行为的儿童，他们到 8~9 岁时在校行为也有很大差异（Bohlin et al., 2000）。那些在 15 个月大时是安全型依恋的儿童比那些不安全型依恋的儿童在学校里更受欢迎，更少经历社交焦虑。依恋的这种影响具有延续性，这在 10 岁儿童（Urban et al., 1991）和青少年（Weinfield et al., 1997）群体中都得到了证实。研究者还开发出了在婴儿期之后评估依恋的方法。这些测验同样能够预测个体的社交功能（Shmueli-Goetz et al., 2008）。在第 16 章中，我们会看到研究者通过测量依恋来预测成年人恋爱关系的质量。

依恋关系对儿童的生活非常重要。与能提供可靠社会支持的成年人建立安全的依恋关系，可以使儿童学到多种亲社会行为，去承担风险，去探索新环境，去寻求和接受人际关系中的亲密。

教养方式 正如我们之前所见，儿童把他们独特的气质带到了与父母的互动中。儿童的气质可能引发父母最好的（或最坏的）教养行为，进而产生意想不到的结果。研究者认识到，儿童的气质与父母的行为会相互影响，产生诸如依恋关系的质量等发展结果：父母改变孩子多少，孩子就会改变父母多少（Collins et al., 2000）。

尽管如此，研究者已经找到了一种对儿童来说通常最有益的**教养方式**（parenting style）。这种教养方式处于控制性和回应性两个维度的交界处（Maccoby & Martin, 1983）："控制性（demandingness）是指父母充当儿童社会化责任人的意愿，而回应性（responsiveness）是指父母对儿童个体性的认可"（Darling & Steinberg, 1993, p. 492）。如图 10.9 所示，权威型（authoritative）父母对儿童提出恰当的要求：他们要求孩子遵守适当的行为规则，但也对儿童的需求给予回应。他们保持沟通渠道的畅通，以便培养儿童自我调节的能力（Gray & Steinberg, 1999）。这种权威型教养方式最可能培养出有效的亲子纽带。如图 10.9 所示，与之形成对比的教养方式是专制型（authoritarian），即父母严格

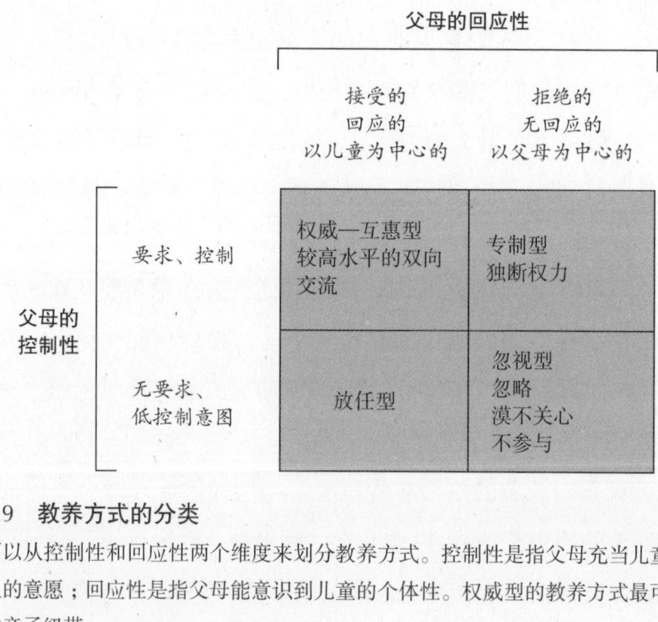

图 10.9 教养方式的分类

我们可以从控制性和回应性两个维度来划分教养方式。控制性是指父母充当儿童社会化责任人的意愿；回应性是指父母能意识到儿童的个体性。权威型的教养方式最可能产生有效的亲子纽带。

要求孩子，但很少注意到孩子的自主性。*放任型*（indulgent）教养方式是指父母回应孩子的需求，但不能帮助孩子学习生活所必需的社交规则。*忽视型*（neglecting）教养方式是指父母既不管教也不回应孩子的个体性。

正如你所预期的，教养方式会影响儿童的依恋关系。父母采用权威型教养方式，则孩子更可能从儿童期到青少年期一直保持安全型依恋（Karavasilis et al., 2003）。即便如此，教养方式的影响也可能在一定程度上取决于儿童特殊的基因组成。

研究特写

一组研究者对 601 名儿童进行了评估，以确定他们遗传了哪种类型的盐皮质激素受体（MR）基因（Luijk et al., 2011）。在这些孩子的平均年龄为 14.7 个月大时，研究者用陌生情境测验对他们的依恋安全性进行了评估。在此期间，测验者观察了母亲对待孩子的行为。用两个指标来衡量观察到的母亲的行为：母亲的敏感回应反映了母亲对孩子的敏感性以及与孩子的合作；母亲的极度不敏感反映了母亲的冷酷行为，包括对孩子的回避和忽视。研究数据表明，基因和环境都很重要。对于那些遗传了至少一个次等位基因的孩子来说，敏感的回应会导致他们更高的依恋安全性，而极端的不敏感则导致更低的依恋安全性。对于没有遗传次等位基因的孩子来说，其依恋安全性不受母亲行为的影响。

有研究表明，当教养方式有所改善时，孩子的发展结果也会有所改善。例如，一项研究追踪了 1 000 多名儿童及其母亲，从孩子 15 个月大一直追踪到他们上小学（NICHD Early Child Care Research Network, 2006）。研究者在孩子 15 个月大时用陌生情境测验测量了他们的依恋类型。母亲的教养方式则根据她们与孩子互动的录像进行评定。研究者通过分析录像来判断母亲的教养方式在为期三年的研究过程中是否发生了改变。母亲教养方式的改变会影响不安全型依恋儿童的命运：与母亲教养质量下降的儿童相比，母亲教养质量得到改善的儿童，其发展结果也会一贯地更好。这类研究结果鼓励研究者设计出相关的干预措施，以改善父母的教养实践（Van Zeijl et al., 2006）。正如我们所了解的，这些干预措施也应该考虑儿童特定的遗传基因。

与富有爱心的成年人建立亲密的互动关系，是儿童健康成长和正常社会化的第一步。当与主要照护者的最初依恋扩展到家庭的其他成员身上时，他们变成了儿童新的思维和行为方式的榜样。儿童可从早期依恋中逐步发展出回应自己和他人需求的能力。

接触性安慰和社会经验 儿童从依恋关系中获得了什么？弗洛伊德与其他心理学家认为，婴儿依恋父母是因为父母为他们提供了最基本的物质需求——食物。这种观点被称为依恋的**碗柜理论**（cupboard theory）。假如碗柜理论是正确的，那么只要有充足的食物，儿童就会茁壮成长。这听起来似乎很有道理。

哈洛是如何证明接触性安慰对正常社会性发展的重要性的？

哈里·哈洛（Harlow, 1958）则认为碗柜理论并不能解释依恋的重要性。他开始用自己的假设来检验碗柜理论。他的假设是，婴儿可能会依恋那些给予他们**接触性安慰**（contact comfort）的人（Harlow & Zimmerman, 1958）。哈洛让刚出生的幼猴与母猴分开，放在有两个人造“母猴”的笼子里：一只母猴是用金属网做的，另外一只母猴是用绒布做的。哈洛发现，即使只有用金属网做的“母猴”能提供奶水，幼猴们也会紧紧地依偎着用绒布做成的“母猴”，而很少会和用金属网做成的“母猴”待在一起！当遭遇惊吓时，幼猴们把“绒布母猴”作为安慰源。当探索新的刺激物时，幼猴们则把“绒布母猴”当作行动基地。当恐惧的刺激物（如敲鼓的玩具熊）出现时，幼猴们会跑向“绒布母猴”。当新奇的刺激物出现时，幼猴们会试探着冒险去探索，然后在进一步探索前会先回到“绒布母猴”那里。

哈洛及其同事的进一步研究发现，对这些猴子来说，与替代母亲建立起强烈的依恋并不足以保证其社会性的健康发展。实验者最初认为，和“绒布母猴”待在一起的幼猴可以正常发展，但用这种方式抚养长大的母猴在成为母亲时，结果却大大出乎人们的意料。那些在生命早期被剥夺了与其他有回应的猕猴互动机会的幼猴，成年后难以形成正常的社会关系和性关系。

现在，我们来看看有关猴子的研究对人类剥夺有何启示。

人类剥夺　很不幸，人类社会有时会发生孩子被剥夺接触性安慰的情况。许多研究表明，在婴儿期，缺少亲密的、爱的关系会影响孩子的身体发育，甚至会危及生存。1915 年，约翰·霍普金斯医院的一位医生指出，尽管得到了足够的身体照护，巴尔的摩孤儿院中 90% 的婴儿还是在出生后第一年就夭折了。在随后的 30 年里，对住院儿童的研究结果发现，尽管营养充足，这些儿童还是会经常出现不明原因的呼吸道感染和发烧、体重无法增加等症状，并表现出生理机能恶化的普遍迹象（Bowlby, 1969; Spitz & Wolf, 1946）。

当代的研究持续证实了这种破坏性的模式。例如，一项研究比较了家庭养育的孩子与机构养育（生活中 90% 的时间）的孩子的依恋结果的差异（Zeanah et al., 2005）。研究者发现，74% 的家庭养育的孩子形成了安全型依恋；而机构养育的孩子中仅有 20% 形成了安全型依恋。而且，缺乏正常的社会接触可能会对儿童的脑发育产生长期的影响。一项研究测量了儿童的脑对快乐、愤怒、恐惧和悲伤这四种表情图片的反应（Moulson et al., 2009）。与家庭抚养的儿童相比，机构抚养的儿童在大脑层面上对情绪表情的反应受到损伤。

不幸的是，不管儿童的生活环境如何，他们都有可能被虐待。美国政府在近期的一项调查分析中发现，每年大约有 125 000 名儿童遭遇了身体虐待，近 66 700 名儿童遭遇了性虐待（U.S. Department of Health and Human Services, 2010）。一项研究调查了 2 759 名在儿童期遭受过性虐待的成年人的心理健康状况（Cutajar et al., 2010）。在这群人中，23% 的人曾寻求过心理健康服务，而在与他们性别和年龄相匹配的对照组中，这一比例仅为 8%。儿童受虐待事件给心理学家提出了一项非常重要的任务，那就是找出最符合儿童利益的干预措施。在美国，大约有 424 000 名儿童和青少年依靠某种类型的寄养照护（比如收容所或寄养家庭）（Child Welfare Information Gateway, 2011）。这些孩子对离开虐待他们的家庭总是感到高兴吗？这个问题的答案很复杂，因为即使是被虐待的儿童通常也会形成对照护者的依恋：孩子可能还保持着对原生家庭的忠心，并希望如果他们被允许返回家庭，一切都会恢复正常。这也是很多研究专注于设计那些能帮助家庭重聚的干预项目的原因之一（Miller et al., 2006）。

在这部分内容中，你了解了儿童期的经验对后期的社会性发展有着怎样的影响。现在，我们来关注儿童期之后的几个发展阶段，我们先从青少年期开始谈起。

青少年期的社会性发展

在本章前面，我们是根据生理变化来定义青少年期的。在本节中，那些变化将作为社会经验的背景。由于个体达到了一定的生理和心理成熟水平，新的社会挑战和个人挑战便应运而生。我们首先来看看青少年期的一般经验，然后再转到个体不断变化的社交世界。

青少年期的经验 传统上，人们习惯把青少年期看作人生中独一无二的躁动阶段，处于该阶段的个体有着极不稳定的情绪，以及不可预测和难以相处的行为："风暴和压力"（storm and stress）。这种观点可以追溯到 18 世纪末和 19 世纪初的浪漫主义作家，如歌德（德语对应的词组是 Sturm Und Drang，文学上称之为“狂飙运动”——译者注)。**斯坦利・霍尔**（G. Stanley Hall）是现代史上第一位详细论述青少年期发展的心理学家，他极力提出了青少年期的“风暴和压力”这一概念（Hall, 1904）。继霍尔之后，这一观点的主要支持者是那些遵循弗洛伊德学说传统的精神分析理论家（Blos, 1965; Freud, 1946, 1958）。他们中的一些人认为，躁动是青少年期正常的一部分，如果未出现这种躁动反而是发展受阻的一种表现。**安娜・弗洛伊德**曾写道："青少年期的正常本身就是一种不正常"（1958, p. 275）。

文化人类学的两位先锋，**玛格丽特・米德**（Mead, 1928）和**露丝・本尼迪克特**（Benedict, 1938）认为，风暴和压力理论并不适用于很多非西方文化。她们描述了多种文化，在这些文化中，儿童逐渐承担起越来越多的成人责任，并没有经历一段充满压力的突然的转变期或者犹豫不决的躁动期。当代的研究也证实，不同文化中青少年期的经验存在差异（Arnett, 1999）。这些跨文化的差异有力地反驳了关于青少年期经验的纯生物学理论。相反，研究者将焦点放在了不同文化背景下儿童被期望做出的转变上。

大多数研究者拒绝将青少年期的“风暴和压力”视为生物学上必然的发展方面。然而，通常情况下，从儿童期进入青少年期，人们确实会经历更多的情绪紧张和冲突。在前面讨论青少年期的生理发展时我们曾提到，控制情绪反应的脑区会在青少年期有所发育。脑部的这种成熟可以解释为什么青少年会体验到极端的积极情绪和消极情绪（Casey et al., 2008; Steinberg, 2008）。

同一性形成　回顾一下埃里克森的观点，即青少年期的基本任务是渡过危机，从而发现自己真正的同一性。**詹姆斯・马西亚**（Marcia, 1966, 1980）扩展了埃里克森的分析，声称可以根据同一性状态对每个青少年进行分类：

- 同一性扩散（identity diffusion）：个体还没有度过同一性危机或对目标和价值观做出承诺。

- 同一性早闭（foreclosure）：个体从未经历过同一性危机，因为他对别人（如父母）的价值观做出了承诺。
- 同一性延缓（moratorium）：个体积极探索不同的同一性，但尚未做出承诺。
- 同一性获得（identity achievement）：个体探索了不同的同一性，并对其中的一个做出了暂时的承诺。

对青少年经历的纵向分析表明，个体通常会遵循从同一性扩散到同一性获得这样一个过程（Meeus, 2011）。此外，青少年的同一性越成熟，体验到的幸福感往往越强。

青少年对同一性的追寻有助于解释他们与父母之间的冲突。在与美国主流文化类似的许多文化中，一个结果就是孩子试图从父母那里获得独立。父母和青少年期的孩子必须经历这样一种关系的转变：从父母拥有至上的权威到青少年寻求合理的自主权来做出重要的决定（Daddis, 2011）。一项对 1 330 名 11~14 岁的青少年进行的追踪研究显示（McGue et al., 2005），与他们 11 岁时相比，这些青少年 14 岁时报告他们和父母有更强烈的冲突。14 岁时，青少年的父母更少涉足他们的生活，青少年对父母的关注不那么积极，并且他们相信，父母对他们的关注也不那么积极。这些数据说明，孩子在为独立而斗争时产生了一些关系代价。

尽管如此，青少年与父母的冲突通常并不会导致消极后果。在多数情况下，大部分青少年都能很方便地从父母那里获得实践支持和情感支持（Smetana et al., 2006）。因此，很多青少年与父母的冲突并不会破坏彼此之间的基本关系。如果原本的关系背景是积极的，那么冲突几乎不会产生消极后果。然而，如果青少年与父母的关系原本是消极的，则冲突可能会导致其他问题，如社会退缩和青少年犯罪（Adams & Laursen. 2007）。因此，家庭环境可以解释为什么一些青少年会经历非同寻常的“风暴和压力”。

同伴关系　关于青少年期社会性发展的许多研究都集中在家人（或成

年监护人）和朋友作用的变化上（Smetana et al., 2006）。我们已经知道，婴儿对成人的依恋在出生后不久就会形成。儿童在很小的时候就开始有朋友了。然而，只有从青少年期开始，同伴在影响个体的态度和行为上才能够与父母的作用相竞争。青少年的同伴关系包含三种水平：友谊、朋党和团伙（Brown & Klute, 2003）。在多年的变化过程中，青少年越来越依靠一对一的友谊为他们提供帮助和支持（Bauminger et al., 2008; Branje et al., 2007）。朋党（cliques）是一种通常由 6~12 个人组成的团体。这些团体的成员可能会随着时间而变化，但他们往往是根据年龄或种族等因素来划分的（Smetana et al., 2006）。最后，团伙（crowds）是指大的群组，例如"运动达人"或"电脑迷"。团伙比较松散地存在于这个年龄段的个体中。通过这三种水平的同伴交往，青少年逐渐确定了他们发展中的同一性的社会因素，决定了他们要成为什么样的人，以及选择追求什么样的关系。

青少年形成的同伴关系对其社会性发展十分重要，它为个体提供了机会，让他们能够学习在高要求的社会环境中应该如何发挥作用。从这个意义上讲，同伴关系在为青少年的未来发展做准备方面发挥着积极的作用。与此同时，父母也会担心同伴关系对孩子产生负面影响，这也是合情合理的担心（Brechwald & Prinstein, 2011; Dishion & Tipsord, 2011）。事实上，青少年更可能在同伴的影响下做出一些危险行为。

研究特写

一组研究者想考察成年人和同伴对青少年驾驶行为的影响（Simons-Morton et al., 2011）。为了实现这一目标，研究者在刚取得驾照的青少年司机（平均年龄为 16.4 岁）的车上安装了行车记录仪。该仪器有助于研究者确定这些青少年的驾驶行为何时导致撞车或险些撞车。车上还安装了摄像机，研究者可借此判断车上的乘客是成年人还是青少年的同伴。这些青少年还报告了有没有喜欢冒险的朋友。在为期 18 个月的研究中，这些青少年共发生 37 次撞车和 242 次险些撞车。当车上的乘客为成年人时，他们撞车或险些撞车的概率能降低 75%。在此期间，如果车上有喜欢冒险的朋友，那么他们撞车或险些撞车的概率将升高 96%！

当青少年司机的车上有喜欢冒险的朋友时，将会发生什么？

这项研究证实了一种青少年普遍存在的倾向：同伴会促使个体从事危险行为。但是，某些青少年更容易受同伴的影响，这种特性会产生不良后果。在一项追踪研究中，在研究的开始阶段很容易被亲密的朋友所影响的学生，在一年后也更容易出现吸毒或者酗酒等问题（Allen et al., 2006）。我们再一次强调，青少年期并非必然充满风暴和压力。然而，这类研究指出了那些让青少年处于危险之中的行为模式。

成年期的社会性发展

埃里克森将成年期的两项任务定义为*亲密*和*繁殖*。弗洛伊德将成年期的需要确定为*爱和工作*（Lieben und Arbeiten）。马斯洛（Maslow, 1968, 1970）则将这一时期的需要描述为爱和归属，当这些需要得到满足，就会发展出对成功和尊重的需要。其他一些理论家则将这些需要称为归属或社会接纳、成就或能力的需要。这些理论的共同核心是：在成年期，社会关系和个人成就占据重要地位。在本节中，我们将探讨整个成年期的这些主题。

亲密　埃里克森认为，**亲密**（intimacy）是一种对他人做出完全承诺的能力。亲密可能出现在朋友关系和恋爱关系中。它要求坦诚、勇气和道德感，并且往往还需要牺牲一些个人偏好。研究一致地证实了埃里克森的假设，即社会亲密关系是成年期心理健康的先决条件（Kesebir & Diener, 2008）。在第 11 章和第 16 章中，我们将讨论影响个体选择朋友、情侣和性伴侣的因素。在这里，我们重点来看亲密关系在社会性发展中的作用。

成年期初期是大多数人开始步入婚姻关系或其他稳定关系的时期。2010 年，在 20~24 岁的人群中，13.6% 的人已婚；在 25~29 岁的人群中，已婚者达 38.2%（U.S. Census Bureau, 2011）。此外，很多未婚者也有同居伴侣。2007 年，4.9% 的美国家庭为异性同居，0.7% 为同性同居（U.S. Census Bureau, 2008）。近些年来，美国一些州开始允许同性恋伴侣进行民事承诺或合法婚姻。研究者试图弄清所有类型的关系对成年期社会性发展所产生的影响。例如，研究者关注同性恋与异性恋伴侣之间的异同（Balsam et al., 2008; Roisman et al., 2008）。研究表明，同性恋与异性恋伴侣在维持长久关系时所使用的策略有很多相同之处。例如，他们都会通过共同分担任务、共同活动来保持亲密（Haas & Stafford, 2005）。但是，异性恋伴侣的关系获得的社会支持更多（Herek, 2006）。为了应对社会接受度低的问题，同性恋伴侣通常会采取一些特殊措施来维系关系，如公开“出柜”。

上面提到的每一种关系都增强了家庭在成年人社会生活中的作用。当个体决定要孩子的时候，家庭就会发展壮大。然而，可能令你惊讶的是，孩子的出生常常会威胁伴侣的幸福感（Lawrence et al., 2007; Twenge et al., 2003）。为什么会这样呢？研究者关注了异性伴侣关系中男女两性在转换为父母角色上的不

哪些因素会影响婚姻幸福以及夫妻白头偕老的可能性?

生活中的批判性思维

日托如何影响儿童的发展

如果你计划既要孩子又要事业，那么你很可能将面对一个难题：将孩子送去日托中心是否明智？幸运的是，心理学研究可回答这一重要问题。

一组研究者对 1 364 名参与者进行了追踪研究。从他们 1 个月大时就开始研究，现在他们已经步入青少年晚期（Vandell et al., 2010）。在这一样本中，有些儿童入学前一直由母亲照护；还有许多儿童每天都会接受类型各异、或长或短的日托照护。该研究团队最早的出版物主要关注日托对儿童依恋安全性的影响。研究数据表明，参加日托的儿童存在形成不安全型依恋的风险，但其前提是：母亲对他们的需求不敏感（NICHD Early Child Care Research Network, 1997）。如果不存在这一前提情况，参加日托的儿童与待在家中的同伴一样，也能形成安全型依恋。

随着这批儿童不断长大，研究者还对他们的智力和社会性的发展情况进行了测量。这些研究证实，参加日托对儿童的智力和社会性发展既能产生积极影响，也能产生消极影响。积极的影响是，参加日托的儿童在标准化测验中的成绩通常较好，如记忆和词汇测验（Belsky et al., 2007）。消极的影响是，参加日托的儿童在班级中经常表现出更多的社交和行为问题。然而，出现社交问题的可能性主要取决于儿童所参加的日托的具体类型。当孩子参加的是优质日托时，他们的发展结果会更好（Belsky et al., 2010）。但“优质”指的又是什么？

研究日托的专家**克拉克 – 斯图尔特**

同方式（Cowan & Cowan, 2000; Dew & Wilcox, 2011）。与过去相比，当代西方社会的婚姻关系更多地建立在男女平等的观念之上。但是，孩子的出生可能会把丈夫和妻子推向更加传统的性别角色。妻子可能感到照顾孩子的负担过重，丈夫可能感到供养家庭的压力太大。总的结果可能是，随着孩子的出生，双方都发现婚姻关系变得消极了。近些年来，研究者开始研究那些抚养孩子的同性恋伴侣。如你所想，在教养孩子方面，同性恋伴侣较少受性别角色问题的困扰（Goldberg & Perry-Jenkins, 2007; Patterson, 2002）。尽管如此，与异性恋伴侣的研究结果一致，一项对女同性恋伴侣的研究发现，在为人父母以后，伴

（Clarke-Stewart, 1993; Clarke-Stewart & Alhusen, 2005）通过研究文献，总结出了优质日托的一系列指导原则。其中一些建议与儿童的身体舒适度有关：

- 日托中心要舒适和安全。
- 每 6~7 个儿童至少需要配备 1 名照护者（3 岁以下的儿童需要更多的照护者）。

其他建议涵盖了日托课程的教育性和心理性：

- 儿童应该可以自由选择与明确的课程相结合的各种活动。
- 儿童应该被传授解决社交问题的技巧。

克拉克 – 斯图尔特还建议，日托服务的提供者要具备优秀父母的诸多品质：

- 照护者应当及时回应儿童的需要，并积极地参与他们的活动。
- 照护者不应对儿童施加过多的限制。
- 照护者应充分且灵活地识别每个儿童的不同需要。

如果这些指导原则能被执行，那么所有父母外出工作的儿童都能获得优质的日托服务。

- 如果你想比较参加日托和不参加日托儿童的差异，你应该匹配两组儿童的哪些维度？
- 你如何评估日托服务提供者是否以适宜的方式与孩子互动？

侣间的爱会减少，冲突会增多（Goldberg & Sayer, 2006）。

对于大多数夫妻来说，婚姻满意度持续下降是由于孩子进入青少年期后会发生亲子冲突。与人们常有的刻板印象相反，许多父母都期待着孩子离开家庭，留给自己一个“空巢”的那一刻（Gorchoff et al., 2008）。当孩子不与父母住在一起时，父母可能会更喜爱他们。你是否因此不敢生孩子了？我们当然不希望如此！我们的目的是让你了解那些有助于你预期和解释你的生活模式的研究。

你现在已经知道，总的来说，步入成年期晚期后，个体的婚姻会更加幸福。然而，你一定也已经意识到，很多婚姻早在个体步入成年期晚期之前就以离婚告终。研究者希望能够确定什么样的夫妻根本就是错误的结合，什么样的夫妻可以避免离婚的结局（Amato, 2010）。一些对夫妻进行长期追踪的研究已经确定了使婚姻面临风险的某些因素，包括频繁的冲突、不忠、低水平的爱和信任。

我们将以我们最初提出的观点结束本节内容，即社会关系中的亲密感是心理健康的先决条件。重要的不是社会交往的数量，而是质量。当你步入老年，你将选择那些能够为你提供直接情感支持的个体，以保障自己对亲密感的需要。

现在，我们转到成年人发展的第二个方面——繁殖。

繁殖 那些建立了适当亲密关系的人通常能将注意力转向**繁殖**（generativity）。这是一种超越自我，对家庭、工作、社会或后代做出的承诺，是一个人在三四十岁时至关重要的发展阶段（Whitbourne et al., 2009）。以更大的善为导向，可以让成年人建立一种心理幸福感，从而得以弥补任何对年轻的渴望。下面我们来看看一个繁殖在学术环境中如何发挥作用的例子。

研究特写

许多教授都扮演着年轻同事的导师这样一种重要的角色。一组研究者希望证明，教授的个人繁殖水平有助于预测他们在导师角色上的成功程度（Zacher et al., 2011）。128 位教授的研究助理通过回答诸如“我的导师把更多的精力花在培养下一代科学家上，而不是自己的成功上”这样的问题，提供了每位教授繁殖水平的信息(p. 244)。这些研究助理还评估了教授作为导师的成功程度。研究数据表明，繁殖水平高的教授在以后的人生中更容易成为成功的导师。

这项研究说明具有高繁殖力的人如何将他们的智慧传递给后代。同样值得注意的是，在一个包含 2 507 名成年人（35~74 岁）的样本中，更高的繁殖力与更高的幸福感（涉及自我接纳和个人成长等维度）相关（Rothrauff & Cooney, 2008）。

成年期晚期是人生目标改变的时期；当人生不再理所当然地会有未来时，事情的优先级将会发生变化。但是在这种变化中，老年人仍然认为生活是有价值的。埃里克森认为，成年期的最后一项危机是自我整合与绝望之间的冲突。相关资料表明，很少有成年人会带着失望的心情来回顾自己的一生。事实上，随着年龄的增长，人们报告了更多的情绪上的幸福感（Carstensen et al., 2011）。大多数老年人会带着圆满感和满足感来回顾自己的生命历程，并展望未来。

通过对儿童期、青少年期和成年期社会的和个体的诸多方面的讨论，我们已经考察完了生命的全程。在本章结束前，我们再考察经验会随时间推移而发生变化的两个领域：性和性别差异以及道德发展。

STOP 停下来检查一下

❶ 根据埃里克森的观点，在人生发展的哪个阶段人们会遭遇亲密对孤独的危机？

❷ 儿童早期依恋关系的质量会对个体产生哪些长期影响？

❸ 定义教养方式的维度有哪些？

❹ 青少年会参与哪几种水平的同伴关系？

❺ 孩子的出生通常会对婚姻满意度产生怎样的影响？

批判性思考：回顾一下那项关于青少年司机冒险行为的研究，为什么研究者会关注新取得驾照的青少年司机？

性与性别差异

在生命最初的几个月里，大多数儿童开始获得一种信息，即他们所处的社会环境中有两类人：男人和女人。久而久之，儿童认识到，男女两性的许多心理经验是高度一致的。然而，当差异出现时，儿童会了解到有些差异源于生物因素，有些差异则源于文化期望。区别男女两性的生物特征被称为**性差异**（sex difference）。这些特征包括不同的生殖功能以及激素和解剖学上的差异。然而，儿童首先认识到的差异完全是社会性的：他们在不知道任何解剖学知识之前就已经开始感知到男女两性的差异。与生物学意义的性不同，**性别**（gender）则是一种心理现象，指的是后天习得的与性有关的行为和态度。在不同文化中，性别角色与日常活动相关联的程度不同，人们对跨性别行为的容忍程度也不同。本节我们将同时考察性差异和性别的发展：儿童的男性意识或女性意识的先天和后天影响因素。

两性差异

大约从胎内期的第 6 周开始，男性胎儿的睾丸开始发育并产生睾酮激素，男性胎儿和女性胎儿开始表现出差异。睾酮的出现与否对决定胎儿出生时的解剖学性别十分重要。产前接触睾酮对建立典型的性别行为和特征也有重要作用（Hines, 2011）。在一些研究中，研究者直接测量了参与者羊水中的睾酮水平。例如，研究者将这些胎儿的睾酮水平与这些男孩或女孩在 4 岁时的社会关系质量进行了相关分析（Knickmeyer et al., 2005）。总体上，胎儿期男孩的睾酮水平高于女孩。在这一背景下，无论是男孩还是女孩，胎儿期睾酮水平较高的个体的社会关系通常也较差。这些结果表明，个体的行为遵循性别角色期望的程度，可能部分取决于他们产前的睾酮环境（Morris et al., 2004）。

脑部扫描结果表明，男女两性的脑存在一致的结构差异。通常，男性的脑比女性的要大（Lenroot & Giedd, 2010）。要想恰当地比较两性的脑结构差异，就需要控制这个总体差异。就两性的行为差异问题而言，做了这类控制后所发现的脑结构差异非常有趣。例如，MRI 扫描显示，在调节社会行为和情感功能方面发挥重要作用的前额叶区，女性的相对要大于男性的（Welborn et al., 2009）。为了确认这方面的性别差异是生物学层面的，而不是在一定文化环境下长时间扮演男性或女性角色的结果，研究者也对儿童和青少年进行了同样的研究（Lenroot et al., 2007）。这些研究确定，脑中出现的这种两性差异是正常生物发展的一部分。

其他有关两性差异的分析集中在男性和女性的大脑在完成认知和情感任务时的差异（Canli et al., 2002）。思考一下，男女两性在观看幽默图片时的脑加工过程。

研究特写

15 名男性和 14 名女性一边看图片（80 张有趣图片和 80 张中性图片），一边接受 fMRI 扫描（Kohn et al., 2011）。先观看每张图片 7 秒，之后参与者需要回答“这张照片有多有趣？”评分为 1—5 分。总的来说，女性比男性在有趣的图片中发现了更多的幽默（女性的平均评分为 3.79，男性的为 3.48）。男性和女性的脑活动模式为这些评分差异提供了线索：女性在负责情绪反应的脑区出现了相对更多的激活，例如杏仁核（见第 3 章）。男性负责情绪的脑区相对较低的激活可能导致他们对幽默的领会程度较低。

后续关于脑功能的进一步研究证实，两性在对情绪负载刺激的编码和再认方面存在差异（Cahill et al., 2004; Derntl et al., 2010）。这些研究说明，区别男性与女性的一些行为差异可以追溯到生物学上的差异而非文化的作用。

性别认同与性别刻板印象

你已经了解了由生物学方面的差异导致的男女两性在行为上的重要差异。但是，文化期望对性别认同也具有重要影响。**性别认同**（gender identity）是个体对自己是男性还是女性的意识。在很小的时候，儿童就开始知道人分为两种性别（Martin & Ruble, 2010）。例如，10~14 个月大的婴儿就已显示出对同性别儿童表现的抽象运动视频的偏好（Kujawski & Bower, 1993）。在生命的早期，儿童开始知道自己是男孩或女孩，并习惯于自己的性别认同。同时，他们也获得了**性别刻板印象**（gender stereotype）的知识，即关于特定文化中男性和女性应该具有适宜特征和行为的信念。

研究者已经证实了大多数儿童获得性别刻板印象的时间进程（Martin & Ruble, 2010）。在学前阶段，儿童在现实世界中的经验为他们提供了有关文化对男性和女性期望的知识。在5~7岁时，儿童将这些知识巩固为性别刻板印象。事实上，这一阶段儿童的性别刻板印象最死板。例如，一项研究考察了儿童的性别刻板印象，要求儿童指出哪个孩子“喜欢玩具店”，或哪个孩子“粗鲁，喜欢故意伤害他人”（Trautner et al., 2005）。儿童把卡片放入分别代表“只有男孩”“男孩多于女孩”“男孩和女孩一样多”“女孩多于男孩”及“只有女孩”的盒子中，作为对每一条陈述的回答。在“只有男孩”或“只有女孩”的盒子中投放卡片最多的是5~7岁的儿童，这表明他们的性别刻板印象最强烈。年龄较大的儿童在性别和行为问题上表现出了较高的灵活性。换言之，他们更可能指出男女两性都会做出许多不同的行为。因此，到了8岁左右，儿童开始懂得男孩和女孩之间也存在相似性。

儿童是如何获得这些导致性别认同和性别刻板印象的信息的？父母是儿童的信息源之一。父母会给儿子和女儿穿不同的衣服，买不同的玩具，用不同的方式与他们交流。在和孩子玩耍时，父母通常会认为有些玩具是“男性化的”，而有些玩具则是“女性化的”；他们更可能选择适合孩子性别的玩具，但这种偏好更多地体现在与男孩玩耍时，而不是与女孩玩耍时（Wood et al., 2002）。通常，父母会鼓励孩子参加适合自己性别的活动（McHale et al., 2003）。

父母和同伴是如何影响儿童性别角色的获得的？

同伴是性别社会化的另一重要来源。例如，**埃莉诺·麦科比**（Maccoby, 2002）提出，年幼儿童都是隔离主义者，即使父母不监督，甚至父母鼓励他们参加男女混合的游戏，他们也总是和同性别的孩子凑在一起玩。麦科比认为，儿童行为的很多性别差异是同伴关系的产物。事实上，男孩和女孩在社会互动模式上表现出一贯的差异。例如，至少在 6 岁时，男孩喜欢集体活动，而女孩则更喜欢一对一的交往（Benenson et al., 1997; Benenson & Heath, 2006）。女孩更喜欢参加社会交际，彼此分享自己的信息；男孩则更喜欢追逐打闹游戏（Rose & Rudolph, 2006）。随着年龄的增长，这种性别差异会越来越突出。青少年期女孩的友谊可能表现出更多的亲密性和自我表露；而青少年期男孩之间的友谊可能表现出更多的竞争性和刺激性（Perry & Pauletti, 2011）。

以上我们讨论了影响所有儿童性别发展的因素。但是，与儿童发展的其他领域一样，我们必须承认个体差异的存在。接下来，我们来看一项为期六年的纵向研究，该研究考察了儿童的性别类型化行为。

研究特写

一项研究以 5 501 名儿童为研究对象，在孩子 2 岁时，由母亲提供有关孩子性别类型化行为的信息（Golombok et al., 2008）。母亲们需要完成《学前儿童活动问卷》（*Preschool Activities Inventory*, PSAI），回答这样一些问题，例如，“在最近一个月内，您的孩子玩首饰的次数是多少”或“打架的次数是多少”。在孩子 3 岁和 5 岁时，母亲再次完成《学前儿童活动问卷》。在孩子 8 岁时，由他们自己来完成《儿童活动问卷》（*Children's Activites Inventory*, CAI）。该问卷由若干描述不同类型儿童的成对的句子组成，如“有些孩子玩首饰，……但另一些孩子不玩首饰”（p. 1586）。听完这些陈述后，孩子回答自己与这两类儿童有多么相似。基于这些纵向评估，研究者得出结论：对儿童个体来说，随着年龄的增长，其参与性别类型化行为的可能性相对稳定。例如，**图 10.10** 绘制了儿童 3 岁时的 PSAI 得分与 8 岁时的 CAI 得分之间的关系曲线，从中我们可以看到，两个分数高度匹配。

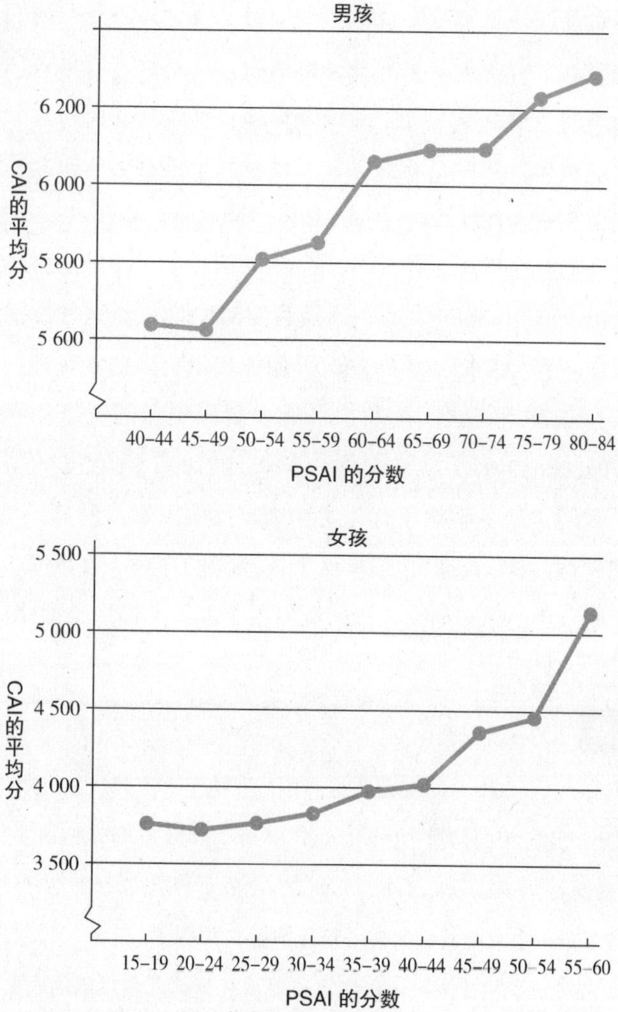

图 10.10 性别类型化行为随年龄增长的稳定性

儿童 3 岁时，由母亲完成测量孩子性别类型化行为的《学前儿童活动问卷》(PSAI)。到 8 岁时，由儿童自己完成《儿童活动问卷》(CAI)，以报告自身的性别类型化行为。研究者根据儿童 3 岁时的 PSAI 得分对其进行分组（分数越低，表示刻板的女性化行为越多），然后分别计算每组儿童 8 岁时在 CAI 上的得分均值。图中曲线表明，儿童的性别类型化行为水平在两个时间点高度相似。

资料来源："Longitudinal general population study of sex-typed behavior in boys and girls: A longitudinal general population study of children aged 2.5–8 years" by Susan Golombok, John Rust, Karyofyllis Zervoulis, Tim Croudace, Jean Golding and Melissa Hines, *Child Development*, September 1, 2008, pages 1583–1593, copyright © 2008 by the Society for Research in Child Development. Reprinted by permission of John Wiley and Sons.

儿童的行为为何会如此稳定？这些研究者指出了天性和教养两方面的原因。在天性方面，胎儿期的环境可能导致儿童的脑相对更加男性化或女性化；在教养方面，研究者考虑了父母和同伴行为的差异。如果父母的性别刻板印象比较僵化，则其孩子的性别类型化行为也较多。此外，儿童会选择与自己性别类型化行为水平接近的同伴做朋友，而这就创设了有利于这些行为稳定的环境。

我们已经简要讨论了男孩和女孩如何以及为何会以不同的方式体验社会性发展。接下来，我们来看看道德发展。

STOP 停下来检查一下

❶ 性差异和性别差异之间有何区别？

❷ 就幽默图片的加工过程而言，研究发现男女两性的脑活动有什么差异？

❸ 年幼儿童的“隔离主义”表现在哪些方面？

批判性思考：回顾有关性别类型化行为稳定性的研究，为什么研究者要在儿童 8 岁时让他们自己报告而不再由母亲来报告其行为信息？

道德发展

至此我们已经知道，在人的一生中，发展亲密的社会关系是多么重要。现在，我们将考察作为社会团体一员的个体生活的另一面。在很多情况下，你必须根据社会的需要，而不只是自己的需要，来判断自己的行为。这是道德行为的基础。**道德**（morality）是一套关于人类行为是非对错的信念、价值观和深层判断的系统。

在讨论个体的道德发展之前，我们先思考整个人类物种的道德发展：道德是如何演化而来的？达尔文对人类作为一种社会性物种如何存在这一问题进行了透彻观察。为了回答道德演化的问题，当代研究者将达尔文的观察作为基础（Krebs, 2008）。从演化的角度来看，道德行为是对人类历史上反复出现的某些情形的适应性解决方案的产

物。例如，早期人类的许多活动（如猎杀大型动物或保卫领地）都需要很多人合作完成。因此，演化出“以合作的方式解决根本性的社会困境”这样一种倾向，对人类而言是具有适应性的（Krebs, p. 154）。在现代社会，道德问题常常涉及的一个维度是利己主义对合作行为。例如，人们是否应该少开车，让大家都能够呼吸到更清新的空气？从演化论的视角来看，我们对这类问题的反射性反应在一定程度上是遗传的结果（Haidt, 2007）。

然而，尽管人类演化出了很多共有的道德反应，但具体情境下的行为道德与否却仍可能成为公众激烈争论的问题。因此，道德发展研究颇具争议就不难理解了。这些争议始于劳伦斯·科尔伯格的奠基性研究。

柯尔伯格的道德推理阶段

劳伦斯·柯尔伯格（Kohlberg, 1964, 1981）通过研究道德推理从而建立了他的道德发展理论。所谓*道德推理*（moral reasoning）是指人们对特定情形下的行为所做的是非判断。柯尔伯格的理论深受皮亚杰（Piaget, 1965）早期观点的影响，后者试图把道德判断的发展与儿童的一般认知发展联系起来。在皮亚杰看来，随着儿童的认知发展，他们会对某一行为的后果和行为者的意图赋予不同的相对权重。例如，对前运算阶段的儿童来说，一个无意中打碎 10 个杯子的人要比一个有意打碎 1 个杯子的人“更淘气”。随着儿童年龄的增长，行为者的意图在道德判断中会变得更加重要。

柯尔伯格扩展了皮亚杰的观点，定义了道德发展的阶段。每个阶

表 10.7　柯尔伯格的道德推理阶段

水平和阶段	道德行为的理由
Ⅰ　前习俗水平的道德	
阶段 1：快乐 / 痛苦定向	避免痛苦或避免被抓住
阶段 2：代价—收益定向；互惠性—以牙还牙	获取奖赏
Ⅱ　习俗水平的道德	
阶段 3：好孩子定向	获取认可，避免遭反对
阶段 4：法律和秩序定向	服从规则，避免来自权威方的责备
Ⅲ　原则性的道德	
阶段 5：社会契约定向	促进社会福利
阶段 6：伦理原则定向	达到公正，避免自责
阶段 7：普遍原则定向	坚持普遍原则，感到自己是超越社会规范的宇宙中的一部分

段都有不同的道德判断基础（见表 10.7）。最低水平的道德推理以自我利益为基础；更高水平的道德推理则围绕社会利益，不考虑个人得失。为了证明这些阶段，柯尔伯格使用了一系列两难困境，使不同的道德原则相互对立：

> 在一个两难困境中，一个名叫海因茨的人试图获得某种药物来治疗妻子的癌症。海因茨须付出比成本高 10 倍的价格，无良的药剂师才肯把药卖给他。海因茨自己没有那么多钱，他也筹不到那么多钱。海因茨绝望了，他为了救妻子潜入药店偷走了药。海因茨应该这样做吗？为什么？实验者询问参与者做出判断的理由，并进行打分。

实验者打分的依据是个体做出判断的理由，而不是判断本身。例如，如果某人说海因茨应该偷药，因为他有义务拯救在死亡线上挣扎的妻子；或者说他不应该偷药，因为他有义务维护法律（尽管他不想这么做）。这两种理由都是在表达对履行既定义务的关注，因此都应该归为第 4 阶段。

柯尔伯格的阶段模型受四条原则的支配：（1）个体在某一时间只能处于某一个阶段；（2）每个人都以相同的顺序经历这些阶段；（3）每个阶段都比前一阶段更为全面，更为复杂；（4）每种文化中都存在同样的阶段。柯尔伯格继承了皮亚杰许多的阶段论思想。事实上，从阶段 1 到阶段 3 的发展看起来与正常的认知发展进程相匹配。儿童有序地经历这些阶段，并且可以看出每个阶段在认知上都比前面的阶段更复杂。到 13 岁时，几乎所有的儿童都达到了阶段 3。

有关柯尔伯格理论的许多争论大多围绕阶段 3 以后的阶段展开。柯尔伯格最初的观点是，在阶段 3 后，人们的道德会继续稳步发展。但是，并不是所有的人都会达到阶段 4 至阶段 7。事实上，许多成年人都未能达到阶段 5，只有少数人超越了阶段 5。柯尔伯格后面几个阶段的内容似乎是主观的，而且难以理解每一个后续阶段为什么会比其前一个阶段更全面和更复杂。例如，阶段 6 的道德判断基础是“避免自责”，阶段 5 的基础是“促进社会福利”，阶段 6 明显不比阶段 5 水平高。而且，柯尔伯格自己的研究也最终证实并非在所有的文化中都能发现那些高级的阶段（Gibbs et al., 2007）。接下来，我们转向当代研究，它们把性别和文化也考虑在内，扩展了柯尔伯格的理论。

关于道德推理的性别和文化视角

许多对柯尔伯格的批评围绕他声称的普遍性：柯尔伯格道德发展理论的后几个阶段没有认识到成人的道德判断可以反映不同但平等的道德原则。在一篇著名的批评文章中，**卡罗尔·吉利根**（Gilligan, 1982）指出，科尔伯格忽略了男性和女性习惯性的道德判断可能存在差异。吉利根指出，女性的道德判断是以“关爱他人”的标准为基础的，并逐渐发展到自我实现阶段；而男性的道德判断则是以“公正”的标准为基础的。研究证实，对“关爱”和“公正”的关注与道德推理相关，但与性别无关（Jaffee & Hyde, 2000）。尽管吉利根的具体观点并没有获得多少支持，但男性和女性在道德推理的某些方面确实存在差异。例如，女性往往更能意识到自己的行为会如何影响他人，这种能力被称为**道德敏感性**（You et al., 2011）。此外，在观看能引发同情的图像（例如受伤的孩子）时，男性和女性的脑活动模式也有所不同（Mercadillo et al., 2011）。这些脑活动差异可能与你在本章前面了解到的更普遍的情绪加工的性别差异有关。

跨文化研究也拓宽了研究者对道德推理的关注点范围的理解（Gibbs et al., 2007; Sachdeva et al., 2011）。有分析识别出了三类关注点（Jensen, 2008）。第一类关注与**自主性**（autonomy）有关："关注有需要、愿望和偏好的人"；"道德目标是认识到"人们有权利"满足这些需要和愿望"（Jensen, 2008, p. 296）。第二类关注与**共同体**（community）有关：关注"作为某一社会群体（如家庭、学校或国家）成员的人"；道德目标是"履行对他人的基于角色的责任，保护社会群体并使其良性运转"；第三类关注与**神性**（divinity）有关：关注"作为精神或宗教实体的人"；"道德目标是使自身……越来越靠近至善者或至圣者"。

如果你仔细考虑这三类关注点就会发现，在不同文化中它们的重要性各不相同。考虑这样一种情境：你在马路上遇见一个人，他的汽车爆胎了。你应该停下来帮忙吗？如果你说"不"，这算不道德吗？如果你是在美国长大的，你可能会认为，在这种情况下是否帮忙仅是你的个人选择，没有什么不道德的。但如果你是在印度长大的，你也许会认为不帮忙是不道德的，因为印度文化更强调相互依赖、相互支持（Miller et al., 1990）。

生活经历也会影响个体的道德判断，认识到这一点也非常重要。我们下面来看一下那些成长于极端暴力环境中的个体。

研究特写

研究者从哥伦比亚波哥大某极度贫困地区征募了一组儿童和青少年作为研究对象（Posada & Wainryb, 2008）。大多数参与者（88%）都曾目击或亲身经历过一些严重的暴力行为。例如，他们曾目睹有人开枪、有人被枪击或杀死。首先，研究者要求参与者对抽象的问题进行道德判断。例如，“拿走别人的东西对不对？”对于这些抽象问题，所有参与者都给出了基于道德公正性的回答。例如，他们表示偷盗是不对的。但是，当面对具体情境中的类似判断时，参与者的道德判断模式发生了变化。例如，参与者读一段剧情，主角是 15 岁的胡里奥，有人曾伤害他的爸爸和哥哥，并迫使他们搬家。现在胡里奥有机会偷走这个人的自行车（p. 886）。读完剧情后，参与者通常会表示，他们认为胡里奥会偷走自行车。此外，尽管参与者普遍厌恶偷盗行为，但在这一具体情境中，很多参与者都赞同胡里奥偷走自行车。

研究者指出，参与者的暴力生活经历并不能完全破坏其正常的道德发展，“即使身处战争和流离失所的贫困环境，青少年仍有机会反思伤害性行为的本质特征”（p. 896）。尽管如此，研究者推测，“强调复仇的环境可能导致冤冤相报”，因为它们会影响参与者的道德判断（p. 896）。同一行为，在某一道德关注点的框架下似乎是极端错误的，但在另一道德关注点下则可能被认为是非常正确的。

我们已经阐述了个体发展变化的几个领域。在本章的最后一节，我们来看一些关于未来人生阶段的思考。

STOP 停下来检查一下

❶ 在柯尔伯格的理论中，道德推理的三种主要水平是什么？

❷ 卡罗尔·吉利根认为，男女两性的道德推理存在哪些差异？

❸ 人们在进行道德推理时有哪三类关注点？

批判性思考：回顾一下关于哥伦比亚儿童和青少年道德判断的研究。研究者为什么会选择含有复仇的情节？

学会成功老化

现在，我们回顾一下本章的一些主题，为成功老化开出一剂处方。

在本章开始，我们鼓励你把发展看成有得有失的变化过程。据此，人一生成功的秘诀就在于巩固收获，减少损失。许多通常意义上与年龄有关的变化，其实是由不使用所致而不是衰退。因此，我们的第一个忠告很简单：不要放弃！

随着年龄的增长，不可避免地会出现各种变化。老年人如何成功应对这些变化呢？成功老化（successful aging）可能涉及充分利用所得，同时尽量减小由衰老导致的正常丧失所产生的影响。这一成功老化策略是由心理学家**保罗·巴尔特斯**和**玛格丽特·巴尔特斯**夫妇提出的，被命名为**选择性优化与补偿**（selective optimization with compensation）（Baltes et al., 1992; Freund & Baltes, 1998）。选择是指个体在数量和程度方面缩减自己的目标。优化是指个体在优先级最高的领域进行锻炼或训练。补偿是指个体利用替代性方式来应对丧失，例如，选择适合老年的环境。下面我们来看一个实例：

> 在一次电视访谈节目中，主持人问钢琴演奏家阿图尔·鲁宾斯坦在如此高龄仍能成功演奏的秘诀，鲁宾斯坦提到了三种策略：（1）年纪大了以后，他只演奏少数几个曲目；（2）现在他对每一首曲目练习的次数更多；（3）在快节奏的段落到来之前，他会先降低弹奏速度，这样后面的快节奏就会听起来比实际更快。这些就是选择（少数曲目）、优化（勤加练习）和补偿（更多的利用速度对比）的实例。（Baltes, 1993, p. 590）

上面的例子为我们提供了一个思考自己生活的样板。尽管选择性优化观点最初源于对老化过程的研究，但它却可以很好地描述我们一生中必须做出的各种选择。我们应该总是设法选择最重要的目标，在这些目标上努力做到最好，并且在实现目标的过程中遇到阻碍时采取补偿措施。以上是我们关于毕生发展的最后一点建议。希望你能够明智地成功应对老化。

要点重述

研究发展

- 研究者收集常模数据、纵向数据和横断数据来记录变化。

毕生的生理发展

- 在孩子还在子宫里的时候，环境因素就能影响其生理发展。
- 新生儿和婴儿拥有一系列非凡的能力：他们具有生存的先天机制。
- 经过青春期，青少年达到性成熟。
- 成年期晚期的某些生理变化是不使用造成的结果，而不是不可避免的衰退。

毕生的认知发展

- 皮亚杰关于认知发展的关键思想包括图式的发展、同化和顺应，以及四阶段不连续发展理论。这四个阶段是感知运动阶段、前运算阶段、具体运算阶段和形式运算阶段。
- 皮亚杰理论的许多方面正在因创造性研究范式的使用而被修正。这些范式揭示出，婴儿和年幼儿童比皮亚杰所认为的要更有能力。
- 儿童会发展出心理理论，这是一种基于对他人心理状态的理解来解释和预测他人行为的能力。
- 跨文化研究对认知发展理论的普遍性提出了质疑。
- 与年龄有关的认知功能下降通常只在某些能力上表现明显。

语言的获得

- 许多研究者认为，人类天生具有语言生成能力。即便如此，与成年人进行互动也是儿童语言获得过程中必不可少的一部分。
- 就像科学家一样，儿童会建立有关他们语言的意义和语法的假设。这些假设经常受某些先天原则的制约。

毕生的社会性发展

- 社会性发展发生于特定的文化环境之中。
- 埃里克森将人的一生视为一系列个体必须应对的危机。
- 儿童以不同的气质类型开始他们的社会化发展过程。
- 社会化始于婴儿对照护者的依恋。
- 儿童不能形成依恋将会导致许多生理和心理问题。
- 青少年必须通过与父母和同伴形成舒适的社会关系来发展个人的同一性。
- 成年期的核心关切围绕着对亲密和繁殖的需要而展开。
- 随着年龄的增长，人们在社会交往中变

得不再那么活跃，因为他们只选择性地维系与其情感联系最紧密的社会关系。
- 人们部分地根据他们对他人生活做出积极贡献的能力来评价自己的生活。

性与性别差异

- 研究发现，男女大脑存在基于生物学的性差异。
- 儿童的性别刻板印象在 5~7 岁时最僵化。
- 从出生时起，父母和同伴便帮助个体进行性别角色社会化。

道德发展

- 柯尔伯格界定了道德发展的阶段。
- 后来的研究评估了道德推理中的性别和文化差异。

学会成功老化

- 认知的成功老化可以定义为：个体在自己优先选择的领域实现功能最优化，并通过替代性行为来补偿衰老造成的各种丧失。

关键术语

发展心理学	月经初潮	婴儿指向型言语
常模研究	认知发展	儿童指向型言语
发展年龄	图式	语言生成能力
纵向设计	同化	过度规则化
横断设计	顺应	社会性发展
生理发展	客体恒常性	心理社会发展阶段
受精卵	自我中心	社会化
胚种期	中心化	气质
胚胎期	守恒	依恋
胎儿期	心理理论	印刻
致畸物	内化	教养方式
成熟	智慧	接触性安慰
青春期	音素	亲密

繁殖	性别认同	选择性优化与补偿
性差异	性别刻板印象	
性别	道德	

第11章

动　机

早晨你的闹钟响了，你本想关掉闹钟多睡一会儿，但你却逼迫自己起了床，为什么？你很饿吗？你必须去完成一些重要的任务，还是你与心上人有个约会？当你思考“为什么我今天早晨会起床”时，你已经直接触及了动机的核心问题：什么使得你这样做？是什么使你坚持不懈地努力实现某些目标，不管付出多大的努力、痛苦或金钱？相反，为什么有时你会在实现其他一些目标前拖延太久或者很快就打退堂鼓？

心理学研究者的任务就是对这类动机问题给出严谨的理论解释。动机状态如何影响体育竞赛或考试的结果？为什么有些人体重超重而有些人却让自己饥饿至死？我们的性行为是由遗传决定的吗？在本章你将会了解到，人们的行动是由各种各样的需要决定的——从基本的生理需要（如食物和水）到心理需要（如个人成就）。但是你会发现，生理和心理的需要往往并不容易区分。即使像饥饿这种似乎纯属生理的驱力，在决定个体的饮食模式时，也要与个体的个人控制和社会接纳需要相竞争。

在本章开头我们先向你提供一个框架，以便你了解关于动机本质及其研究的一般议题。本章的主体部分将深入探讨三种动机，它们在不同的方面具有重要性，而且生理和心理因素在每种动机中起作用的程度也不一样。它们就是饮食、性和个人成就。

理解动机

动机（motivation）是一个概括性术语，是对所有引起、指向和维持生理和心理活动的过程的统称。动机这个词语来源于拉丁语 *movere*，意思是“移动”（to move）。所有生物有机体都会趋向于某些刺激和活动而远离其他的刺激和活动，这是由它们的喜好和憎恶决定的。动机理论不仅解释了每个物种（包括人类）普遍的“移动”模式，而且解释了每个物种中不同个体的喜好和行为。让我们先来看看人们如何用动机来解释和预测物种和个体的行为，进而展开对动机的分析。

动机概念的功能

心理学家主要将动机这一概念用于五个基本目的：

- 把生理与行为联系起来。作为一个生物有机体，你有调节身体机能并帮助你生存的复杂的内部机制。今天早晨你为什么起床？你可能是饿了、渴了或感到冷了。在每种情况下，内在的剥夺状态都会刺激你的身体做出反应，促使你采取行动来恢复身体的平衡状态。
- 解释行为的差异性。为什么你可能某天顺利地完成了某项任务，而另一天在相同的任务上却做得很差？为什么几乎具有同样能力和知识水平的两个孩子，在一项竞赛中，一个发挥得很好，而另一个却发挥得不好？当人们在同样情境中的行为差异不能追溯到能力、技能、训练或运气的差异时，心理学家就会用动机概念来解释。如果你愿意今天早晨早起参加额外的学习而你的朋友却不愿意，那我们蛮有把握地认为你的动机状态与你的朋友不同。
- 从公开的行动来推断内心的状态。当你看见某人坐在公园的长椅上暗自发笑时，你如何解释这种行为？心理学家和普通人一样，通常都是先观察行为，然后推断引起它的内部原因。人们总是用可能的原因来解释某种行为为什么发生，这种规则同样适用于你自己的行为。你往往想弄明白自己的行为是由外因还是内因驱动的。

- 为行为分配责任。个体责任在法律、宗教和伦理中是一个基本的概念。个体责任的前提是人具有内在动机和控制个人行为的能力。当出现下列情况时，人们会被判定对自己行为负的责任较少：（1）他们没有故意导致负面结果的出现；（2）外部力量强大到足以激发某些行为；（3）行为受到药物、酒精和强烈情绪的影响。因此，动机理论必须能够区分导致行为产生的不同潜在原因。
- 解释逆境中的意志。心理学家研究动机的最后一个原因是解释为什么当不做某行为更轻松时，生物体还要去做。动机促使你在筋疲力尽时也要按时上班或上课。它帮助你坚持比赛并把你的能力发挥到极致，即使当你正在输或意识到自己不会赢时也依然如此。

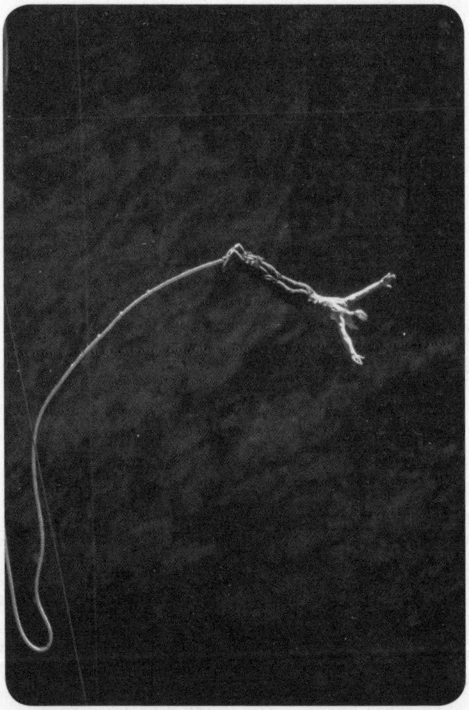

对于图中个体的这种行为，人们会提出什么样的动机问题？

现在，你对心理学家在什么情况下运用动机概念来解释和预测行为有了基本的了解。在转向具体的经验领域之前，让我们先看一下动机的一般来源。

动机的来源

1999 年，自行车车手兰斯·阿姆斯特朗赢得了环法自行车赛的冠军——完成了体育史上最非凡的复出之一。1996 年，阿姆斯特朗被诊断出患有睾丸癌，并且癌细胞已扩散到了肺部和脑部。经过持续的强力化疗后，阿姆斯特朗选择重回训练场。在三年内他成为了这项运动最久负盛名的赛事的冠军。截至 2005 年，阿姆斯特朗连续七次赢得了环法自行车赛冠军。批评者声称他在 1999 年夺冠是因为当年竞争对手比较弱，而他用此后的六次胜利证明他能多次击败世界上最优秀的自行车车手。

什么样的内部和外部动机因素组合可能帮助自行车车手阿姆斯特朗战胜癌症并赢得了环法自行车赛的冠军？

你能做到阿姆斯特朗所做的一切吗？你能在身患重病后又重返赛场向自己的身体发起挑战吗？你认为激发其行为的是自身内部因素吗？是否需要一些特殊的人生经历才能让人以这种方式坚持下去？或者是外部因素，与当时的情况有关？许多人或大多数人在同样的情况下也会这样做吗？或者他的行为代表了个体与环境特征的某种交互作用？为了帮助你思考动机的来源，我将探讨内部和外部力量的区别。我们先从将某些类型的行为解释为内在生物驱力的一些理论开始。

驱力和诱因　有一些动机看起来很简单：如果你饿了，你就要吃东西；如果你渴了，你就要喝水。理论家**克拉克 · 霍尔**（Clark Hull, 1884—1952）对发展和完善很多重要行为由内驱力激发这一理论贡献最大。霍尔认为，**驱力**（drive）是响应动物的生理需求而产生的内部状态（Hull, 1943, 1952）。生物体寻求维持体内环境的一种平衡状态或者说**内稳态**（homeostasis；参见第 3 章）。想想你的身体如何反应以将体温保持在 37℃左右：如果太热，你就开始出汗；如果太冷，你就开始发抖。正是这些机制保持了体温平衡。现在想一下，一只动物被剥夺食物数小时后会发生什么？霍尔认为，这种剥夺会造成不平衡或紧张状态，从而唤起一种驱力。这种驱力反过来促使生物体采取消除紧张的行为；当这些驱力得到满足或消除时——内稳态又得到恢复——生物体就会停止这种行为。因此，按照霍尔的理论，被剥夺食物的动物会体验到一种激发食物搜寻和进食行为的驱力。同时，由于这些反应与进食产生的紧张消除发生了联结，动物寻找食物的反应会得到强化。

紧张减轻能解释所有动机行为吗？当然不能。我们来看一项实验，该实验证明，饥渴并不总是大鼠最重要的动机。

研究特写

几组被剥夺食物或水的大鼠被放入一个方形迷宫，迷宫由 9 个大小相同的格子组成，相互有门连通（Zimbardo & Montgomery, 1957）。每个迷宫格中放置着一个盛有食物或水的碗。驱力理论预测，感受到剥夺的大鼠会在第一时间进食或饮水。但事实上，大鼠往往并没有选择马上去缓解这种紧张状态，而是选择首先探索迷宫。例如，剥夺食物 48 小时或 72 小时的大鼠，在进入迷宫的前两分钟里，有 80% 的时间都在探索迷宫，只有 20% 的时间在进食。

在上面的实验中，大鼠似乎只有先满足自己的好奇心后才会开始进食和饮水。除此之外，研究者还提供了另外一些相似的实例，证明还有其他动机优先于驱力的消除（Berlyne, 1960; Fowler, 1965）。

这些结果说明了为什么理论家们开始相信内部驱力不是动机的唯一来源。

现在我们知道，行为还受**诱因**（incentive）——与生物需求并无直接关系的外部刺激和奖赏——驱动。当这些大鼠去关注周围环境中的事物而不是它们的内部状态时，就表明它们的行为是受诱因控制的。人类的行为也受许许多多的诱因控制：为什么你整夜刷视频而不去好好地睡上一觉？为什么你要观看你明明知道会引起你焦虑或恐惧的电影？为什么尽管你已经吃得很饱了，在聚会上还是会吃很多垃圾食品？在这些实例中，环境因素作为诱因在激发你的行为。

你可能已经发现，行为是内部和外部动机共同作用的结果。尽管那些大鼠可能有饥渴的生理压力，但它们同样无法抗拒探索新环境的冲动。现在我们要转向动机研究的另一个传统领域，即特定物种的本能行为。

本能行为与学习　为什么生物有其自身的行为方式？部分原因可能在于一个物种的某些行为是由**本能**（instinct）——对生存至关重要的预置的行为倾向——决定的。本能提供了一个行为仓库，它是每个动物遗传特征的一部分。鲑鱼能从几千英里外准确地游回它们出生的河流，跃过瀑布一直到达正确的地点，幸存下来的雄鱼和雌鱼会在那里进行仪式化的求爱和交配。接着，鲑鱼父母在水中产下受精卵后双双死去。在适当的时候，小鲑鱼又顺流而下回到海洋中生活，直到数年以后返回产卵地完成自己在这个周而复始的剧目中的使命。在大部分动物身上都会出现同样引人注目的行为。蜜蜂把食物所在地的信息传递给同伴，行军蚁进行高度同步的狩猎远征，鸟类筑巢，蜘蛛编织复杂的蛛网——这些都与它们父母和祖辈的行为完全一致。

本能行为，如金色织布鸟的筑巢行为，是由基因遗传驱动的。理论家们将人类的行为归因于哪些本能？

早期的人类机能学说往往过高地估计了本能对人类的重要性。1890 年，威廉·詹姆士写到，人类比其他动物更依赖本能行为（尽管人类的本能不体现为固定的行为模式）。例如，他提出人类有很多社会本能，如同情、谦虚、社交和爱。到 20 世纪 20 年代，心理学家已经整理编纂了 10 000 多种人类的本能（Bernard, 1924）。但与此同时，用本能来广泛解释人类行为的观点因受到强烈的批评而开始动摇。跨文化人类学家，如本尼迪克特（Benedict, 1959）和米德（Mead, 1939）发现不同文化之间存在极大的行为差异。他们的观察与只考虑天生本能的理论相悖。

在心理学界，行为主义者反对那种常常得出关于人类本能的主张的循环论证：人类具有同情心是因为人类具有同情的本能，而同情行为则证实了同情本能的存在。此外，正如我们在第 6 章所提到的，行为主义者用实验证明重要的行为与情感是后天习得的，而非先天具有。人类和其他动物一样都对环境中刺激和反应的关联方式高度敏感。如果你想解释为什么某个动物表现出某种行为而另一个动物却没有，你可能只需要了解该动物的行为被强化而另一个动物没有被强化就可以了。在这些情况下，你根本不需要对动机做单独的解释（也就是说，不能说一个动物有动机而另一个动物没有）。因此，如果我们想解释某种生物何以会有它们那样的行为方式，那么将本能与后天习得的行为区分开是十分重要的。

动机的期望与认知取向 在第 6 章中我们看到，认知取向的研究者挑战了本能和强化史足以解释某个动物行为所有细节的观念。对动机的认知分析表明，重要的人类动机不是来自外部世界的客观现实，而是来自对现实的主观解释。如果一个人没有意识到自己的行动获得了奖赏，那么这种奖赏的强化作用就不存在。你现在的所作所为，往往既受你认为对你过去的结果负责的因素的控制，也受你认为自己未来可以做什么的信念的控制。此外，认知分析表明，人类往往受对未来事件的**期望**（对行为结果的预期）驱动。

期望对激发行为的重要性是由**朱利安·罗特**（Rotter, 1954）在其**社会学习理论**（social learning theory）中提出的（第 6 章关于观察学习的讨论已触及过社会学习理论）。罗特认为，个体从事某一行为（为考试去学习而不是参加聚会）的可能性是由他对达到目标（获得好的考试成绩）的期望以及该目标的个人价值决定的。期望与现实之间的差距能够驱使个体做出修正行为（Festinger, 1957; Lewin, 1936）。假设当你发现你的行为与你所属群体的标准或价值观并不一致时，你就会产生改变你的行为以更好地适应群体的动机。例如，你可能被激发去改变你的着装风格或者你听的音乐，以减少期望和现实的差距。

弗里茨·海德（Fritz Heider, 1896—1988）总结了期望与内部和外部动机力量的关系。海德（Heider, 1958）认为，行为的结果（例如很差的分数）可归因于*内在因素*，如缺乏努力或不够聪明，或者归因于*情境因素*，如考试不公正或老师有偏见。这些归因方式将影响你的行为方式。如果你认为是由于缺乏努力而导致考试分数很差，你下次就可能会加倍努力；但是，如果你认为分数低是由于考试不公正，你也许就会放弃努力（Dweck, 1975）。因此，把动机来源看作内部的还是外部的，可能在一定程度取决于你对现实的主观认识。

让我们来回顾一下动机的各种来源。我们从这样一个观察开始，即研究者可以将产生行为的因素分为内部和外部两大类。驱力、本能和学习史都是动机的内部来源，它们在合适的外部刺激出现时影响行为。一旦生物体开始思考其行为（这是人类尤其倾向于去做的事情），对什么会发生和什么不会发生的期望就开始提供动机。会思考的动物会选择把有些动机归因到它们自身，把另一些动机归因到外部世界。

需要层次

我们已经讨论了动机的几种来源。作为本章其他部分的一个预览，我们回到一个对适用动机概念的领域的更全面的描述，目的是让你对引导你生活的力量有一个大致的认识。

人本主义心理学家**亚伯拉罕·马斯洛**（Abraham Maslow, 1908—1970）阐述了这样一个理论，即基本的动机会形成一个**需要层次**（hierarchy of needs），如**图 11.1** 描述的那样。按照马斯洛的观点（Maslow, 1970），在到达下一个更高等级之前，更低等级的每种需要都必须被满足——这些需要按低级到高级的顺序排列。在需要层次的最底层是基本的生理需要，如食物和水。在产生其他任何需要之前，这些基本的生理需要必须被满足。如果基本的生理需要很紧迫，其他需要就被暂时搁置而不太可能影响你的行为。当它们得到合理的满足后，下一个层次的需要——安全需要——就会对你产生驱动作用。当你不再关心安全问题时，你又会被依恋需要——归属及与他人发生联系的需要、爱以及被爱的需要——所驱动。如果你的生活衣食无忧并且很安全，而且具有社会归属感，你就会有尊重的需要——喜欢自己，认为自己是有能力有效率的，并会做一些必要的事情来赢得他人的尊重。

位于需要层次顶端的是这样一些人，他们生活富裕、安全、被别人爱也爱别人、没有顾虑、善于思考并有创造力。这些人已经超越了人类的基本需要，寻求的是自身潜力的充分发展，或者说自我实现。一个自我实现的人具有自知之明、自我接纳、高社会回应性、高创造性、率性自然以及对新事物和挑战保持开放等积极品质。

马斯洛的理论是关于人类动机的一种非常乐观的观点。该理论的核心是每个人都具有成长以及实现最高潜力的需要。然而，你也许从你的个人经验中发现，马斯洛的严格的需要层级结构有时是行不通的。例如，你可能为了帮助朋友而忘记吃饭，或者为了提升自尊而忍受荒野跋涉的危险。尽管如此，我们还是希望马斯洛的理论能够帮你梳理自己动机体验的不同方面。

现在你有了一个理解动机的总体框架。在本章的后面部分，我们将详细关注受多种动机交互影响的三种不同类型的行为：饮食、性表达以及个人成就。

归属、依恋和体验爱的需要，属于马斯洛需要层次中的哪一级？

图 11.1　马斯洛的需要层次论

按照马斯洛的观点，低层次的需要没有得到满足时，它就支配着人们的动机；只有当它得到适当满足时，高层次的需要才能引起人们的注意。

STOP 停下来检查一下

❶ 当你坐在长椅上时，你看到另一个学生从旁边跑过。动机概念的哪个功能适用于解释该情境？

❷ 有机体达到内稳态意味着什么？

❸ 为什么跨文化研究对人类本能的观点提出了质疑？

❹ 关于行为结果的解释，海德做了怎样的区分？

❺ 马斯洛的依恋需要指的是什么？

批判性思考：回顾一下剥夺大鼠食物或水的实验。为什么在每个迷宫格中放置食物和水很重要？

饮　食

我准备给一位上我的心理学导论课程的学生一块比萨。你认为该学生吃这块比萨的可能性有多大？在做出预测之前，你应该掌握哪些信息？上一节为你提供了一种组织你需要获取的额外信息的方法。你可能想知道有关的内部信息。比如，该学生已经吃了多少东西？他在努力节食吗？你或许也想知道外部信息：这块比萨好吃吗？他会跟朋友们分享并一起聊天吗？你看，即使是一个简单的结果，如某人是否将吃一块比萨，也会受到许多动机力量的影响。让我们从进化提供的一些调节饮食的生理过程开始。

饮食生理学

什么时候你的身体会告诉你该吃东西了？你拥有提供饥饱的生理感觉的各种机制。要有效地调节食物的摄入，生物体必须具备能完成以下四种任务的机制：(1) 探测内部对食物的需要；(2) 启动和组织进食行为；(3) 监控摄入食物的数量和质量；(4) 探测何时已摄入了足够的食物并停止进食。研究者试图通过把这些过程与身体不同部位的外周机制（如胃收缩）或中枢脑机制（如下丘脑的功能）相联系来深入理解这些过程。下面我们来更详细地介绍这些过程。

外周反应　饥饿的感觉从何而来？你的胃是否发出不舒服的信号来表明它已经空了？先驱生理学家**沃尔特·坎农**（Walter Cannon, 1871—1945）认为，空腹的胃部活动是饥饿的唯一基础。为了检验该假设，坎农的一位勇敢的学生沃什伯恩训练自己吞食一个连着橡胶管的没有充气的气球。橡胶管的另一端连着记录空气压力变化的设备。然后坎农给沃什伯恩胃中的气球打气。当这个学生的胃收缩时，空气就从气球里跑出来并激活记录设备。沃什伯恩报告的饥饿感与记录显示他的胃严重收缩的时间相关。坎农认为，他已证明胃部痉挛收缩就是饥饿产生的原因（Cannon, 1934; Cannon & Washburn, 1912）。

尽管坎农和沃什伯恩的研究方法很有独创性，但后来的研究证明，胃部收缩甚至不是饥饿的必要条件。把糖注射到血液里能阻止胃的收缩，但不能消除一个腹中空空的动物的饥饿感。胃被完全切除的病人仍有阵发的饥饿感（Janowitz & Grossman, 1950），而没有胃的大鼠仍能通过食物奖赏学会走迷宫（Penick et al., 1963）。因此，尽管胃部产生的感觉信息可能对人们通常的饥饿感有影响，但是它们不能完全解释身体如何探测自身对食物的需求并产生进食动机。

空腹也许不是感到饥饿的必要条件，那么“塞满”的胃能终止进食吗？研究表明，由食物引起的胃部压力将导致个体停止进食（而由气球充气引起的胃压则不能）（Logue, 1991）。所以，身体对胃部压力的来源很敏感。食物的口腔体验也是一种能提供饱腹感线索（与吃饱或满足感有关的线索）的外周来源。你也许注意到，在用餐的过程中，即使是你最喜爱的食物也会变得不那么美味，这种现象被称为特定味觉饱食感（Remick et al., 2009）。这种在进食过程中对食物兴趣的降低，可能是身体调节进食的一种方式。然而，这里的“特定”指的是饱食感针对的是特定的味道，而不是具体的食物本身。在一项实验中，参与者已经达到了对特定食物（如菠萝或黄瓜）的饱食感，然而，当食物的味道稍微改变时——通过添加香草味发泡奶油或盐及胡椒粉——人们又重新对食物有了兴趣（Romer et al., 2006）。这些研究表明，食物味道的多样性——这在有多道菜的用餐中很常见——可能会抵消身体里其他指示已经吃饱的信号。

现在，我们转到有关进食行为的脑机制，外周来源的信息在这里被汇聚到一起。

中枢反应　像惯常情况那样，有关启动和停止进食的脑中枢的简单理论已经让位于更复杂的理论。关于饮食的脑控制的最早的理论建立在对外侧下丘脑（lateral hypothalamus, LH）与腹内侧下丘脑（ventromedial hypothalamus, VMH）的观察上（下丘脑的位置见图 3.16）。研究表明，如果 VMH 被损毁（或 LH 被刺激），动物就会摄入更多的食物。如果

为什么当有多种不同口味的食物时人们会吃得更多?

程序相反，即LH被损毁（或VMH被刺激），动物就会吃较少的东西。这些观察导致了双中心模型的产生，在这个模型里，LH被认为是“饥饿中枢”，而VMH被认为是“饱食中枢”。

然而，随着时间的推移，后期的研究者提供了更多数据，证明这一简单的理论并不完善（Gao & Horvath, 2007）。例如，VMH损毁的大鼠只多吃它们认为可口的食物，而极力避开味道不好的食物。因此，VMH不仅是一个发射“多吃”或“少吃”信号的简单中枢，这个信号还依赖于食物类型。实际上，VMH损毁可能会部分增强大鼠对食物的反射性反应（Powley, 1977）。如果大鼠对美味食物的反射性反应是吃它，增强的反应就是多吃。如果大鼠通过恶心或呕吐反射性地避开难吃的食物，其增强的反应就可以使它完全不吃。研究者还发现下丘脑的另外两个脑区，即弓状核（arcuate nucleus, ARC）和室旁核（paraventicular nucleus, PVN），对VMH和LH调节进食的功能起补充作用。

这些下丘脑区域用来调节进食的一些最重要的信息来源于血液（Gao & Horvath, 2007）。例如，受体监测血液中糖（以葡萄糖的形式）的水平。胰岛素帮助调节血液中的葡萄糖水平。葡萄糖是新陈代谢的能量来源之一。当存储的葡萄糖浓度很低或不能为新陈代谢所用时，来自肝细胞受体的信号就会传到LH，在这里作为葡萄糖探测器的神经元就会改变它们的活动来启动进食行为。其他下丘脑神经元会对食欲调节中扮演相反角色的激素做出反应（Schloeg et al., 2011）。例如，一种叫作瘦素（leptin）的激素可以抑制进食。回想一下第5章，内源性大麻素也有激发食欲的作用。瘦素的作用与这些大麻素相反，从而使食欲得到控制（Jo et al., 2005）。胃饥饿素（ghrelin）是由空腹时的胃分泌的，它促使人们意识到饥饿。与此相反，胆囊收缩素（cholecystokinin，CCK）是在吃东西时由小肠分泌的，它向大脑提供你正在变饱的信息。

到目前为止，我们已知道体内有多个负责启动和停止进食的系统。然而，根据个人丰富的经验，你会发现你对食物的需求不仅取决于身体所产生的线索。下面我们来看看促使你多吃或少吃的心理因素。

饮食心理学

现在，你已经知道人体内有多种调节食物摄入量的机制。但是你吃东西仅仅是因为饥饿吗？你很可能会回答："当然不是！"如果你回顾一下过去几天的情况，你可能会想起好几次你进食的时间和所吃的东西都与饥饿无关。饮食心理学这一小节将从回顾文化对你吃什么和吃多少的影响开始。接下来，我们将关注肥胖和节食的根源及后果。最后我们将探讨过分关注身体意象和体重如何导致进食障碍。

文化对饮食的影响　你如何决定你应该何时吃以及吃什么？为了回答这个问题，首先考虑一下文化的影响。例如，在美国，人们每天在固定的时间吃三餐，进餐的时间更多地依赖于社会习俗而不是身体信号。而且，人们常常按照社会和文化标准来选择吃什么东西。如果给你提供一顿免费的龙虾大餐你会答应吗？你的答案可能取决于你是否是一个严守清规的犹太人（这种情况下你会说"不"），或者你是否是一个素食者（这种情况下，你的答案仍然会依赖于你是否是那种不排斥海鲜的素食者）。这些例子直接表明为什么文化能胜过你的身体信号。

让我们更近距离地看看美国的饮食文化。信息的重要来源之一是美国政府，它有许多职能。首先，政府规定了食物的"分量大小"，以及食品制造商必须提供给顾客什么类型的营养信息。其次，政府定期提供关于健康饮食组成部分的建议。例如，2010 年美国农业部发布了《美国居民膳食指南》等出版物。这一出版物提供了关于体重管理和体育锻炼的一般性建议，以及针对个体如何维持健康饮食的具体建议。政府的出版物反映了科学知识的现状：随着研究的进步，给出的建议也会随时间不断改变。毋庸置疑，这一“膳食指南”在你的一生中将再次改变。正像其他任何基于研究的建议一样，正确理解数据如何支持这些不断演变的建议对你来说也颇为重要。

不幸的是，美国文化的某些其他方面与健康饮食的建议背道而驰。例如，不健康的食物与健康的食物相比更便宜。经济拮据的人可能觉得负担不起健康的饮食。这一观察结果使人们相信，如果健康与不健康食品之间的价格差异发生变化，人们的营养状况将得到改善（Andreyeva et al., 2010）。在一项研究中，研究者和亚拉巴马州的一家熟食店合作，降低健康食品的价格（Horgen & Brownell, 2002）。当健康食品的价格较低时，人们就会买得更多。这类研究支持这样的结论，即健康饮食的一些障碍是经济限制的产物。

肥胖与节食 心理学家用了大量时间来考察什么因素导致了所谓的肥胖“流行病”。为了确定谁超重、谁肥胖，研究者经常借助一种被称为**体重指数**（body mass index, BMI）的指标。BMI 的计算方法是，将个人的体重（以千克为单位）除以身高（以米为单位）的平方。例如，某人重 154 磅，高 5 英尺 7 英寸，其 BMI 为 24.2（154 磅 = 69.8 千克，5 英尺 7 英寸 = 1.7 米，$69.8/1.7^2 = 24.2$。你可以在网上搜到 BMI 计算器）。在大多数情况下，BMI 为 25~29.9 的个体被认定为超重；BMI 为 30 或以上的个体被认定为肥胖。依据这些标准，美国成年人中大约有 34.2% 的人超重，39.5% 的人肥胖（Ogden & Carroll, 2010）。在儿童和青少年中，31.6% 的人超重，16.4% 的人肥胖（Singh et al., 2010）。

这些数字表明了为什么我们迫切需要回答这个问题：为什么人们会超重？正如你在本书中经常读到的那样，这个问题的部分原因在于先天遗传——某些人具有肥胖的遗传倾向，这个答案可能不会让你奇怪。大量研究证据表明，人天生就有偏胖或偏瘦的倾向。例如，研究发现，同卵双生子的 BMI（及其他体形指标）之间的相关性高于异卵双生子（Schousboe et al., 2004; Silventoinen et al., 2007）。这些一致的发现为人类体重受遗传影响提供了强有力的证据。

研究者已经开始发现一些可能使某些个体容易肥胖的遗传机制

（Ramachandrappa & Farooqi, 2011）。例如，研究者已分离出一个能影响瘦素分泌的基因，正如你在前面小节中看到的，瘦素在食欲控制方面发挥着作用。如果瘦素没能发挥它的关键作用，人们可能就会吃得过多。因此，控制瘦素的基因似乎对体重调节和肥胖的可能性有着至关重要的影响（Gautron & Elmquist, 2011）。越来越多的证据表明，基因与环境的交互作用决定着肥胖的风险。比如，人们每继承一个 *FTO* 基因次等位副本（minor allele），就会比没有的人平均重约 1.5kg。不过，研究者已经证明，每天进行 60 分钟以上中高强度体育活动的青少年受这种风险基因的影响较小（Ruiz et al., 2010）。在体育活动相对较少的学生中，那些遗传了两个风险等位副本的人 BMI 值明显偏高。具有相同遗传基因但运动较多的学生，其 BMI 值则与同龄人并无差异。这个结果再次提醒你为何我们需要时刻注意先天与后天的共同影响。

肥胖的遗传学取向主要关注内部饥饿信号的调节。然而，正如我们已经看到的，人们的选择不仅仅是由饥饿决定的。个体对食物和进食行为的看法也很重要。关于饮食心理方面的早期研究主要聚焦于超重个体对内部饥饿信号和外部环境中的食物的相对关注程度（Schachter, 1971b）。研究者认为，当食物很显眼并唾手可得时，超重的个体会忽略自己身体发出的信号。然而，研究证明该理论并不完善，因为体重本身并不总能预测个体的饮食模式。也就是说，并非所有超重的人在饮食行为方面都有相同的心理模式。让我们来看看原因何在。

基因与体育运动的交互作用如何影响肥胖的风险？

珍妮特·波利维（Janet Polivy）和**彼得·赫尔曼**（Peter Herman）提出，贯穿饮食行为心理学的关键维度是限制性饮食和非限制性饮食（Polivy & Herman, 1999）。限制性饮食者总是对他们要吃的食物量加以限制：他们长期节食，总是为食物而焦虑。尽管肥胖者更容易报告有这种思想和行为，但任何体形的人都可能成为限制性饮食者。如果他们长期节食，那么体重又是如何增加的呢？研究者指出，当限制性饮食者去抑制时——当生活环境使他们放松约束时——他们就会暴饮暴食高热量的食物。不幸的是，许多类型的生活环境似乎会导致限制性饮食者去抑制。例如，当限制性饮食者对自身能力和自尊感到紧张时，常常会发生去抑制现象（Tanofsky-Kraff et al., 2000; Wallis & Hetherington, 2004）。我们来看看当限制性饮食者认为自己已吃得过多时会发生什么。

研究特写

根据女大学生对自己在食物与节食方面的行为及想法的自我评估，研究者将其分为限制性饮食者或非限制性饮食者。学生们以为她们是在参与市场调查。研究开始时，研究者要求每位参与者吃一块比萨。他们解释说，吃比萨的目的是"确保在完成味道评分之前（所有参与者）具有相同的味觉体验和相同程度的饱腹感"（Polivy et al., 2010, p. 427）。研究者给了每位参与者大小完全相同的一块比萨。但是，有的参与者会以为她们得到的那块比别人的要大（因为放那块比萨的盘子里还有一块小一点的比萨）；而另一些参与者则以为她们的那块比别人的小（因为放那块比萨的盘子里还有一块大一点的比萨）。随后，所有参与者都有机会品尝巧克力饼干。**图 11.2** 呈现了参与者们所吃饼干的量。如你所见，当限制性饮食者认为自己已吃得过量时——吃了大块的比萨——她们就失去了节制，吃掉了相当多的饼干。

这一结果表明，限制性饮食者很容易产生去抑制现象。你肯定清楚地记得，所有人吃的比萨实际上都是同样大小的。正是限制性饮食者对自己所吃食物的认知（以为自己吃的那块比萨比别人的更大），令她们感到自己打破了节食计划。

你现在应该了解为什么一旦超重，减肥就很困难了吧。许多超重者报告他们经常在节食——也就是说他们常常是限制性饮食者。如果生活中发生了应激性事件，导致他们放弃约束，随之而来的暴饮暴食很容易导致体重增加。因此，长期节食的心理影响更可能导致体重增加而不是减轻，这听起来有点像悖论。下面我们将讨论同样的心理因素如何可能导致威胁健康和生命的进食障碍。

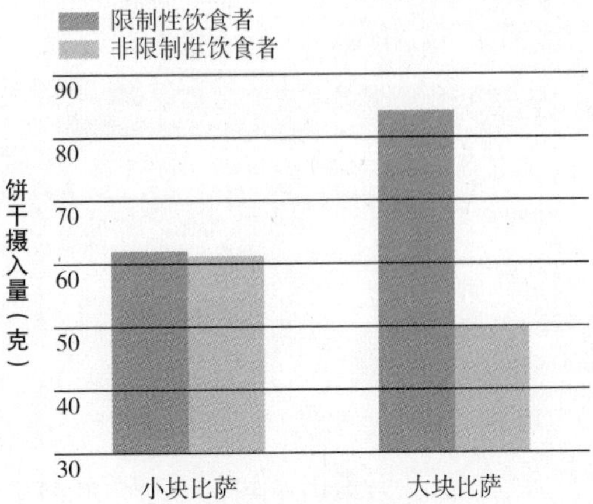

图 11.2 认知对食物摄入量的影响

研究者使限制性饮食者和非限制性饮食者相信，她们吃的那块比萨比其他参与者的更大或者更小，而实际上，所有人吃的比萨大小完全相同。随后，参与者品尝巧克力饼干。那些自以为吃了更大块比萨的限制性饮食者，吃掉的饼干最多。

进食障碍 我们已经看到，饥饿这一机体内部线索对个体的进食量仅起部分决定作用。对于进食障碍患者来说，机体内部信号与进食行为之间的不匹配尤其严重。当一个人的体重低于正常体重的最低值（即体重指数 18.5kg/m^2）但仍然表现出对变胖的强烈恐惧时，他/她就会被诊断为**神经性厌食症**（anorexia nervosa, DSM-5, 2013）。**神经性贪食症**（bulimia nervosa）患者的行为特征是反复发作的失控性暴食，然后用自我催吐、滥用泻药或禁食等方式来清除体内多余的热量（DSM-5, 2013）。患有暴食/清除型神经性厌食症的人也可能暴饮暴食，然后进行清除，以减少热量的吸收。这两种病症都有严重的医学后果。在最坏的情况下患者可能会饿死。

当一个人经常毫无节制地狂吃，但又不像神经性贪食症患者一样采取措施清除时，就会被诊断为**暴食症**（binge eating disorder）。暴食症患者在疯狂进食的过程中会感到自己失去了控制，暴饮暴食让他们非常痛苦。与厌食症和贪食症相比，暴食症是一个相对较新的诊断分类。第 14 章的“生活中的批判性思维”专栏将讨论它的出现。在这里，我们重点来看厌食症和贪食症，因为研究者对这两者的病因做了大量探索。

表 11.1 中列出了每种进食障碍的患病率。这些数据来源于一项面

表 11.1　**各种进食障碍的患病率（%）**

	女性	男性
神经性厌食症	0.9	0.3
神经性贪食症	1.5	0.5
暴食症	3.5	2.0

注：数据代表 9 282 名美国成人中曾患各种进食障碍的百分比。

对面的访谈，访谈对象是 9 282 名美国男性和女性，年龄在 18 岁及以上（Hudson et al., 2007）。从表 11.1 中可以看出，女性的患病率高于男性。然而，在过去几年中，患病率的差异已经变小了。早期的研究者估计，女性患厌食症和贪食症的比例约为男性的 10 倍（DSM-Ⅳ-TR, 2000）。在 DSM-5（2013）中，这一估计值仍为 10:1。然而，表 11.1 中的数据显示，这一比率实际上仅为 3:1。当你阅读了进食障碍的成因，就会理解这一差异为什么在缩小。

对进食障碍原因的研究证实了遗传因素的重要性。有证据表明，患进食障碍的倾向可能是通过基因传递的（Calati et al., 2011; Campbell et al., 2011）。有研究对若干对双胞胎女孩进行追踪，从 11 岁开始一直追踪到 18 岁（Klump et al., 2007）。研究者对同卵双胞胎和异卵双胞胎进行了对比，这种做法你之前已经遇到过。数据显示，随着年龄增长，遗传的作用越来越大。在追踪研究的 7 年间，同卵双胞胎往往保持相似，而到了青春期的中后期，异卵双胞胎之间的差异则会逐渐增大。这种模式表明，当这些女孩处于青春期时，遗传风险的影响更大。研究者还利用双胞胎研究来考察导致进食障碍风险的人格因素。例如，研究者发现，完美主义（如过度关注错误或对行动持怀疑态度）得分较高的女性双胞胎被诊断为厌食症的可能性也更高（Wade et al., 2008）。如果这种追求完美的一般动机促使个体去追求“完美”的体形，其后果可能就是患上进食障碍。

事实上，高度的**身体不满意**（body dissatisfaction），即对自己体重、体形和外貌的不满，是个体患进食障碍的风险因素（Lynch et al., 2008）。对很多进食障碍患者来说，身体不满意与他们的实际身体状况无关，而是与他们不准确的身体感知相关。即使别人已经觉得他们瘦得可怕，厌食症患者还是经常觉得镜子里的自己太胖。下面我们来看一项关于这种错误感知的脑基础的研究。

研究特写

10 名患有厌食症的女性和 10 名控制组女性（无厌食症）在观看一系列数码照片时接受了 fMRI 扫描（Sachdev et al., 2008）。每位参与者所看的照片都是个性化的，其中一半照片是参与者本人，另一半则是一名年龄和体重指数与参与者相当的女性。照片中的女性都穿着同样的衣服，可以清楚地看到身体的轮廓。最后，为了让参与者更关注照片中人物的身体，研究者挡住了照片中的人脸。在参与者观看照片时，研究者会告诉她们这张照片是自己的还是别人的。fMRI 扫描显示，控制组在观看两类照片时的大脑活动模式相同，但厌食症患者在看自己的照片和他人的照片时大脑活动迥然不同。例如，当观看自己的照片时，厌食症患者负责从外界获取准确信息的大脑区域活动较少。

这一结果的一个重要方面是，患有厌食症的女性在观察其他女性的身体时，呈现出完全正常的大脑活动模式，只有自我意象造成了不寻常的大脑活动模式。

在体形判断方面，多项针对身体不满意现象的研究发现了一致的群体间差异（Roberts et al., 2006）。例如，一项研究显示，在 25 岁至 45 岁的女性群体中，与黑人相比，白人女性对自己的身体满意度更低。此外，当要求参与者选择一幅人物图片来代表她们喜欢的体形时，相比于黑人女性，白人女性会选择更瘦的人物图片（Kronenfeld et al., 2010）。为了解释黑人和白人女性之间的这些差异，研究者经常呼吁人们关注文化规范和媒体在塑造白人女性对理想体重和体形的期望方面所起的作用（Durkin & Paxton, 2002; Striegel-Moore & Bulik, 2007）。在一项研究中，黑人和白人女大学生评估了自己的身体不满意程度，接着观看了代表“大众媒体理想”的女性的幻灯片（DeBraganza & Hausenblas, 2010, p. 706）。看完之后，学生们再次评估自己的身体不满意程度。黑人学生的评分没有变化，而白人学生在被提醒媒体中的理想女性之后，身体不满意程度有所上升。

在这种背景下，你可能就不会对白人女性比黑人女性更容易患进

妮可·里奇和玛丽莲·梦露的这两张照片表明随着时间的推移，媒体关于女性需要多瘦才会被其作为性感形象进行宣传的标准发生了什么变化?

食障碍感到奇怪了。一项研究调查了年龄在 21 岁左右的 985 名白人女性和 1 061 名黑人女性（Striegel-Moore et al., 2003）。在这两个群体中，白人女性中有 1.5% 的人曾在生活中的某段时间患过神经性厌食症；没有一个黑人女性有过这种障碍。2.3% 的白人女性得过神经性贪食症，但黑人女性只有 0.4%。考察其他种族和族裔群体的研究比较少，但迄今为止的证据显示，亚裔美国人进食障碍患病率比白人要低，而西班牙裔女性的患病率则与白人相当。对于上述每一个发现，研究者都试图把关于体形的文化价值观与节食行为联系起来。

在本节的最后，我们再回到进食障碍患病率的性别差异逐渐缩小的问题上来。研究者已经开始考察媒体形象对男性身体不满意度的影响。近二十年来，精瘦、肌肉发达的男性形象在媒体中如雨后春笋般出现，这一现象使得研究者开始关注媒体对男性的影响。一般来说，当男性看到理想化的男性身体形象时，对自己的身体不满意度会增加（Blond, 2008）。例如，有研究以欧裔和西班牙裔美国男性为对象，要

生活中的心理学

他人在场对你的进食行为有何影响

回想一下你最近一次和他人共同进餐的情景。与单独进餐相比，你觉得自己吃得更多、更少还是一样多？研究表明，社会情境，即他人在场是影响个体进食的一条重要外部线索。事实上，当与他人一起进餐时，给他人留下积极印象可能是你最重要的动机（Herman et al., 2003）。下面我们来看这一动机会产生怎样的影响。

有研究以大学生为研究对象，要求他们分别与自己的恋人、朋友或陌生人交谈 10 分钟（Salvy et al., 2007）。为使交谈氛围更“轻松愉快”，研究者提供多种饼干供交谈者享用。每次交谈结束后，研究者会检查参与者吃了多少饼干。结果显示，不同组合所吃掉的饼干数量存在很大的差异：与男性朋友聊天的男性参与者吃的饼干最多，而与陌生男性聊天的女性参与者吃的饼干最少。如果参与者的动机是给对方留下积极印象，你能看出这些结果产生的原因吗？

一项类似研究考察了社会情境对超重儿童和正常儿童进食的影响（Salvy et al., 2008）。参与者年龄在 10~12 岁，他们会两次进入实验室。其中一次是参与者独自在实验室里玩耍和吃零食，另一次则与一名同伴一起进去。结果显示，体重正常的儿童两次吃的食物量相当；但超重儿童在与同伴一起时吃的食物量总是较少。这些结果表明，超重儿童会通过控制饮食来给他人留下积极印象。

在近几十年中，家庭就餐模式发生了很大变化，“从家庭聚餐转变为独自一人吃饭”（Salvy et al., 2008, p. 195）。研究者在这一背景下讨论了他们的结果。他们指出，过去孩子们都与父母和兄弟姐妹一起吃饭，这种进餐环境有助于他们学会控制进食量。这一社会情境的消失可能是现代肥胖儿童增多的原因之一。研究者提出，进行社会干预——让儿童与他人一起进餐——可能有助于超重儿童减少食量。

关于饮食的社会情境，我们最后提一点：人们往往会大大低估社会情境的影响。在一项研究中，成对的学生一边看录像一边吃比萨。每对参与者吃比萨量的相关系数为 0.64。尽管如此，当询问为什么吃了那么多比萨时，122 名参与者中仅 3 人提到受同伴的影响（Vartanian et al., 2008）。参与者提到更多的是其他原因，如自己很饿，自己很久没吃东西了或比萨特别美味等。

下次和别人吃饭的时候，试着思考一下，你想给别人留下特定印象的渴望，是怎样通过你的食量反映出来的。

求他们回答对一些表述的赞同程度，如“我认为身材好的男性穿衣服更好看”“我希望自己看起来像杂志上的男性内衣模特”（Warren, 2008, p. 260）。对男性外形的媒体规范赞同度最高的参与者报告的身体不满意程度也最高，两个群体结果一致。另有研究表明，对身体脂肪量感到不满的男性，更容易出现进食障碍（R. Smith et al., 2011）。尽管其中的因果关系还需进一步证实，但这些研究结果支持了最初的推测：媒体所呈现的男性身体形象的变化导致男性进食障碍的患病率不断上升。

STOP 停下来检查一下

❶ 什么是特定味觉饱食感？

❷ 有哪些证据表明腹内侧下丘脑在进食中的作用与双中心模型所认为的不同？

❸ 限制性饮食者一般遵循哪种饮食模式？

❹ 神经性贪食症的症状是什么？

批判性思考：回忆一下揭示厌食症女性大脑反应差异的那项研究。为什么实验照片要匹配年龄和体重指数？

性行为

你身体的生理机能使你每天都要惦记着食物。饮食对个体的生存至关重要。那么性呢？性行为在生物学上只是生殖所必需的。性不是个体生存的必要条件。某些动物和人类终生保持独身，但其日常机能未见明显损害。然而，生殖对于物种的生存却至关重要。为了确保机体将精力用在生殖上，大自然赋予性刺激以强烈的快感。性高潮是性行为中所消耗的能量的最终强化物。

这种潜在的快感给性行为带来的动力远远超出了生殖的需要。个体会采取各种各样的行为来获得性满足。但某些性动机的来源是外部的。不同的文化会构建不同的标准或规范来指导什么是可接受的或被期待的性行为。尽管大部分人的行为动机与这些规范一致，但也有些人主要通过违反这些规范来获得性满足。

本节将首先讨论一些关于非人类动物的性冲动和交配行为的知识，然后把注意力转移到人类性行为的某些问题上。

动物的性行为

在非人类的动物中，性行为的主要动机是繁殖。把性作为繁殖手段的物种一般进化出了两种性别类型：雄性和雌性。雌性产生相对较大的卵子（储存有胚胎开始生长所需的能量），雄性产生特化的可游动的精子（以便游进卵子）。两性必须让它们的性活动保持同步，以使精子和卵子在适合的条件下结合，形成受精卵。

性唤起主要是由生理过程决定的。动物的发情期主要由脑垂体和性腺（性器官）分泌的性激素决定。雄性分泌的激素叫*雄激素*，它们在体内持续充足供应，因此雄性几乎在任何时候都能进行交配。而许多物种的雌性，其*雌激素*是周期性分泌的，即根据天数、月份或季节的周期而分泌，因此雌性并不随时接受交配。

这些性激素同时作用于大脑和生殖器官，并且经常引起一种某物种所有成员都有的可预测的*刻板性行为*模式。例如，如果你见过一对大鼠的交配过程，你就会知道所有大鼠的交配过程。这一过程的大部分内容是雄性追逐雌性。雌性每隔一段时间就会让雄性得手，于是这一对儿就短暂地交配。黑猩猩交配的时间也很短（大约 15 秒）。紫貂的交配则缓慢而又漫长，时间可长达 8 小时之久。食肉动物，如狮子，能允许又慢又长的交配仪式——在连续的 4

哪些因素决定了大多数物种的性行为?

天里，每隔 30 分钟一次。它们的猎物，如羚羊，只交配几秒的时间，而且常常是在奔跑中进行（Ford & Beach, 1951）。

性唤起也常常由外部环境中的刺激引起。对许多物种来说，交配对象展现出仪式化的视觉和声音模式是性唤起的一个必要条件。此外，在绵羊、牛和大鼠等不同的物种中，雌性配偶的新颖性会影响雄性的行为。如果有新的雌性介入，一个已与雌性配偶达到性满足的雄性，可能会重启性活动（Dewsbury, 1981）。触觉、味觉和嗅觉也可以作为性唤起的外部刺激物。正如你在第 4 章中学到的那样，某些物种能分泌一种叫信息素的化学信号来吸引求爱者，有时这些求爱者在很远的地方就能探测到这种气味（Herbst et al., 2011; Yang et al., 2011）。许多物种的雌性会在最佳生育状态时（性激素水平和性欲都处于巅峰）分泌这种信息素。这些分泌物是唤起和吸引该物种雄性的无条件刺激物，因为雄性遗传了被这种刺激物唤起的倾向。

非人类动物的性行为虽然在很大程度上是由先天生物因素决定的，却依然为“文化”因素影响配偶的选择留下了空间。让我们来看看大西洋玛丽鱼的情况。

研究特写

在大部分情况下，雄性大西洋玛丽鱼喜欢与更大的雌玛丽鱼交配。然而，当一条雄玛丽鱼看到另一条雄鱼喜欢更小一点的雌玛丽鱼时，会出现什么情况？为了回答这个问题，研究者设计了一组鱼缸，雄玛丽鱼在大缸里游动，两端各放若干更小的鱼缸（Bierbach et al., 2011）。在实验的开始阶段，一条大的和一条小的雌鱼分别被放进两端的小鱼缸里。此时雄鱼花更多的时间接近更大的雌鱼。在实验的第二阶段，第二条雄鱼被放到另一个小鱼缸里，看起来像在更小的雌鱼附近游动。第一条雄鱼有 20 分钟时间观察第二条雄鱼与更小的雌鱼“打得火热”。在实验最后的阶段，研究者捞出第二条雄鱼，然后观察第一条雄鱼的偏好。在这次偏好测验中，结果模式大反转。现在雄玛丽鱼花更多的时间在更小的雌鱼附近游动。它们的偏好已经转变为模仿其他雄性的偏好！

知道那些在水族馆中畅游的天真鱼儿正在注意哪些鱼受欢迎哪些鱼不受欢迎，让你感到惊奇吗？该实验为我们讨论人类性行为奠定了基础。我们马上就会看到，人类的性反应同样是由进化历史和周围人的偏好共同塑造的。

人类的性唤起与性反应

激素在调节其他动物的性行为方面非常重要，但对大多数男性和女性的性接受和性满足的影响相对较小。当性激素水平在正常范围内时，性激素水平的个体差异并不能预测性行为的数量和质量。然而，性激素水平因疾病或衰老而低于正常值，往往对性欲有消极影响，其中睾酮（testosterone）的作用尤为重要。在接受补充睾酮的治疗后，男性和女性的性欲都能得到恢复（Davison & Davis, 2011; Allan et al., 2008）。此外，做过阉割手术（不再产生睾酮）的男性通常仍会有一定水平的性欲。这说明，性激素并非人类性行为的唯一驱动因素（Weinberger et al., 2005）。

人类的**性唤起**（sexual arousal）是由对性刺激的生理和认知反应引起的兴奋和紧张的动机状态。性刺激可能是生理的或心理的，能引发性兴奋和激情。由性刺激引起的性唤起会在令个体感到满足的性活动中消退，尤其是达到性高潮时。

研究者已经对动物的性活动和性反应探索了几十年，但对人类性行为的研究多年来一直属于禁区。**威廉·马斯特斯**和**弗吉尼娅·约翰逊**（Masters & Johnson, 1966, 1970, 1979）打破了这个传统禁忌。他们通过在实验条件下直接观察和记录人类性行为过程中的生理模式而使人类性行为研究合法化。通过这样的实验，他们探索了人们对性的真实反应和表现而不是口头的说法。

为了直接研究人类对性刺激的反应，马斯特斯和约翰逊对几千名男女志愿者的性反应周期进行了控制实验观察。从这个研究中得出的三个最重要的结论是：（1）男性和女性有相似的性反应模式；（2）尽

威廉·马斯特斯和弗吉尼娅·约翰逊是如何使人类性行为的研究合法化的?

管两性的性反应周期的阶段顺序是相似的，但女性的变化更多，而且往往反应更慢，但保持的性唤起时间更长；（3）许多女性能有多次的性高潮，而男性在相同的时间里却很少如此。

尽管马斯特斯和约翰逊的研究重点是性反应的生理方面，但他们最重要的发现却可能是心理过程对于性唤起和性满足的核心意义。他们证实，性反应问题往往源于心理因素，而不是生理因素，并且可以通过治疗改善或克服。在这些问题中，人们最关心的是不能完成性反应周期并获得性满足。这种性能力的缺乏常常来源于对个人问题的过分关注、对性行为后果的恐惧、担心伴侣对自己性表现的评价、无意识的内疚或消极想法。然而，营养不良、疲劳、紧张以及过多饮酒和药物滥用也会降低性驱力和性能力。

我们已经回顾了人类性活动和性唤起的一些生理方面，但还没有讨论造成性表达差异的原因。有观点认为，生殖的目的致使男女两性有不同的性行为模式。下面我们就从这一想法开始讨论。

性行为的进化

我们已经知道动物的性行为模式在很大程度上是由进化决定的，其主要目的是生殖——保存物种——且这种性行为已经高度仪式化和刻板化。对于人类的性行为是否也能得出相同的结论呢?

进化心理学家探讨了这样一种观点，即男性和女性已进化出不同的性行为策略（Buss, 2008）。为了描述这些策略，我们首先需要谈谈关于人类生殖的一些事实。男性如果能找到足够多的配偶，那么他们一年能进行数百次生殖。为了生育一个小孩，他们所需投入的只是几分钟的性交时间。女性一年最多只能生育一次，然后每个孩子都需要投入巨大的时间和精力去抚养。（顺便说一句，一个妇女生育小孩的世界纪录还不到 50 个，但一位男性却可以是几百甚至上千个孩子的父亲。）

因此，如果生殖是目的，卵子就是有限的资源，而且雄性会争夺为其授精的机会。雄性动物的基本目标就是尽可能多地与雌性交配，以使其生育的后代数量达到最大化。但是，雌性的基本目标是找到一个优秀的雄性配偶，以保证从她有限的卵子中生出最好最健康的后代。此外，人类后代成长的时间很长，并且在成长期如此无助，以至于需要持续的**亲代投资**（parental investment; Bell, 2001; Sear & Mace, 2008）。父母必须花很多时间和精力去养育孩子——而不像鱼类和蜘蛛，简单地产下卵离开就行。因此，女性的问题不仅仅是要挑选最高大、最强壮、最聪明、地位最高、最令人兴奋的配偶，还要挑选最忠实、有责任心的伴侣来帮助抚养孩子。

进化心理学家**戴维·巴斯**（Buss, 2008）认为，男女两性为短期择偶和长期择偶进化出了不同的策略、情感和动机。若男性的策略是勾引尽可能多的女性然后遗弃——表现出忠诚和负责任的样子，然后又离开——这就是一种短期策略。若男性对女性坚守承诺，并投资后代的抚养，这就是一种长期策略。若女性希望吸引一个帮助她抚养孩子的忠诚男士，这就是一种长期策略。若女性只想获得资源或得到地位高的男性，这就是一种短期策略。因为这些关于男性和女性不同策略的主张是基于进化论的分析，所以研究者寻找跨文化的数据来支持这种分析。例如，一项研究涉及了 52 个国家的 16 000 名参与者（Schmitt, 2003）。参与研究的男性

尽管性可以满足生殖的生物学功能，但大多数人的性生活次数要比生育次数多得多。即便如此，进化论的观点如何解释当代的性策略？

和女性提供了有关他们对短期性关系的兴趣的信息。纵观整个样本，男性一致报告了比女性更多的对性的多样化的渴望。这个结果支持进化论的观点，即男性和女性不同的生殖角色影响了各自的性行为。

研究者提供了多种类型的证据来支持人类性反应的进化论观点。近年来，研究人员特别关注当女性处于月经周期中的排卵期前后时，男性和女性会出现怎样的行为变化。我们来看一项实验，该实验要求女性判断某男性是异性恋还是同性恋（本章下一节就会讨论同性恋话题）。

研究特写

一个研究团队认为，求偶倾向会提高异性恋女性判断男性性取向的准确性（Rule et al., 2011, p. 824）。为了验证这一假设，研究人员让 40 名异性恋女性观看了 80 张男性的照片。照片中的男性有 40 人自认是异性恋，另外 40 人自认是同性恋。女性的任务是猜测每一位男性的性取向。完成对照片的判断后，每位女性都提供了可以让研究人员估计出其月经周期的信息。图 11.3 显示，女性在接近排卵期时，判断的准确性最高。

这些数据支持了这样一种观点，即当女性最有可能怀孕时，她们对男性品质的判断也更加谨慎细心（这对女性的长期择偶策略很重要）。另有研究支持了这样一个假设，即男性能够探测女性何时处于排卵期并相应地改变自己的行为（Haselton & Gildersleeve, 2011）。例如，在实验室版本的 21 点游戏中，与处于排卵期的女性一起玩时，男性会做出更冒险的决策（Miller & Maner, 2011）。敢冒风险代表着自信和雄心等性格特质，而从进化心理学的角度看，女性择偶时会认为这样的特质更有吸引力。所以，这些结果表明，当女性处于排卵期时，男性会调整他们的行为，让自己显得更有吸引力。请注意，男人们并不知道女性正处于排卵期，他们的这些行为变化都是无意识的反应！

尽管研究支持了进化论对人类性行为的诸多预测，但其他的理论

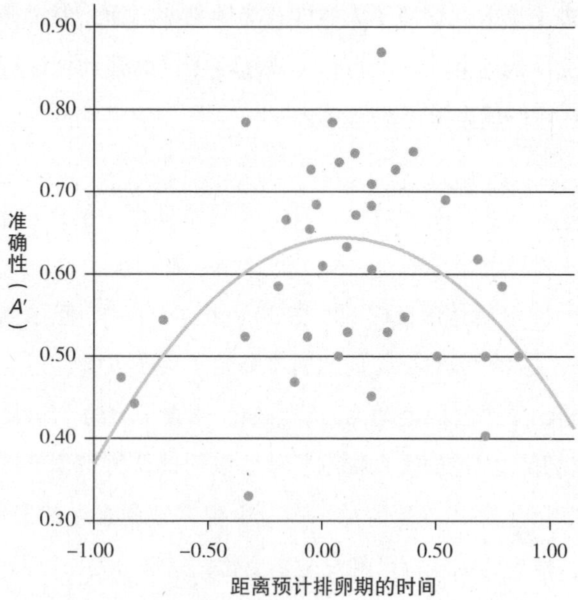

图 11.3　女性对男性性取向的判断

接近排卵期时，女性能更准确地判断出男性是异性恋还是同性恋。*A′* 是一种准确性指标，数值 0.5 意味着参与者是在随机猜测。图中的一个点代表着一位女性参与者的表现。图中的曲线显示出这一女性群体的总体趋势。（横坐标 0.00 表示预计排卵期，–0.50 表示预计排卵期前 7 天左右，0.50 表示预计排卵期后 7 天左右，–1.00 表示预计排卵期前 14 天左右，1.00 表示预计排卵期后 14 天左右。——译者注）

资料来源：Nicholas O. Rule, Katherine S. Rosen, Michael L. Slepian, Nalini Ambady, "Mating interest improves women's accuracy in judging male sexual orientation," Psychological Science, 22, pages 881–886, copyright © 2011 the Association for Psychological Science. Reprinted by permission of Sage Publications.

家认为这种解释大大低估了文化的作用（Eastwick et al., 2006; Perrin et al., 2011）。思考这样一种情境：人们与他人发生性关系而不忠于伴侣。进化论角度的分析会认为男性比女性更容易出轨，因为他们有寻求多个伴侣的动机。然而，研究表明，出轨更多是受一个人所拥有的权力大小（比如在职业中所拥有的权力）的影响（Lammers et al., 2011）。男性和女性在获得权力后，都更可能对伴侣不忠。男人看起来更可能出轨源自这样的文化现实：男人更可能拥有权力。

虽然进化论取向解释了人类性行为的某些方面，但批评者强调要注意文化造成的差异。人类性行为规范在不同时代和地区有相当大的差异。现在我们就来探讨性规范。

性规范

一般的性生活是什么样的？在20世纪40年代，**阿尔弗雷德·金赛**（Kinsey, 1948, 1953）与他的同事开始了关于人类性行为的科学调查，首次给出了重要的推动性回答。他们调查了大约17 000名美国人的性行为，并向震惊的大众揭示了某些以前被认为很少见甚至不正常的行为，实际上是相当普遍的——至少根据被调查者的报告是如此。这些年来，性行为的规范已经发生了变化，这部分是由于科学的进步。例如，在20世纪60年代早期，避孕药的出现让女性有了更多的性自由，因为它降低了怀孕的概率。1998年壮阳药伟哥的问世使男性可以延长其性活动的年限。除了科学的影响，许多文化中都出现了一种更开放地谈论性问题的总体趋势。**表11.2**呈现了美国高中生的代表性大样本中，参与过性活动的人所占的百分比（U.S. Department of Health and Human Services, 2010）。如你所见，过去20年里，性行为的发生率下降了，而避孕套的使用率上升了。

这些性规范是人们作为特定文化的成员，从该文化中所习得的规

表11.2 九年级至十二年级学生的性行为

	1991年	2001年	2009年
有过性行为	54.1%	45.6%	46.0%
与四个或以上的人发生过性关系	18.7%	14.2%	13.8%
最后一次性行为中使用了安全套	46.2%	57.9%	61.1%

资料来源：U.S. Department of Health and Human Services. (2010). *Trends in the prevalence of sexual behaviors*.

范的一部分。我们已经指出，一些一般的“男性”和“女性”性行为模式可能是人类进化的结果。尽管如此，对于性冲动的表达，不同的文化对它们认为合适的行为范围做了规定。**性脚本**（sexual script）是从社会中学习到的性反应程序，它们通常是心照不宣的，包括这样一些规定：该做什么；在什么时间、地点以及用什么方式做；和谁做、用什么来做以及为什么应该这样做（Krahé et al., 2007; Seal et al., 2008）。这些脚本的不同方面通过你一生中的社会互动汇集到了一起。包含在你的性脚本里的态度和价值观是你的性动机的外部来源：这个脚本表明了你可能或应该采取的性行为类型。

我们来更具体地关注一下大学生的性行为。研究者常常希望理解大学生所做的关于性活动的决定，以及他们对这些决定的感受。例如，在一个 152 名有过性行为的女生样本中，77% 的参与者报告对自己的决定至少“有点”后悔（Eshbaugh & Gute, 2008）。最让她们后悔的有两种行为。第一，“与某人有过一次性行为，且仅有一次”（p. 83），约 36% 的女生报告曾有过这样的性行为；第二，“与相识不到 24 小时的人发生性关系”（p. 83），约 29% 的女生报告曾有过这样的性行为。我们可以把这些行为归入“性勾搭”的范畴（Bogle, 2008）。在另一项对 327 名大学本科生的研究中，性勾搭被定义为“两个可能熟悉或不熟悉，但没有正式恋爱的人之间发生的性行为”（Lambert et al., 2003, p. 131）。在这种定义下，78% 的女生和 84% 的男生报告自己曾有过性勾搭行为。研究者还让有过这种行为的学生做两项评分：一、参与者自己对本校发生的性勾搭频度的接受程度；二、参与者猜测一般学生对本校发生的性勾搭频度的接受程度。如**图 11.4** 所示，男生对性勾搭行为的接受程度高于女生。但是，你也可以看到，

性骚扰事件是如何从相互冲突的性脚本中产生的?

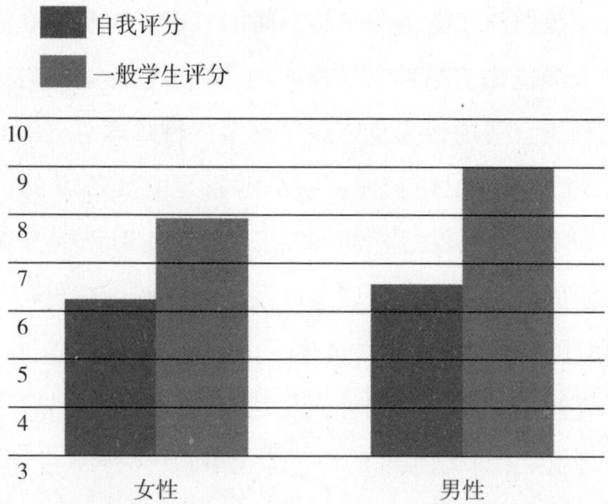

图 11.4 对性勾搭的评价

大学生对两个关于“性勾搭”的问题进行评分，评分范围从 1（感觉非常不能接受）到 11（感觉非常能接受）。自我评分反映出参与者自己对本校发生的性勾搭频度的接受程度。一般学生评分反映出参与者认为一般学生对本校性勾搭频度的接受程度。

资料来源：“Pluralistic ignorance and hooking up” by Tracy A. Lambert, Arnold S. Kahn and Kevin J. Apple, *Journal of Sex Research 40*(2), 2003, pages 129–133. Reprinted by permission of Taylor & Francis Group.

参与者的自我评分都低于他们猜测的其他学生的评分。因此，对性勾搭的实际接受程度（即参与者自我报告的平均值）低于他们知觉到的程度！这种知觉会对个体的行为产生怎样的影响呢？

对大学生性经历的研究揭示了一个男生和女生性脚本存在毁灭性冲突的领域：强暴。在一项研究中，研究者让两年或四年制学院和大学的 4 446 名女生提供她们在一学年的 7 个月中有关性侵犯经历的信息（Fisher et al., 2000）。在这个指定的期间内，1.7% 的女生遭遇过强暴，1.1% 的女生遭遇过强暴未遂。研究者根据这些数据估计一个女生在大学期间遭遇强暴或强暴未遂的可能性，他们的结论是：受侵害的女生数可能高达 20%~25%。研究者还考察了一种特殊的强暴类型：**约会强暴**（date rape）。约会强暴指个体被熟悉的人强迫发生性行为的情形。在该样本的女生中，12.8% 的强暴和 35% 的强暴未遂发生在约会时。研究者已经证明，男性和女性有着不同的“约会强暴脚本”。一项研究让大学男生和女生阅读相同的场景描述，故事中一位女性拒绝发生性行为（Clark & Carroll, 2008）。与女生相比，认为这一情节属于强奸的男生较少。男生也更可能把责任推到受害者身上。

之前关于性动机的大部分讨论都忽视了性经历的一个重要类别：同性恋。我们以对男同性恋和女同性恋的讨论来结束这一节。该讨论将提供给我们另一个机会，看看性行为是如何被内部和外部动机力量的相互作用所控制的。

同性恋

到目前为止，我们的讨论主要集中在促使人们进行某些性行为的动机上。我们可以在同样的背景下思考同性恋的存在。也就是说，不把同性恋描述成一套由偏离异性恋“导致”的行为，而是通过对性动机的讨论，让你看到所有的性行为都是“被导致的”。根据这种观点，同性恋和异性恋都是由相似的动机因素引起的。在动机上，每一种都不代表对另一种的偏离。

大部分的性行为调查都试图获得同性恋发生率的准确估计值。在早期的研究中，金赛发现他的样本中约 37% 的男性至少曾经有过某些同性恋经历，而且大约 4% 的男性是纯粹的同性恋者（女性的比例稍微低一些）。一项更近的研究在美国调查了超过 2 000 人，3.2% 的男性和 2.5% 的女性报告在前一年中有过同性性行为（Turner et al., 2005）。这些数据是否准确？只要社会上存在对同性恋的敌对态度，就不可能得到完全准确的估计，因为这些人不愿意向研究者吐露实情。

本小节将讨论同性恋和异性恋取向的起源问题。我们也将回顾关于社会和个人对同性恋行为的态度方面的研究。

同性恋的先天和后天因素　研究证据表明，性偏好有遗传的成分。看过上文对进化与性行为的讨论，你应该不会对此感到惊讶（Långström et al., 2010）。与常见做法一样，研究者根据那些比较同卵双胞胎（在遗传上完全一样的双胞胎）与异卵双胞胎（那些和其他的兄弟姐妹一样只有一半基因相同的双胞胎）一致率的研究来做出这一断言。当一对双胞胎中的两人都具有同样的性取向时——同性恋或异性恋——他们就是一致的；如果一对双胞胎中的一个是同性恋而另一个是异性恋，那他们就是不一致的。关于男女同性恋的研究均证实，同卵双胞胎比异卵双胞胎的一致率要高得多（Rahman & Wilson, 2003）。例如，在一个包括约 750 对双胞胎的样本中，32% 的同卵双胞胎在同性恋取向上是一致的，而异卵双胞胎仅为 8%（Kendler et al., 2000）。尽管同卵双胞胎比异卵双胞胎的养育环境可能更相似——他们被父母更一致地对待——但这种模式有力地表明性取向部分是由遗传决定的。

研究者还开始报告同性恋与异性恋者大脑层面的差异。例如，一项研究采用 MRI 和 PET 扫描技术对两者的大脑形状和体积进行了对比（Savic & Lindström, 2008）。脑成像结果显示，异性恋男性的大脑是非对称的，右半球略大，而同性恋女性也是如此。相反，异性恋女性和同性恋男性的大脑半球都是对称的。该研究还测定了杏仁核（你可能还记得，杏仁核对情绪控制和记忆起重要作用）与其他脑区间的联结模式。同性恋者的联结模式仍与异性恋的异性相似。今后的研究可能进一步证实或推翻这种宽泛的大脑差异。但有一点似乎是明确的，同性恋和异性恋的某些方面是对纯生物学因素的反应。

什么证据表明性取向有遗传成分?

社会心理学家**达里尔·贝姆**（Bem, 1996, 2000）指出，生物学因素并不直接影响性偏好，而是通过影响儿童的性情和活动而产生间接影响。在第 10 章中，研究者曾指出，男孩和女孩会进行不同的活动，例如男孩的游戏往往更具打闹成分。按照贝姆的理论，孩子们会对同性或异性同伴产生相异感，这取决于他们玩的是典型的还是非典型的性别游戏。根据贝姆的理论，“相异相吸”：相异感导致情绪唤起；随着时间的推移，这种唤起就会转化成性吸引。例如，如果一个小女孩因为不愿意参加典型的女孩游戏而与其他的女孩有相异感，那么随着时间的推移，她的这种情绪唤起就会转变成同性恋的感觉。请注意，贝姆的理论支持这样一种主张，即同性恋和异性恋都源自相同的因果机制：在这两种情况中，儿童对某一性别的相异感随着时间的推移变成了性欲。

社会与同性恋　假如贝姆的论断——孩提时代的体验关系重大——是正确的，那么每个人都按照儿童期建立的冲动行事吗？同性恋与异性恋最主要的不同，也许是来自社会各个角落的对同性恋行为持续的敌意。在一项包含 1 335 名参与者的调查中，异性恋的男性和女性被问到周围有“一个男同性恋者”或“一个女同性恋者”时感觉不舒服的程度（Herek, 2002）。**图 11.5** 呈现了感到“有些”或“非常”不舒

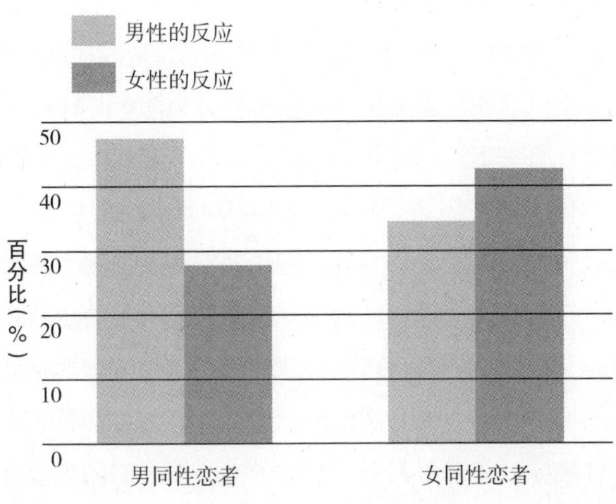

图 11.5　对同性恋的态度

参与者被问到身边有“一个男同性恋者”或“一个女同性恋者”时会有多不舒服。上图显示了回答“有些”或“非常”不舒服的男性和女性的比例。

资料来源：From Gregory M. Herek, “Gender Gaps in Public Opinion about Lesbians and Gay Men,” *Public Opinion Quarterly, 66*, 40–66.

服的人的百分比。从中你可以看到，当周围的同性恋者与自己性别相同时，男性和女性都会感到更不舒服。研究者将对同性恋的负面态度称为同性恋恐惧症。

大部分同性恋者意识到，他们是在社会普遍存在同性恋恐惧症的敌意背景下走向同性关系的。虽然如此，研究显示，许多个体在相当年轻时就开始意识到那些感觉。例如，研究者请参加同性恋、双性恋和变性青年会议的美国东南部学生说明他们意识到自己性取向的年龄（Maguen et al., 2002）。男同性恋的平均年龄是 9.6 岁；女同性恋的平均年龄是 10.9 岁。男性报告在 14.9 岁时有同性性接触，而女性报告在 16.7 岁时有同性性接触。这些数据表明，许多人在还必须上学的时候就意识到他们的同性恋取向，而学校环境往往对同性恋充满敌意（Espelage et al., 2008）。另外，同性恋青年通常必须做出是否把他们的性取向告诉父母的艰难抉择（Heatherington & Lavner, 2008）。大多数青少年依赖父母的情感和经济支持；透露自己的同性恋身份会使他们面临失去这两种“养料”的风险。实际上，父母的拒绝与自杀企图的增加有关（Bouris et al., 2010）。

这些关于青少年的发现强化了一种观点，即大多数男女同性恋者发现同性恋恐惧症在心理上比同性恋本身更为沉重。1973 年，美国精神医学协会投票决定将同性恋从心理障碍名单中删除，1975 年美国心理学会也效仿了这一做法（Morin & Rothblum, 1991）。促使这项行动的是研究表明，事实上，大多数男同性恋者和女同性恋者是快乐和富有成效的。当代的研究显示，大部分与同性恋有关的压力不是来自性动机本身——同性恋者对自己的性取向感到满意——而是来自性动机公开之后人们的反应。男女同性恋者对同性恋的大部分焦虑不是源于自己是同性恋，而是源于需要不断向家人、朋友和同事公开或隐瞒自己的同性恋身份（Legate et al., 2012）。更普遍的是，同性恋者因不能公开谈论自己的生活而感到痛苦（Lewis et al., 2006）。正如你所预料的那样，同性恋者也会像异性恋者一样，花费时间和心思考虑如何建立和维持爱情关系。

男女同性恋者愿意“出柜”，可能是减少社会敌意的第一步。有研究指出，当人们真的认识同性恋群体中的某个人时，他们对这些男女同性恋者的态度就不会那么消极；事实上平均来说，一个人认识的男女同性恋者越多，他的态度就越积极（Smith et al., 2009）。（当我们转向第 16 章中的偏见主题时，我们将再次看到与少数群体成员接触的经历如何能导致更积极的态度。）

对同性恋的简短回顾强化了关于性动机的主要结论。性行为的部分推动力来自内部——遗传禀赋和物种进化为异性恋和同性恋行为提供了内在模型。但外部环境也会引发性动机。经过学习，你可能发现某些刺激特别有诱惑力，而某些行为为文化传统所接受。就同性恋而言，外部的社会规范可能与内部的自然指令相对立。

现在让我们转到第三种重要动机：促使个体相对成功或失败的力量。

STOP 停下来检查一下

❶ 刻板性行为是什么意思？

❷ 根据进化理论，为什么男性比女性渴求更多的性多样性？

❸ 什么是性脚本？

❹ 双胞胎研究对同性恋的遗传性有何启示？

批判性思考：回顾一下关于雄玛丽鱼对雌鱼偏好的研究。分别在雄鱼看到其他雄鱼与雌鱼在一起之前和之后对其偏好进行测量为什么很重要？

个人成就动机

为什么有些人成功了，而另一些人相对而言失败了？例如，为什么有些人能游过英吉利海峡，而另一些人却只能在岸边失落地挥手？你可能把一些差异归结到遗传因素，比如体型。你这样做并没有错，但是你也知道，有些人只是比其他人对畅游英吉利海峡更有兴趣。因

动机如何解释个体间的差异——例如，有的人会接受危险的挑战。

此，我们又回归到研究动机的另一个核心原因。在这里，我们想了解导致人们寻求不同水平的个人成就的动机因素。让我们从*成就需要*的概念开始探索。

成就需要

早在 1938 年，**亨利·默里**（Henry Murray）就假定存在一种成就需要，这种需要在不同的人身上强度不同，并且影响着他们追求成功和评价自己表现的倾向。**戴维·麦克莱兰**与同事（McClelland et al., 1953）设计了一种利用参与者的想象来测量这一需要强度的方法。在**主题统觉测验**（Thematic Apperception Test, TAT）中，他们要求实验参与者就一系列模棱两可的画面编故事。这些看到 TAT 图片的参与者要编出关于这些图片的故事，以说明图画中发生了什么事，并且描述可能的结果。根据麦克莱兰的说法："如果你想要了解一个人的内心发生了什么，别问他，因为他不能总是准确地告诉你；你要研究他的想象和梦。如果你这样做，过一段时间后，你就会发现他的大脑中不断重复的那些主题，这些主题可以用来解释他的行动"（McClelland, 1971, p. 5）。

根据实验参与者对一系列 TAT 图片的反应，麦克莱兰开发出了测量人类多种需要的工具，包括对权力、关系和成就的需要。**成就需要**（need for achievemen）反映了一种个体差异，即计划并努力实现目标对个体的重要性。**图 11.6** 的文字说明展示了高成就需要者和低成就需要者解释同一幅 TAT 图片的例子。实验室和现实生活中的研究都证明了这种测量方法的有效性。

例如，成就需要得分高的人比得分低的人有更高的向上流动性，得分高的孩子比得分低的孩子更可能在事业发展上超过其父亲（McClelland et al., 1976）。31 岁时成就需要得分高的男女参与者，到 41 岁时所得的工资往往比得分低的同龄人要高（McClelland & Franz, 1992）。这些发现是否意味着高成就需要者总是愿意更努力地工作？情况并非如此。当实验者引导参与者相信任务将非常困难时，高成就需要者会很快放弃（Feather, 1961）。实际上高成就需要的特点似乎是对效率的需要——一种用较少的努力得到相同结果的需要。如果他们比同龄人挣得多，可能是他们重视对自己工作水平的具体反馈。作为

图 11.6　对一幅 TAT 图片的不同解释

显示高成就需要的故事

图中的这个男孩刚学完了他的小提琴课程。他对他的进步感到开心，而且开始相信他所有的进步将证明他所做出的牺牲是值得的。要成为一个在音乐会上演奏的小提琴家，他不得不放弃大部分的社交生活来每天练琴数小时。尽管他知道，如果继承父亲的事业可能会挣更多钱，但他更愿意成为一名小提琴家，并用他的音乐给人们带来欢乐。他坚持他的个人承诺，不管需要付出什么代价。

显示低成就需要的故事

这个男孩拿着他哥哥的小提琴并希望自己能演奏它。但是他认为不值得花费时间、精力和金钱去学习小提琴课程。哥哥放弃了生活中所有快乐的事，只是练习、练习、再练习，他为哥哥感到遗憾。要是有一天能一觉醒来就成为著名的音乐家就太棒了，但是事情并非如此。现实就是枯燥的练习，没有乐趣，而且很可能只是成为另一个在小城市的乐队里演奏乐器的人。

进步的衡量标准，薪水就非常具体（McClelland, 1961; McClelland & Franz, 1992）。

对成就的需要也能预测某些职业的成功。想一想那些发起新的商业冒险的创业者。成就需要高的人更可能选择创业，而成就需要高的创业者更可能取得成功（Collins et al., 2004; Stewart & Roth, 2007）。不过，请注意，对成就的需要并不是总能保证成功。比如，高成就需要的人可能沦为失败的政治家，因为复杂的现实世界问题使他们无法发挥个人控制力（Winter, 2010）。

对成功与失败的归因

成就需要不是影响个人成功动机的唯一变量。要了解原因何在，我们先来看看一个假想的例子。假设你有两个朋友在学习同一门课程。第一次期中考试，每个人都得了C。你认为他们会有同样的动力为下次考试努力学习吗？答案将部分取决于他们对自己C等成绩所做的归因。**归因**（attribution）就是对某一结果产生原因的判断（第16章将更详细地讨论归因理论）。归因能对动机产生重要影响。下面我们来看看原因。

假设一位朋友把成绩差归因于考试过程中持续不断的建筑噪声，而另一位朋友却归因于自己记忆力差。这两种归因给这个问题提供了一个答案，“造成某种结果的原因主要是个体的内部因素，还是环境中的一般因素？”在本例中，一位朋友做了外部归因（建筑噪声），而另一位朋友做了内部归因（记忆力差）。这些归因往往都会对动机产生影响。如果你的朋友将考试成绩差归因于建筑噪声，那么他可能会为下次考试努力学习。可如果另一位朋友认为考试失败是由于自己记忆力差，那么他可能会放弃努力。

内部—外部维度只是归因差异的三个维度之一。我们也可以问：“随着时间的推移，因果性因素在何种程度上可能保持稳定和一致，或者说在何种程度上可能不稳定并发生变化？”这个问题的答案为我们给出了稳定—不稳定维度。我们可能还会问："因果性因素在何种程度上是高度具体的，只局限于特定的任务或情境；或者在何种程度上是整体的，可作用于广泛的场景？" 这又为我们提供了整体—特殊维度。

图 11.7 给出了其中两个维度如何交互组合的例子。我们仍以对考试成绩的归因为例。学生们可能把他们的分数解释为内部因素的结果，如能力（稳定的人格特征），或者努力程度（变化的个体属性）。或者他们也可能把分数看作主要是由外部因素造成的，如任务难度、别人的行为（稳定的环境问题）或运气（不稳定的外部因素）。解释的类型会影响他们之后的动机——是努力学习还是偷懒松懈——无论导致成功或失败的真正原因是什么。

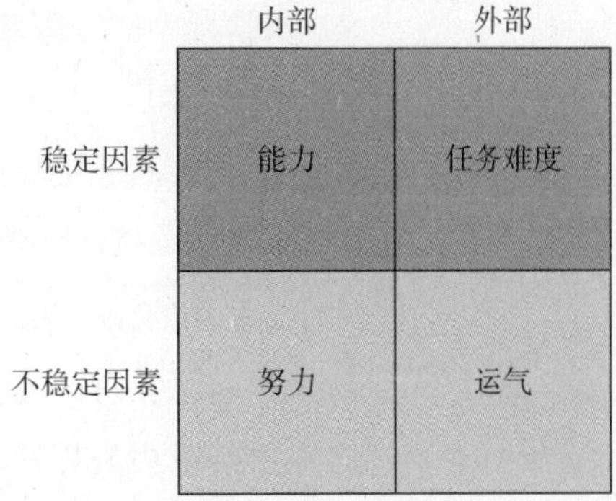

图 11.7　关于行为结果的归因

行为的两种归因来源就能产生四种可能的结果。能力归因是"内部"与"稳定"因素的组合，努力归因是"内部"与"不稳定"因素的组合。任务（考试）难度归因则假定"外部"与"稳定"因素在起作用，而运气归因则是"外部"与"不稳定"因素的组合。

再回到上面提到的两位朋友的例子。我们假设一位朋友做了外部归因（建筑噪声），而另一位朋友做了内部归因（记忆力差）。研究者发现，个体解释生活事件——从赢牌到约会被拒——的方式可能会成为终生的习惯性的归因风格（Cole et al., 2008）。在第 14 章中，我们会看到一种"内部—整体—稳定"的归因风格（"我从没有做对任何事"），这种归因风格会使人面临抑郁的风险（而抑郁的症状之一就是动机受损）。现在让我们把注意力集中在能导致你的一个朋友在学期末获得 A 而另一个朋友只得 F 的归因风格上。他们成功与失败的原因看上去很简单而且耳熟能详：乐观与悲观（Carver et al., 2010）。这两种看待世界的不同方式会影响个体的动机和行为。

乐观的归因风格把失败看作外部因素（"考试不公平"）以及不稳定的或可变的、具体的事件的结果——"如果我下次更加努力的话，我就会做得更好，并且这个挫折不会对我完成其他重要的任务产生影响"。悲观的归因风格关注失败的内因。此外，糟糕的情况和个人在造成这种情况中的作用被认为是稳定和整体性的——“它永远不会改变，它将影响一切”。悲观主义者的表现低于他们通过客观测量显示出的天赋水平，其原因就是他们相信自己注定要失败。在学业领域，乐观的学生报告的动机水平更高，他们也更可能留在学校。在一项包含 2 189 名大学新生的样本中，85% 的乐观学生会在第二年继续学业，而悲观学生这一比例只有 68%（Solberg Nes et al., 2009）。

在结束这一部分前，我们来看一项研究实例，它显示了归因方式在学业领域中的强大影响。

研究特写

少数族裔的学生进入大学后，经常报告在新的环境中感到不自在。这种社交上的背井离乡感可能会削弱学生的成就动机。两名研究者预测，如果可以改变黑人学生对自己缺乏社会归属感的归因，他们的学习成绩就会提高（Walton & Cohen, 2007）。他们要求学生阅读一些关于大学体验的调查材料。实验组的部分阅读材料为社会归属感难题提供了一种新的归因。例如，调查称，“统计数据表明，多数高年级学生都曾‘担心（作为一年级新生）其他同学是否会接纳自己’，但现在大多数人确信‘其他同学接纳了自己’”（p. 88）。控制组的材料中则没有类似信息。为了测试这种信念干预的效果，研究者获取了参与者在下一学期的考试成绩，并与预期成绩（根据前一学期的成绩）进行了对比。结果显示，实验组的学生实际成绩高于预期值，而控制组则低于预期值。

研究人员随后对接受这一干预的学生进行了为期三年的追踪调查：与控制组学生相比，这些学生取得了更高的平均绩点，甚至身体也更健康（Walton & Cohen, 2011）。由于归因方式影响动机，所以关于社会归属感的少量信息就会对学生的学业成绩产生深远影响。

该领域的心理学研究成果对你来说有很大的价值。你可以努力发展一种对你的成功和失败的乐观解释风格。通过检查环境中可能的因果性因素，你可以避免对失败采取消极的、稳定的和内在特性归因。最后，别让你的动机被暂时的挫折所伤害。你可以应用这项基于研究的建议使你的生活变得更好，这是我们在本书中反复提及的主题。

工作与组织心理学

现在，假定你积极的态度帮助你在一家大公司谋到了一份工作。我们能仅仅通过了解你的成就需要或解释风格，就准确地预测你的动机有多强吗？你的个人动机水平将部分取决于你工作环境中的人员和规章制度的总体情况。由于认识到工作环境是一种复杂的社会系统，**组织心理学家**（organizational psychologists）研究了人类关系的不同方面，如雇员之间的沟通、员工的社会化和文化适应、领导力、对工作和／或组织的态度和承诺、工作满意度、压力与倦怠，以及工作时的总体生活质量（Blustein, 2008; Hodgkinson & Healey, 2008）。作为企业顾问，组织心理学家可在招聘、选拔和培训雇员方面提供帮助。他们还就工作的重新设计——调整工作以适合雇员——提出建议。组织心理学家应用管理、决策和发展的理论来改善工作环境。

让我们看看组织心理学家为理解职场中的动机而发展出来的一对理论。他们试图用*公平理论*和*期望理论*解释和预测人们在不同的工作条件下会如何反应。这些理论假设员工会进行某些认知活动，如通过与其他员工的社会比较过程来评估公平性，或者估计与自己的表现相关的预期报酬。尽管公平理论和期望理论产生于 45 年前，但研究者们仍在使用这些观点来理解工作场所的动机（例如，Bolino & Turnley, 2008; Liao et al., 2011; Siegel et al., 2008）。

公平理论（equity theory）认为，员工有动力去维持与其他相关人员相比公平或公正的关系（Adams, 1965）。员工关注自己的投入（他们对工作做出的贡献或付出）及其产出（他们从工作中得到的回报），然后与其他员工的投入与产出进行比较。如果员工 A 的产出与投入的比例与员工 B 的比例相等（A 的产出／A 的投入＝B 的产出／B 的投入），那么员工 A 就会感到满意。如果这些比例不相等，产出投入比低的一方就会感到不满。因为这种不公平感令人痛苦，所以它就会促使员工通过改变相关的投入和产出比来恢复公平。这些改变可以是行为上的（例如，通过削减工作来降低投入或者通过要求加薪来增加产出），也可以是心理上的（例如，重新解释投入的价值——“我的工作并没有那么好”，或者重新解释产出的价值——“我每周有一份指望得上的薪水就很幸运了”）。

如果你被提拔到管理岗位，你应该努力满足你的员工对公平的心理需求。员工往往能够获得所在组织人员以及其他组织中类似职位的薪资信息。公平理论认为，这类信息会让员工调整他们的行为。请记住对投入与产出关系的变化作适当解释的益处。

期望理论（expectancy theory）提出，当员工预期他们工作上的努力和成绩会产生理想的结果时，他们就会受到激励（Harder, 1991; Porter & Lawler, 1968; Vroom, 1964）。换言之，人们会从事自己认为有吸引力（能产生有利的结果）和可完成的工作。期望理论强调三种成分：期望、工具性和效价。期望指员工感知到的努力工作会带来某种水平的业绩的可能性。工具性是指认为业绩会带来某些结果，如奖励。效价指感知到的特定结果的吸引力。就某一特定的工作环境而言，你可以想象一下这三种成分的不同可能性。例如，你可能拥有这样一份工作：如果业绩不错的话获得奖励的可能性很高（高工具性），但业绩不错的可能性不大（低期望），或者奖励有价值的可能性很低（低效价）。根据期望理论，员工会评估这三种成分的可能性，并通过把它们各自的值相乘将它们组合起来。因此，当所有成分都具有很高的可能性时就会产生最高水平的动机，但是，如果任何一个成分为零的话就会产生最低

期望理论如何解释有些运动员更偏爱本垒打，而不是追求更高的击球率？

生活中的批判性思维

动机如何影响学业成就

假设你和两个朋友——安吉拉和布莱克——一起选修了心理学导论课程。在上课的第一天，安吉拉说："我想在这门课上得到最高分。"布莱克则说："我只要不得到 F 就很开心了。"你能看出安吉拉和布莱克的目标可能如何激励他们采取不同的行动吗？这个专栏的目标是让你批判性地思考目标、动机与学业成就的关系。

对学生成绩的分析确定了四种常见的成就动机类型，它们代表着两个维度的组合（Elliot & McGregor, 2001; Murayama et al., 2011）。第一个维度对比了*表现*与*掌握*。表现是指学生相对于其他学生的成就感，掌握是指学生对自己的个人能力的感觉。第二个维度是*接近*与*回避*。这个维度反映的是学生的动机是获得成功还是避免失败。按照这些维度，安吉拉代表的是有着"*表现—接近型*"*目标*的学生。她关注的是看起来比别的学生更有能力。布莱克代表的是有着"*表现—回避型*"*目标*的学生。他关注的是避免被视为比别的学生能力差。如果康妮专注于提高自己的理解水平，那么她展示的就是"*掌握—接近型*"*目标*。如果德克主要关心的是防止自己比过去做得更糟，那么他展示的就是"*掌握—回避型*"*目标*。研究者通过询问学生对一些表述（如"我希望完全掌握这门课上呈现的材料"和"我只是想避免在这门课上表现不佳"）的同意程度，来测量他们的目标取向（McGregor & Elliot, 2002, p. 381）。

一般来说，有接近目标的学生更有动力参与有助于确保学业成就的行为。一项研究评估了学生在心理学导论考试两周前的行为和即将考试前的行为（McGregor & Elliot, 2002）。那些有着"表现—回避型"目标的学生逃避学习：在考试前两周，他们承认自己还没有做太多准备；在即将考试之前，他们承认自己还没有准备好。有"掌握—接近型"目标和"表现—接近型"目标的学生全都早早开始为考试做准备。（该研究没有考察"掌握—回避型"目标。）

考虑到学生们的目标对其学习行为的影响，你便不会对这一发现感到惊讶，即有接近型目标的学生往往比有回避型目标的学生表现得更好。比如，一项研究显示，拥有"表现—接近型"目标的学生，在口语考试中占有优势（Darnon et al., 2009）。与表现—回避型的同学相比，表现—接近型的学生没有被课程材料的难度压倒。

根据这项研究，你可以花点时间考虑一下自己的目标，以及它们如何影响你的功课和学习实践。

- 为什么持有"表现—回避型"目标的学生会推迟学习？
- 学生们应该怎么做才能从回避型目标转变为接近型目标？

水平的动机。

如果你是一位管理者，你能看到期望理论分析可能对你有何帮助吗？你应该能够更清楚地考虑期望、工具性和效价。你应该能够确定其中是否有一项不平衡。例如，假定你的员工开始相信他们的努力和得到的回报之间没有多少关系。你能做些什么来改变你的组织，以恢复工具性的高数值？

从我让你思考你早晨为什么起床开始，我们已经共同走过了很长一段路程。我们考察了饥饿和饮食的生物学和心理学基础，以及人类性行为的进化和社会维度。我们探索了人们在成就需要和如何解释成功方面的个体差异。在整个讨论过程中，你看到了遗传和环境因素在个体和物种水平上复杂的交互作用。好了，现在你已经掌握了所有这些信息，再想想今天早晨为什么起床？

STOP 停下来检查一下

❶ 什么是成就需要？

❷ 人们在哪些维度上进行归因？

❸ 期望理论如何解释工作场所中的动机？

批判性思考：回顾一下证明归因影响学习成绩的研究。你所在的大学会如何应用这一研究的结果？

要点重述

理解动机

- 动机是一个动态概念，用于描述指导行为的过程。
- 动机分析有助于解释生物学过程和行为过程是如何联系在一起的，以及尽管面临困难和逆境，为什么人们还要继续追求既定目标。
- 驱力理论将动机理解为紧张的消除。
- 人们也会被诱因，即与生理需求无关的外部刺激所驱动。
- 本能理论认为，动机通常依赖于先天的刻板反应。
- 社会和认知心理学家强调个体对情境的知觉、解释和反应。
- 马斯洛指出人类的需要可以按等级组织起来。
- 尽管真实的人类动机更为复杂，但马斯洛的理论为总结动机力量提供了一个有用的框架。

饮　食

- 人体内有多种调节启动和停止进食行为的机制。
- 文化规范影响着人们吃什么和吃多少。
- 基因在肥胖问题上起着重要作用，但基因的作用受到环境因素的影响。
- 如果个体成为限制性饮食者，那么他们的饮食可能会导致体重增加而不是体重减少。
- 进食障碍是一种威胁生命的疾病，可能源于遗传因素、对身体意象的错误知觉和文化压力。

性行为

- 从进化的角度看，性是繁殖后代的机制。
- 在动物中，性驱力主要由激素控制。
- 马斯特斯和约翰逊的工作首次为人们提供了有关男女两性性反应周期的真实数据。
- 进化心理学家认为，人类的许多性行为反映了男性和女性不同的求偶策略。
- 性脚本定义了在某种文化中什么样的性行为形式是适当的。
- 同性恋和异性恋是由遗传、个体因素和社会环境共同决定的。

个人成就动机

- 人们有不同的成就需要。成就动机受人们对成功和失败的解释方式的影响。
- 乐观主义和悲观主义的归因风格导致对成就的不同态度并影响动机。
- 组织心理学家研究工作场所中的人类动机。

关键术语

动机
驱力
内稳态
诱因
本能
社会学习理论
需要层次
神经性厌食症
神经性贪食症
暴食症
性唤起
亲代投资
性脚本
约会强暴
主题统觉测验（TAT）
成就需要
归因
组织心理学家
公平理论
期望理论

第 12 章

情绪、压力与健康

假如你走进教室，一个朋友问你："你感觉怎么样？"你会怎样回答这个问题？你至少可以提供三种不同的信息。第一，你可以说出你当前的心境，即你正在感受的情绪。你可能快乐，因为你知道自己能及时读完本章然后去参加聚会；或者你可能愤怒，因为老板刚刚在电话里朝你大吼。第二，你可以大致地说一下你感受到的压力的大小。你觉得自己可以应对所有必须完成的工作，还是觉得有点不堪重负？第三，你可以报告一下你的心理或生理健康状况。你感到自己就要病倒了，还是觉得自己大体健康？

本章将探索你在回答"你感觉怎么样"这个问题时可能涉及的三个方面——情绪、压力和健康——之间的相互作用。情绪是人类体验的试金石。它们使你与他人及自然的互动变得丰富多彩，并给你的记忆赋予意义。本章将讨论情绪的体验与功能。如果情绪对你的生理和心理功能造成太大的负担，将产生什么后果？你可能感到不堪重负，无法应对生活中的压力。本章还将考察压力的影响及其应对之道。最后，我们将拓宽视野，看看心理学为健康和疾病研究所做的贡献。健康心理学家致力于考察环境、社会及心理过程对疾病进程的影响。他们还会利用心理过程和心理学原理帮助人们治疗和预防疾病，同时为促进个体健康献计献策。

现在我们来看看情绪的内容和意义。

情 绪

设想一下，如果你可以思考和活动，却感受不到情绪，生活将会怎样？你是否愿意不再感到恐惧，然而同时也不得不失去热吻爱人的激情？你是否愿意以放弃欢乐为代价而不再悲伤？显然这些都不是什么好交易，你马上就会后悔。我们很快会看到情绪发挥着诸多重要功能。然而，让我们从给情绪下定义并介绍情绪体验的根源开始。

也许你认为情绪只是一种感受——“我感到快乐”或“我感到愤怒”——但是，对于这个既涉及身体也涉及心理的重要概念，我们需要一个更包容的定义。当代心理学家将**情绪**（emotion）定义为一种身心变化的复杂模式，包括生理唤醒、感受、认知过程、可见的表达（包含面部表情和身体姿势），以及针对知觉为有个人意义的情境所做出的特定行为反应。要了解所有这些组成部分为什么都是必要的，请想象一个让你感到特别快乐的情境。你的生理唤醒可能有较平缓的心跳；你的感受是积极的；相关的认知过程包括那些使你将该情境标定为快乐的解释、记忆和预期；你的外显行为反应可能是表情（微笑）或动作（拥抱爱人）。

在我提供一个将唤醒、感受、思维和行动统一起来的解释之前，你要学会区分情绪和心境。如前所述，情绪是对具体事件的具体反应，因此，情绪通常持续时间较短，较为强烈。相比之下，**心境**（mood）通常不太强烈，并且可能持续数天。心境与触发事件的关系通常较弱。你可能处于好的或坏的心境，但并不知道确切的原因。在遇到解释它们的理论时，请记住情绪和心境的这种差异。

基本情绪与文化

假设你可以将代表各种文化的人齐聚一堂。他们的情绪体验会有什么共同点？要想初步地回答这个问题，你可以先看看达尔文的著作《人类和动物的表情》（Darwin, 1872/1965）。达尔文认为，情绪与人类和非人类的结构和功能的其他重要方面一起进化。他对情绪的适应功能颇感兴趣，认为情绪不是模糊不清、变化莫测的个人状态，而是人脑高度特化、协调的运作模式。达尔文将情绪视为一种遗传而来的特化心理状态，其功能是应对世界上某类反复发生的情境（Hess & Thibault, 2009）。例如，假设你发现自己被另一个人妨碍而无法达成目标。这种情境下我们的祖先可能会通过战斗来解决这个问题。而如今，愤怒的面部表情会传递出你的心理状态，表示你已为采取行动做好准备。通过情绪沟通或许能避免直接的冲突。

纵览人类的历史，我们曾无数次受到天敌的攻击，坠入爱河，繁衍子孙，彼此争斗，面对伴侣的不贞以及目睹所爱之人的亡故。因此我们可能会预期，某类情绪反应会出现在人类所有成员身上。通过观察新生儿的情绪反应以及跨文化面部表情的一致性，研究者验证了这种情绪普遍性的主张。

是否存在一些天生的情绪反应？　如果进化论的观点正确，我们将期望在世界各地的儿童中找到几乎相同的情绪反应模式。**希尔文·汤姆金斯**（Silvan Tomkins, 1911—1991）是最早强调这种自发的、非习得性情感（情绪）反应具有普遍性的心理学家之一（Tomkins, 1962, 1981）。他指出，婴儿无须预先学习就会对巨大的声响表现出恐惧或者呼吸困难的反应。他们似乎对特定的刺激具有“预置的”情绪反应，这种反应非常普遍，足以适应各种环境。

早期关于情绪发展的描述侧重于面部表情，认为婴儿通过某种面部表情来传达特定的情绪（Izard, 1994）。不过，当代研究表明，婴儿生命之初的面部表情只能笼统地表达积极和消极之意（Camras & Shutter, 2010）。例如，来自美国、日本和中国的 11 个月大的婴儿在经历愤怒和恐惧时，会表现出相同的面部表情（Camras et al., 2007）。显然，1 岁后的儿童才有用不同的面部表情来表达不同消极情绪的能力。不过要注意，婴儿的情绪反应并不局限于面部表情。他们还会通过其他类型的身体活动来表达情绪。例如，11 个月大的婴儿的呼吸频率在

达尔文是最早把照片用于情绪研究的人之一。这些图片出自《人类和动物的表情》。为什么达尔文认为情绪是进化的产物?

愤怒时比恐惧时更可能加快。这种行为反应在美国、日本和中国的婴儿身上都是相似的。这些结果表明，在婴儿用面部表情标记情绪之前，他们可能就已开始用其他行为手段来区分情绪。

不过，婴儿似乎有一种解读他人面部表情的天生能力。在一个实验中，研究者先让 5 个月大的婴儿对重复呈现的、微笑程度各异的成人面孔产生习惯化反应，即兴趣越来越小（Bornstein & Arterberry, 2003）。随后给婴儿展示两张新照片：第一张照片上是同一成人的新的笑容（笑的程度不同）；第二张照片上是同一成人的恐惧表情。所有婴儿一致地花了更多的时间注视恐惧的表情——这既表明他们把恐惧表情体验为新事物，也表明他们把不同程度的笑容归为同一类。还有研究表明，7 个月大的婴儿在面对愤怒和恐惧表情时表现出不同的脑活动模式（Kobiella et al., 2008）。因此，婴儿对他们还不能做出的各种

为什么研究者认为一些情绪反应是天生的?

面部表情（正如我们刚刚在上面 11 个月大的婴儿身上看到的）有不同的反应。

面部表情是普遍的吗？ 我们已经看到，婴儿能够解读标准的表情。如果真的如此，我们可以预期成人通过面部表情进行交流的方式也应具有相当的一致性，即便他们文化差异很大。

保罗·埃克曼（Paul Ekman）是研究面部表情本质的主要学者。根据他的观点，所有人的“面部语言”都有共同之处（Ekman, 1984, 1994）。埃克曼及其助手证明了达尔文最初的假设——有一套表情对人类而言是普遍的，可能是因为它们是我们演化遗产的固有组成部分。在你继续阅读之前，请先看看**图 12.1**，考察一下你对七种公认表情的识别能力（Ekman & Friesen, 1986）。

大量证据表明，全世界范围内的人们都会做出并且能够识别快乐、惊讶、愤怒、厌恶、恐惧、悲伤和轻蔑等七种情绪对应的表情。跨文化研究者要求来自不同文化的人们对标准化照片中的表情所表达的情绪进行识别，结果发现人们一般能够识别与这七种情绪对应的表情。

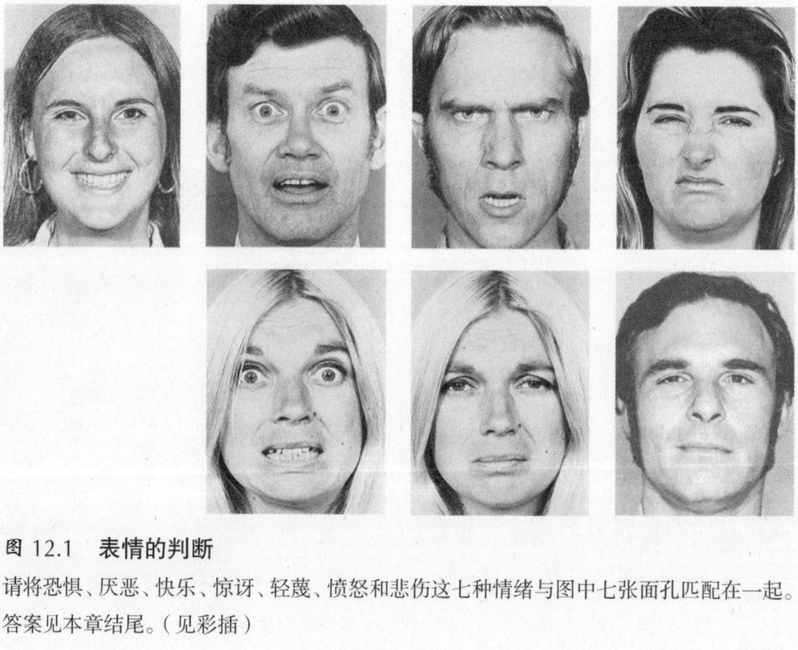

图 12.1 表情的判断

请将恐惧、厌恶、快乐、惊讶、轻蔑、愤怒和悲伤这七种情绪与图中七张面孔匹配在一起。答案见本章结尾。（见彩插）

研究特写

在一项研究中，新几内亚一个还处在前文字阶段的部落（Fore 族人）的成员，可以对图 12.1 中的白人面孔所表达的情绪进行准确识别，而在参加这项研究之前，他们几乎从未见过西方人或接触过西方文化。他们是通过指出自己体验到相同情绪的情境来做到这一点的。比如，照片 5（恐惧）令人想到手中没有长矛时被一头野猪追逐，照片 6（悲伤）令人想到自己的孩子夭亡了。他们唯一的困惑是区分惊讶（照片 2）和恐惧，可能是因为让他们惊讶的情境往往也让他们最恐惧。

接着研究者让该文化的其他成员（那些没有参加第一项研究的人）演示他们交流时表达六种情绪（不包括轻蔑）的表情。当美国大学生观看 Fore 族人的这些面部表情录像时，他们可以准确识别这些人的情绪——但有一个例外。毫不奇怪，美国人难以分辨 Fore 族人的恐惧和惊讶表情，而这正是 Fore 族人弄混的两种西方人的表情（Ekman & Friesen, 1971）。

另一项研究比较了匈牙利人、日本人、波兰人、苏门答腊人、美国人和越南人对面部表情的判断，结果发现这些不同群体具有很高的一致性（Biehl et al., 1997）。尽管如此，日本成年人对愤怒的识别比美国、匈牙利、波兰和越南的成年人差。越南成年人对厌恶情绪的识别比所有其他国家的参与者都要差。

这些跨文化差异支持了这样一个假设：不同文化的面部表情有不同的“*方言*”（Dailey et al., 2010; Elfenbein et al., 2007）。对于语言，不同的方言在诸如发音和用词等方面存在地域或社会差异。在情绪领域，方言理论的支持者认为，面部表情的产生也存在着类似的文化差异。事实上，当人们做出不同的面部表情时，面部肌肉的特定运动存在一致的跨文化差异。而且研究者发现，人们更易识别自己文化内部成员的面部表情（Dailey et al., 2010; Elfenbein et al., 2007）。当人们观看一张脸时，文化也会影响其收集信息的方式：东方文化的人更可能把注意力集中在眼睛上，而西方文化的人则会把注意力分散到整张面孔上（Jack et al., 2009）。这些观察面孔的习惯性差异，可能导致来自不同文化的人对面孔在表达特定情绪时看起来怎样有不同的期待（Jack et al., 2012）。

文化如何制约情绪表达？ 我们刚刚看到，情绪表达的某些方面可能存在跨文化的一致性。尽管如此，不同的文化对情绪应如何管理仍有不同的标准。某些形式的情绪反应（甚至面部表情）是某种文化所特有的。文化为人们何时可以表现某种情绪，以及特定类型的人在特定情境下表现某类情绪是否得体，建立了社会规则（Mesquita & Leu, 2007）。让我们看三个不同文化的例子，它们的情绪表达方式均不同于西方常规。

塞内加尔的沃洛夫部落对地位和权力的差异有严格的界定。该文化要求上层人士严格节制自己的情绪表达。下层人士在情绪表达上则更多变，特别是一个叫作“民间艺人”（griots，指北非特有的一类民间艺人，有诗人、乐师、说书人，其民族历史皆由这些说书人口耳相传——编者注）的阶层。实际上，这些民间艺人经常被要求表达贵族认为不庄重的情绪：

> 一天下午，一群妇女（五个贵族和两个民间艺人）聚集在城镇边的一口水井旁，这时另外一个妇女大步走向水井并投井。所有妇女对这种明显的自杀行为都大为震惊，但是贵族妇女却仍然沉默不语。只有“民间艺人”阶层的妇女代表所有人惊叫起来（Irvine, 1990, p. 146）。

你能想象自己在这种情境下会如何反应吗？把自己放在民间艺人的位置上可能比放在贵族妇女的位置上更容易：你怎么能忍住不尖叫呢？这当然是因为那些贵族妇女习得了情绪表达的文化规范——要求她们不要表现出任何外显的反应。

第二个例子，请思考巴西中部 Mebengokre 妇女的做法（Lea, 2004）。这些妇女经历丧亲时会进行仪式性的哭泣。哭泣时她们会使用一种特殊的高音，同时也会使用一些在其他场合不会运用的特殊词汇。如你所想，这些妇女会为家人的亡故而哭泣。不过，其他情境下她们

文化如何制约特定情境（比如葬礼）中的情绪表达？

也会哭泣：所有引发哭泣的情境都有一个统一的主题，即通常与死亡有关的分离感和丧失感（p. 114）。例如，当一名至亲要长期外出旅行时，这些妇女也会哭泣。

第三个例子，我们来看看疼痛相关情绪表达规范的跨文化差异。请回忆第 4 章：心理背景对人们体验到的疼痛强度有很大的影响。同样地，文化背景会影响人们对揭示疼痛的行为是否适当的认识。比如一项研究对比了美国人和日本人所认为的表露疼痛的适当行为（Hobara, 2005）。两种文化的参与者都填写了《适当疼痛行为问卷》（Appropriate Pain Behavior Questionnaire, APBQ），问卷条目包括诸如“女人在大部分情况下都应忍受疼痛”“可以接受男人在疼痛时哭泣”等问题。一般而言，日本人的 APBQ 分数低于美国人：前者不太赞同疼痛情绪的公开表达。另外，两个文化群体都赞同女性可以比男性表达更多的疼痛情绪。研究者把这种文化差异归因于“许多亚洲文化传统的忍耐哲学……”（Hobara, 2005, p. 392）。

当你思考可能从人类经验中演变而来的各种情绪模式时，要始终牢记文化可能有最终的决定权。西方关于情绪表达中什么是必要的或不可避免的观念与美国文化紧密相关，正如任何其他社会的观念与各自的文化紧密相关一样。你能看出不同的情绪表达标准为什么可能造成不同文化背景的人之间的误解吗？

现在我们将介绍一些探讨情绪的不同方面之间关联的理论。

情绪理论

情绪理论通常试图解释情绪体验中生理与心理方面的关系。我们首先讨论身体在情绪相关情境中的反应，然后将回顾一些探讨这些生理反应如何影响情绪的心理体验的理论。

情绪的生理学 当你体验到强烈的情绪时会发生什么？你的心率、呼吸会加快，嘴巴会发干，肌肉会紧张，你甚至可能会发抖。除了这些明显的变化外，还有一些看不见的变化。所有这些反应都是为了动员你的身体，从而对引起情绪的情境采取行动。让我们来看看它们的起源。

自主神经系统通过它的交感和副交感系统的活动，使身体为情绪反应做好准备（见第 3 章）。这两个系统的平衡取决于唤醒刺激的性质和强度。对于轻微的、不愉快的刺激，交感系统更为活跃；而对于轻微的、愉快的刺激，副交感系统则更为活跃。刺激强度增大时，这两个系统的活动都会增强。在生理上，诸如恐惧和愤怒等强烈的情绪反应会激活身体的**紧急反应系统**，迅速而无声地让身体做好准备以应对潜在危险。交感神经系统促使肾上腺释放激素（肾上腺素和去甲肾上腺素），进而导致内脏器官释放血糖，升高血压，增加汗液和唾液分泌。紧急事件过后，为了让有机体安静下来，副交感神经系统会抑制这些激活性激素的释放。你可能会在经历了强烈的情绪事件后维持一段时间的唤醒状态，因为血液中仍残留着一定的激素。

特定的情绪体验会引发自主神经系统不同的活动模式（Friedman, 2010）。在一项跨文化研究中，研究小组测量了美国人和苏门答腊岛西部的米南卡保人（Minangkabau）产生情绪和表达情绪时的自主反应，如心率和皮肤温度。米南卡保文化要求成员不表露消极情绪。即便如此，对消极情绪，他们是否会表现出与美国参与者同样的潜在自主神经系统反应模式？研究数据显示，两种文化有很大的共同点，这使得研究者认为，自主反应模式“是我们共同的生物演化传承的一个重要部分”（Levenson et al., 1992, p. 986）。

现在让我们从自主神经系统转向中枢神经系统。*下丘脑*和*边缘系统*负责整合激素和神经方面的唤醒，它们是情绪以及进攻、防御和逃跑模式的控制系统。神经解剖学的研究特别关注*杏仁核*（边缘系统的一部分）的情绪门户和记忆过滤器作用。杏仁核通过给接收到的感觉信息赋予意义来实现这一点，它在为负性体验赋予意义方面起着尤其重要的作用——杏仁核作为“危险探测器”，让我们意识到环境中的危险（Kim et al., 2011）。

*皮层*也通过其内部的神经网络以及与身体其他部分的联系来参与情绪体验过程。皮层能为个体提供联想、记忆和意义，将心理体验和生理反应整合起来。运用大脑扫描技术的研究已经开始描绘不同情绪的特定脑反应。例如，积极情绪和消极情绪不仅仅是脑皮层同一部分的两种相反的反应。实际上，相反的情绪会导致人脑不同部分的最大激活。在一项研究中，参与者在观看积极图片（小狗、巧克力糕饼、日落）和消极图片（生气的人、蜘蛛、手枪）时接受 fMRI 扫描。结

大脑对小狗和蜘蛛的反应有何不同?

果发现，观看积极图片时左脑表现出更多的激活，而观看消极图片时右脑表现出更多的激活（Canli et al., 1998）。事实上，研究者认为大脑有两个截然不同的系统，分别掌管与“接近”和“回避”有关的情绪反应（Davidson et al., 2000; Maxwell & Davidson, 2007）。请想想小狗和蜘蛛，大部分人可能都想接近小狗而回避蜘蛛。研究表明，隶属于左右脑的不同脑回路负责这些情绪反应。

到此为止，我们已经看到在涉及情绪的情境中，你的身体会做出很多反应。但是你怎么知道哪种感受伴随着哪种生理反应？现在我们要介绍试图回答这一问题的三种理论。

詹姆士—兰格的身体反应理论 一开始你可能会想，每个人都会同意情绪先于反应。例如，你之所以会冲某人大叫（反应），是因为你感到气愤（情绪）。然而，早在100多年前，威廉·詹姆士认为，正如亚里士多德更早之前所提出的那样，顺序是相反的——你的身体做出反应之后你才有感受。正如詹姆士所说，“我们因为哭泣而难过，因为打斗而愤怒，因为颤抖而害怕”（James, 1890/1950, p. 450）。情绪来源于身体反馈的观点被称为**詹姆士—兰格情绪理论**（James-Lange theory of emotion；卡尔·兰格是与詹姆士几乎同时提出相似观点的丹麦学者）。根据该理论，对刺激的感知引起自主神经系统唤醒和其他身体反应，而这些反应导致特定的情绪体验（见图12.2）。詹姆士—兰格情绪理论被视为一种外周主义理论，因为它认为情绪链中最重要的角色是内脏反应，而控制它的自主神经系统位于中枢神经系统的外周。

坎农—巴德的中枢神经过程理论 生理学家沃特·坎农（Cannon, 1927, 1929）反对外周主义而支持中枢主义，关注中枢神经系统的作用。坎农（和其他批评者）指出了詹姆士—兰格理论的一系列不足之处（Leventhal, 1980）。例如，他们提到，内脏反应与情绪无关——即使通过手术切断内脏与中枢神经系统的联系，实验动物仍会有情绪反应。他们还指出，自主神经系统的反应显然太慢了，不足以成为瞬间激发的情绪的源头。坎农认为，情绪需要脑在输入刺激和输出反应之

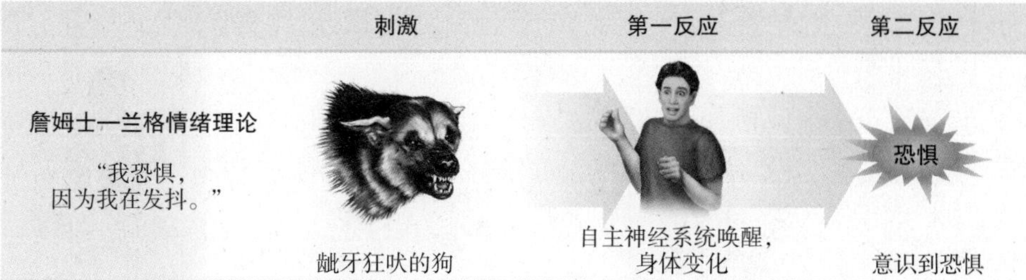

图 12.2　詹姆士—兰格情绪理论

詹姆士—兰格情绪理论认为，事件引发自主神经系统唤醒和身体反应，而它们在被感知到之后才会导致特定的情绪体验。

资料来源：Ciccarelli, Saundra; White, J. Noland, Psychology, 3rd Edition, © 2012. Printed and electronically reproduced by permission of Pearson Education Inc., Upper Saddle River, New Jersey.

间起作用。

另一位生理学家菲利普·巴德也得出同样的结论，即内脏反应并非位于情绪链的前端。相反，唤醒情绪的刺激同时带来两种结果：通过交感神经系统导致身体的唤醒；通过皮层产生情绪的主观感受。这些生理学家的观点可以总结为**坎农—巴德情绪理论**（Cannon-Bard theory of emotion）。该理论认为，情绪刺激会同时导致两种反应，即生理唤醒和情绪体验，两者不存在因果关系（见**图 12.3**）。如果某事令你生气了，你心跳加快的同时，会想："太可气了！"但你的身体与心理都不能决定对方的反应。

坎农—巴德情绪理论预测身体反应与心理反应是独立的。接下来我们会看到，当代的情绪理论并不认为这两种反应必然独立。

情绪的认知评价理论　因为在许多不同的情绪中，唤醒症状和内部状态是相似的，所以在模糊或者新异的情境中体验到它们时，很可能将它们弄混。**斯坦利·沙赫特**（Stanley Schachter, 1922—1997）提出**情绪的双因素理论**（two-factor theory of emotion）来解释人们如何应对这种不确定性。根据斯坦利·沙赫特（Schachter, 1971a）的理论，情绪的体验是生理唤醒和认知评价两种因素结合的结果，两者对于情绪的

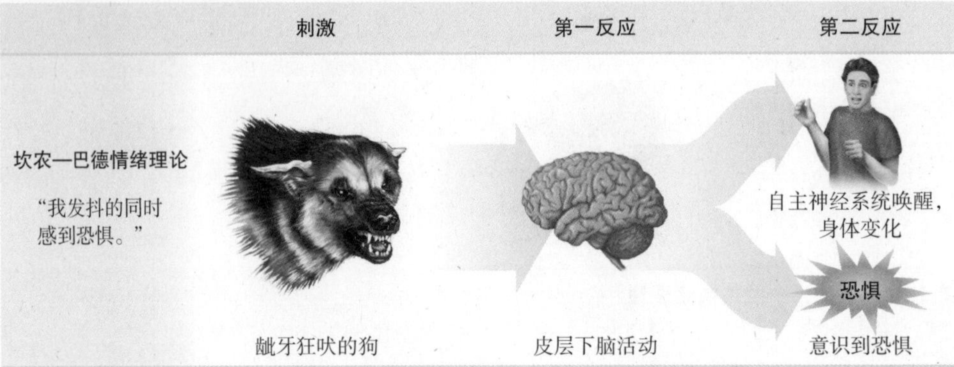

图 12.3 **坎农—巴德情绪理论**

在坎农—巴德情绪理论中，事件首先在脑的各个中心被加工，进而同时引发唤醒反应、行为活动和情绪体验。

资料来源：Ciccarelli, Saundra; White, J. Noland, Psychology, 3rd Edition, © 2012. Printed and electronically reproduced by permission of Pearson Education Inc., Upper Saddle River, New Jersey.

产生都必不可少。按照这种观点，所有的唤醒都被假定为普遍的、没有差别的，而且唤醒是情绪序列的第一步。个体先要对生理唤醒进行评价，才能决定具体感受是什么，哪个情绪标签最适合，以及在情绪体验的特定情境中你的反应意味着什么。

理查德·拉扎勒斯（Richard Lazarus, 1922—2002）是另一位认知评价观点的主要倡导者。他（Lazarus, 1991, 1995; Lazarus & Lazarus, 1994）认为，“情绪体验不能依据个人或头脑中发生的事件孤立地去理解，它产生于个体与被评估的环境持续的互动”（Lazarus, 1984a, p. 124）。他还强调评价的产生往往不需要有意识的思维。当你有把情绪与情境关联起来的过往经历时——这是以前与我发生冲突的那个仗势欺人者！——你就无须再外显地搜寻环境来解释你的唤醒。这种主张被称为**情绪的认知评价理论**（cognitive appraisal theory of emotion，见图 12.4）。

为了检验这个理论，研究者们设置了一些情境，其中的环境线索可以为个体的唤醒提供情绪标签。

图 12.4 情绪的认知评价理论

在情绪的认知评价理论中，根据情境线索和背景因素，刺激事件和生理唤醒会同时受到认知评价。情绪体验来源于对唤醒的评价。

资料来源：Ciccarelli, Saundra; White, J. Noland, Psychology, 3rd Edition, © 2012. Printed and electronically reproduced by permission of Pearson Education Inc., Upper Saddle River, New Jersey.

研究特写

一位漂亮的女性研究者对刚刚过桥的男性参与者进行了采访（Dutton & Aron, 1974）。实验的这两座桥都位于加拿大温哥华，一座桥安全而坚固，而另一座则较危险和摇摆不定。研究者假装要研究景色对创造力的影响，要求这些男士根据一幅模糊的妇女图画写一个简短的故事，还告诉他们如果对研究感兴趣，还可以给她打电话。那些从危险的桥上通过的男性所写的故事包含更多的性幻想，而且给这位女研究者打电话的人数也是通过安全桥的参与者的 4 倍。为了证明唤醒是影响情绪曲解的自变量，研究者还安排了另一组男性，他们在通过危险的桥 10 分钟甚至更长时间后才接受采访，这段时间足以让他们的生理唤醒平息。这些不再处于唤醒状态的男性并未表现出与唤醒状态的男性类似的性反应。

我们可以看到，在这个例子中，唤醒的主要来源是摇晃的桥带来的危险感。然而当这些男人根据所处的情境来评估唤醒的来源时，他们做出了**错误归因**：他们以为这是由那位漂亮的女研究者引起的。根据这种评估，男人们做出了情绪判断（“我对这个女人有兴趣”）。这项研究支持了这一观点：人们通过评估环境线索来解释自己的生理唤醒。

不过，认知评价理论的一些具体方面却受到了挑战。例如，你之前学过，伴随不同情绪的唤醒状态（自主神经系统的活动）并不一样（Friedman, 2010）。因此，对至少某些情绪体验的解释可能不需要评价。此外，没有明显原因的强烈唤醒，也不会像该理论所假设的那样导致一种中性的、未分化的主观解释。请想象一下，此刻你的心跳突然加速，呼吸变快变浅，胸肌紧张，手掌因出汗而变得潮湿。你将对这些症状做何解释？人们通常会把那些*无法解释*的生理唤醒视为*消极*的信号，表示出问题了——这一事实是否让你感到惊讶？另外人们在寻找解释时，往往偏向于那些能够说明或证实这种消极解释的刺激（Marshall & Zimbardo, 1979; Maslach, 1979）。

另一个批评情绪的认知评价理论的研究者是**扎荣茨**，他证明了在一些条件下人们会有某些偏好——对刺激的情绪反应——却不知原因（Zajonc, 2000, 2001）。在一个关于*曝光效应*的广泛的研究系列中，实验者给参与者呈现各种各样的刺激，比如外语单词、汉字、一组数字和奇怪的面孔。刺激呈现的速度很快，以至于参与者无法在意识层面识别这些刺激。然后实验者询问参与者对一些刺激的喜爱程度，其中一些是旧刺激（即在意识阈限下闪现过的刺激），还有一些是未看过的新刺激。结果显示，参与者倾向于给旧刺激更高的评分。因为参与者体验到这些积极情绪而没有意识到它们的来源，所以情绪反应不可能来自评价过程。

如果周围的人都在为你最喜爱的球队欢呼，你会感受到什么情绪？

认知评价是情绪体验的一个重要过程，但并不是唯一的，如此下结论可能最稳妥（Izard,

1993)。实际上，在某些情况下，你可能会向外部环境寻求（至少是无意识的）解释，你为什么会有如此的感受。然而在另一些情况下，你的情绪体验可能受演化而来的先天联系控制。此时生理反应不需要任何解释。这些引发情绪体验的不同途径表明，情绪可能对你的日常体验有不同的影响。现在我们就来看看心境和情绪带来的一些影响。

心境和情绪的影响

我们从心境的影响开始。你体验到的心境对你加工信息的方式有强烈的影响（Clore & Huntsinger, 2007; Forgas, 2008）。具体而言，心境消极的人一般比心境积极的人更详尽且更努力地加工信息。这种加工方式的差异会带来多种影响。请考虑一下判断和决策。你大概会同意，由于付出的努力程度不同，你做出的判断和决策也往往不同。鉴于此，请思考人们的心境会如何影响他们做出有罪或无辜的判断。在一项研究中，参与者们观看一段会让他们处于快乐、中性或悲伤心境的短片（Forgas & East, 2008）。心境形成后，参与者会再观看四段视频，每段的内容是一个人在否认自己偷过电影票；其中有的人在说谎。每段视频看完后，参与者要判断这个人有罪还是无辜。心境极大地影响了参与者正确判断个体是否有罪的能力：处于悲伤心境的参与者的表现比随机水平要好；而处于中性和快乐心境的参与者的表现则与随机水平无异。在讨论这些结果时，研究者指出，消极心境可能使人更不容易受骗。请想一下你自己的生活：当你悲伤时，你是否更多疑？

为什么你应该担心积极心境会让你更容易受骗?

你的心境也会对信息进入记忆的方式产生影响。消极心境会使注意力更集中，而积极心境则可以拓宽注意范围。因此，心境积极的人可能更难以忽略无关的信息。事实上，人们在积极心境下做任务比在中性心境下对无关信息的内隐记忆更好（见第 7 章；Biss & Hasher, 2011）。你能看到这种心境驱动的注意力变化既能带来积极结果，也能带来消极结果吗？当你心境积极时，你很难把注意力只聚焦于重要信息上。如果你需要集中注意力，你可能会希望自己稍微消极一点。不过因为积极心境会带来更广泛和灵活的加工方式，所以处于积极心境的人会比处于中性心境的人有更多的创造性思维和更强的问题解决能力（Baas et al., 2008）。因此，如果你想有创造力，你就应该试着维持一种积极的心境。

让我们从长期持续的心境转向更为短暂剧烈的情绪。假设你看到一名罪犯持枪行凶。你可能会有消极的情绪唤醒！这种消极情绪唤醒通常会使你深受所谓*武器聚焦效应*的影响（Fawcett et al., 2012）。我们来看看那意味着什么。

研究特写

在一项研究中，学生们观看了一段记录犯罪过程的视频（Pickel, 2009）。在视频的一个版本中，行凶者手持一把 9 毫米口径的手枪；在另一个版本中，行凶者拿着一张装在塑料盒里的音乐 CD。看完视频后，学生们要填写一份问卷，以测试他们对行凶者外貌的回忆能力。当行凶者拿着手枪时，参与者的回忆要差得多。在视频的不同版本中，行凶者有男性也有女性。当持枪者是女性时，参与者的成绩最差。

为什么行凶者是女性时会增加人们对武器的关注？要回答这个问题，我们要退后一步思考情绪唤醒的更普遍的影响。无论何时你观察这个世界，总有一些方面更为突出（因为你在第 4 章学到过的知觉特性）或对你来说更重要（因为你当下的目标）。我们把这类刺激称为*高优先级*。情绪唤醒能让人们把更多的心理资源聚焦于高优先级的刺激（Mather & Sutherland, 2011）。这一般能让人们更好地记住这些刺激，而对其他刺激的记忆则变差，这可以解释为什么武器的存在有损于对其他细节的记忆。那么，为什么女行凶者会增强人们对武器的关注呢？一名持枪的女性可能是更高优先级的刺激，或者更能引起唤醒的刺激，抑或两者兼有。无论怎样，当你对某一特定的情境出现强烈的情绪反应时，你应该知道，你对该情境的感知和记忆与无强烈情绪反应时是完全不同的。

尽管如此，重要的是，要意识到在一定程度上你能控制情绪对自己及他人的影响。你有**情绪调节**（emotion regulation）的能力，你可以改变情绪体验的强度和持续时间（Gyurak et al., 2011）。请想一下你看恐怖电影时被吓到的感觉。你可能会提醒自己，“这只是一部电影！这只是一部电影！”该策略有两个效果：第一，你在提醒自己把注意力从屏幕里让你焦虑的事情上转移开；第二，你正在对唤醒的来源进行重新评估。分散注意力和重新评估都是有效的情绪调节策略（McCrae et al., 2010）。同时，通过让自己看起来不那么害怕，你成功的情绪调节将改变其他人对你对电影的反应的看法。

为完成对情绪的探索，让我们转向长期幸福感的个体差异研究。

主观幸福感

本章开篇，你思考了这样一个问题，“你感觉怎么样？”到目前为止，我们一直在关注你当前的状态：你现在体验到何种心境或情绪？不过这个问题也可以探询长期的感受，“你对自己的生活总体感觉如何？”这个问题就涉及了**主观幸福感**（subjective well-being）——个体对生活满意度和幸福度的总体评价。近年来，心理学家对影响人们主观幸福感的因素进行了大量研究（Kesebir & Diener, 2008; Tay & Diener, 2011）。这一研究焦点部分地反映了心理学领域的一场重要运动，即**积极心理学**（positive psychology）浪潮的兴起。积极心理学的目标是传授人们知识和技能，从而让他们体验充实的生活。积极心理

生活中的心理学

你能否准确地预测未来的情绪

假设你正准备交一份作业。研究者却打断了你，要你预测未来。研究者先要你预测一下自己的成绩。接下来假设你的实际成绩比预测高或低，或者完全一样，研究者要求你预测一下自己的感受（在喜悦和懊恼的维度上）。你可能有什么反应？

研究者做这个实验的目的是比较学生预测的情绪反应与实际的反应（Sevdalis & Harvey, 2007）。学生们得知成绩后，研究者再次找到他们，询问他们对成绩的感受。平均来看，学生作业的实际成绩要略好于他们的预期。然而，超出预期的好结果并未让他们像想象中的那般快乐：学生体验到的喜悦远低于他们的预期。

我们来看预测情绪的另一个例子。许多城市居民都可能熟悉这一幕：你冲下阶梯时刚好看到地铁门关闭。此时你会有什么感受？假设下阶梯时地铁已离去较长时间，你又有什么感受？

一个研究小组恰好做了这项研究（Gilbert et al., 2004）。研究者走近地铁站台上的人，给他们1美元要求完成简短的问卷。一组参与者是体验者，这些人确实刚错过了地铁（1分钟）或错过了较久（5分钟）。他们要在从“完全不”到“极其”遗憾的评分表上，表明自己感到的遗憾程度。而作为预测者的参与者则利用同一评分表来预测自己若错过地铁1分钟或5分钟可能感到的遗憾程度（每位预测者只回答一种错过地铁的情形）。

预测者们预测刚刚错过地铁比错过较久更让人遗憾。然而，体验者对两种情形实际报告的遗憾程度几乎一样。我们再一次看到，人们对自己未来情绪的预测并不很准确。

为什么人们很难预测自己对特定结果的反应？在很大程度上，人们似乎比他们预期的更善于从更广泛的角度来看待结果（Kermer et al., 2006）。当人们真的错过地铁时，他们能将其置于他们一天的生活这一更大背景下，坦然面对这一结果。他们并不会纠结于孤立的事件，让自己持续受到消极情绪的影响。相形之下，当人们预测自己将来的感受时，他们不能在更完整的背景下解释事件的结果。对于积极情绪亦然。对于超出期望的成绩你或许并不如预测中那般欣喜，因为该结果只是你不断持续的整个生活的一部分。

学提出的问题是："心理学家能否利用他们掌握的治疗精神疾病的科学和实践知识，帮助人们获得持续的幸福？"（Seligman et al., 2005, p. 410）。大部分关于主观幸福感的研究侧重于确定为什么某些人比其他人更幸福。正如在大多数心理学领域一样，研究者试图评估遗传和环境的影响。

为了解遗传的影响，研究者利用经典的行为遗传学方法进行研究：他们考察了同卵双生子和异卵双生子报告的主观幸福感的相似程度。比如，有研究者测量了 4 322 名挪威双生子的主观幸福感（Nes et al., 2006）。同卵和异卵双生子之间的比较表明，遗传因素可以分别解释男性和女性主观幸福感方差的 51% 和 49%。研究者还在间隔 6 年的两个时间点上收集了主观幸福感数据。遗传因素可以解释男性主观幸福感跨时相关的 85% 以及女性的 78%。一项研究利用了 973 对美国双生子样本，也表明遗传对主观幸福感有很大的影响（Weiss et al., 2008）。不过，这些数据也表明，人格在这些遗传效应中起着重要的作用。第 13 章将讨论人格特质具有高度遗传性的证据。美国双生子样本的结果表明，主观幸福感的差异乃是人们与生俱来的人格特质的结果。比如，情绪稳定和社交参与度高的人也更可能报告较高的主观幸福感。

我们刚刚看到，遗传对主观幸福感的个体差异有着重要的影响。然而，生活经历也很重要。人们判断主观幸福感的一个重要因素是生活中积极情绪和消极情绪的相对占比。

研究特写

有研究小组调查了 46 个国家的 8 557 名参与者（Kuppens et al., 2008）。参与者要用七点量表（从"强烈反对"到"强烈赞同"）来回答某些陈述（如"我的生活几乎接近理想"），以评定他们的生活满意度（p. 71）。他们还要用九点量表（从"完全没有"到"一直都是"）来表示他们最近一周感受到积极情绪（如自豪、感恩和爱意）和消极情绪（如内疚、羞耻和妒忌）的频率。研究者发现这些指标存在一致的关系。概而言之，当参与者有更多的积极情绪体验和更少的消极情绪体验时，报告的生活满意度更高。不过，积极情绪对生活满意度判断的影响约两倍于消极情绪。该研究还发现这种关系模式存在一定的跨文化差异。比如，人们为保证日常生存而必须付出的努力程度存在文化差异。在生存都是问题的文化里，生活满意度的判断较少取决于积极的情绪体验。

你或许可以把这些结果与你自己的主观幸福感联系起来：当你回想上一周时，哪类情绪体验容易浮现在脑海中？

你可能还会思考引发这些特定情绪体验的生活特征。研究者检验了关于可能影响主观幸福感的生活事件的各种假设。比如，重大的消极事件（如失业、丧偶等）往往会损害主观幸福感（Lucas, 2007）。研究者还关注人们生活环境的持续差异。比如有研究者指出，“幸福最重要的根源”是良好的社会关系（Kesebir & Diener, 2008, p. 122）。读到本书此处的读者对这一结论应该很熟悉；在本章稍后部分你将看到社会支持是应对压力的重要资源。研究者还试图理解财富与主观幸福感的关系。当人们还在努力满足其基本需要时，他们报告的生活满意度与幸福感往往都很低（Diener et al., 2010; Howell & Howell, 2008）。然而，一旦人们跨过了基本需要这一门槛，财富与主观幸福感之间的相关就很有限了。如果你必须在更多的金钱与更多的朋友之间做选择，积极心理学建议你通常应该选择后者。

我们现在已经探讨了心境和情绪的短期及长期影响。下一节将考察压力及其应对。你将学会如何对自己的“感受”进行认知控制。

STOP 停下来检查一下

❶ 关于面部表情识别，跨文化研究揭示了什么？

❷ 自主神经系统在情绪体验中起着什么作用？

❸ 坎农—巴德情绪理论的主要观点是什么？

❹ 心境对信息加工的一般影响是什么？

❺ 幸福最重要的来源是什么？

批判性思考：回忆一下关于武器聚焦效应的研究。为什么研究者会选择测试人们对行凶者外貌的记忆？

生活压力

假设我要求你留意你一整天的“感觉”如何。你可能会说，在短暂的片刻你感到了快乐、悲伤、气愤、惊奇或其他情绪。但有一种感受是人们经常报告的，而且成了日常生活的基调，那就是压力。现代的工业化社会使人们的生活节奏变得快速而忙碌。人们在有限的时间里往往有许多事情要做，还要为渺茫的前景担忧，并且很少有时间分给家庭和娱乐。但是如果没有了压力，你的生活是否会好些呢？没有压力，生活也就没有挑战——没有困难去克服，没有新的领域去开拓，也没有理由去增进你的智慧或提高你的能力。每个有机体都要面临来自外界环境和个体需求的挑战。个体必须解决这些问题，才能生存和发展。

应激（stress）是当刺激事件打破了有机体的平衡，使其难以应付或超出其应对能力时，有机体做出的一种反应模式（“stress”有两种含义，其一指刺激性的事件，其二指机体对此的反应，本书根据上下文分别译为“压力”或“应激”——译者注）。这些刺激事件包括各种各样来自外界或内部的情形，统称为应激源。**应激源**（stressor）是要求有机体做出适应性反应的刺激事件：一名自行车骑手在你的车前急拐，教授要你提前交期末论文，或者你被要求竞选班长。个体对做出改变这一需求的反应是由发生在几个层面上的各种反应组合而成的，包括生理、行为、情感和认知层面。人们通常会把应激与痛苦联系起来，认为所有的应激都是不好的。然而你同样会经历良性应激（eustress，“eu”在古希腊语中是“好”的意思）。你在本节结尾将会看到，许多情况

无论在工作还是娱乐中，当今社会的个体都可能遇到压力情境。你生活中的什么情况让你觉得压力最大？

下应激能给你的生活带来积极的改变。

图 12.5 描述了应激过程的要素。这一节的目标是让你对图中所示的每一部分的内容有一个清楚的了解。我们先从应激源引起的一般的生理反应开始。

生理应激反应

当你到达教室时，发现要参加一个突击测验，你会做何反应？你可能会同意这会给你带来一定的压力，但这对你身体的反应意味着什么？许多在引发情绪的情境中出现的生理反应，在日常压力情境中也会出现。这些短暂的唤醒状态（通常有明确的开始与消退模式）属于**急性应激**（acute stress）的例子。相形之下，**慢性应激**（chronic stress）是一种长期的唤醒状态，会持续很长时间，它使人感到自己可获得的内在和外在资源达不到应对压力的要求。慢性应激的一个例子是，你因没有时间去做所有想做的事而感到持久的沮丧。让我们看看你的身体对不同类型的压力是如何反应的。

对急性威胁的紧急反应　在 20 世纪 20 年代，坎农第一次科学地描述了动物和人类对危险的反应。他发现，危险会触发一系列的神经和腺体活动，使身体做好自卫和斗争或者逃跑的准备。坎农将这种双重的应激反应称为**战斗或逃跑反应**（fight-or-flight response）。这种应激反应的中枢位于参与诸多情绪反应的下丘脑。下丘脑有时被视为应激中心，因为它在紧急事件中有双重功能：（1）控制自主神经系统（ANS）；（2）激活脑垂体。

自主神经系统调节身体器官的活动。在应激情况下，呼吸加快加深，心率增加，血管收缩，血压上升。除了这些内部变化之外，肌肉将喉部和鼻腔的通道打开，使更多的空气进入肺部，同时产生情绪强烈的面部表情。信息还传递到平滑肌，以停止某些与眼前紧急事件应对无关的身体功能（如消化）。

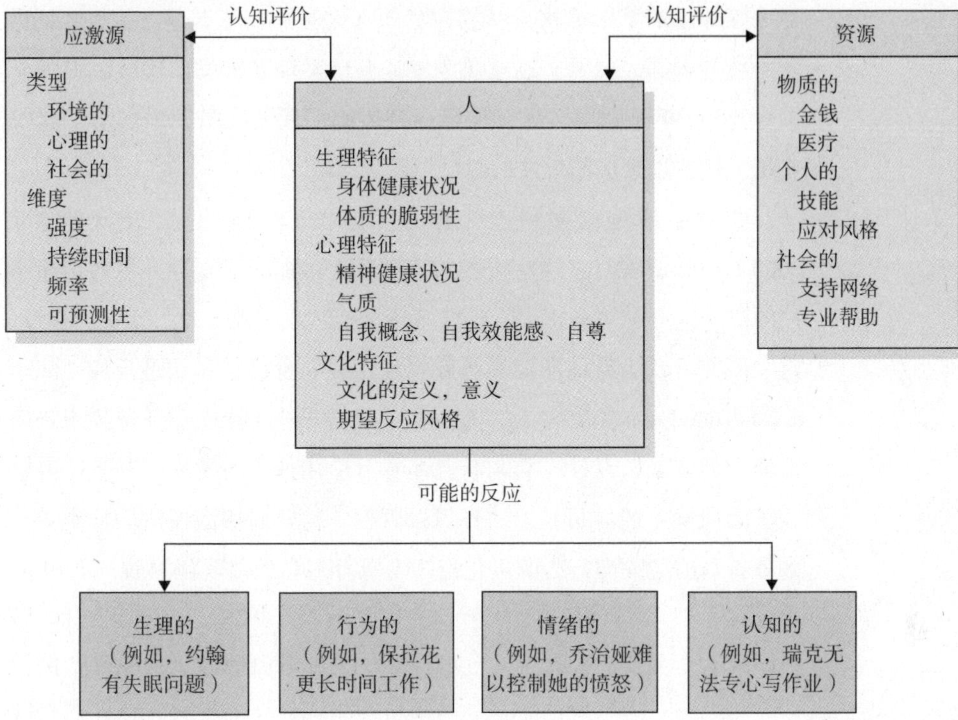

图 12.5　应激模型

对压力情境的认知评价与应激源及可获得的（物质的、社会的以及个人的）应对资源的交互作用。个体在多个层面对威胁做出反应：生理的、行为的、情绪的和认知的。一些反应是适应性的，另一些则是非适应性的甚至致命的。

自主神经系统在应激反应中的另一重要功能是促进肾上腺素的分泌。它刺激肾上腺中心的肾上腺髓质，使其分泌两种激素：肾上腺素和去甲肾上腺素。这两种激素转而向许多其他器官发出信号，让其执行特定的生理功能。脾脏会产生更多的红细胞（如果有伤口的话，将促进血液的凝固），而骨髓被刺激去产生更多的白细胞（去抵抗可能产生的感染）。肝脏被刺激去产生更多的糖，为身体提供能量。

脑垂体接受下丘脑发出的信号，可分泌两种对应激反应至关重要的激素。促甲状腺激素（TTH）会刺激甲状腺，使身体获得更多可利用的能量。促肾上腺皮质激素（ACTH）被称为“应激激素”，会刺激肾上腺外层的肾上腺皮质释放控制新陈代谢并且使更多的糖从肝脏进入血液的激素。促肾上腺皮质激素还会向其他器官发出信号，促使它们分泌近 30 种激素，每一种都在身体的“武装动员”中起着一定的作用。这些生理应激反应的总结见**图 12.6**。

健康心理学家**谢利·泰勒**及其同事（Taylor et al., 2000; Taylor, 2006）的分析表明，这些应激的生理反应可能会对女性和男性产生不同的影响。泰勒等人指出，女性不会出现“战斗或逃跑”反应。相反，这些研究者认为，应激源会导致女性出现一种**照料和结盟反应**（tend-and-befriend response）：在应激时期，女性首先要考虑孩子的需求，确保他们的安全；女性还会与自己所在社会团体里有着相同目标（降低孩子的风险）的成员结盟。你可以看到，这些对应激反应的性别差异的分析与前述人类行为的进化论观点有着怎样的一致。例如，第 11 章

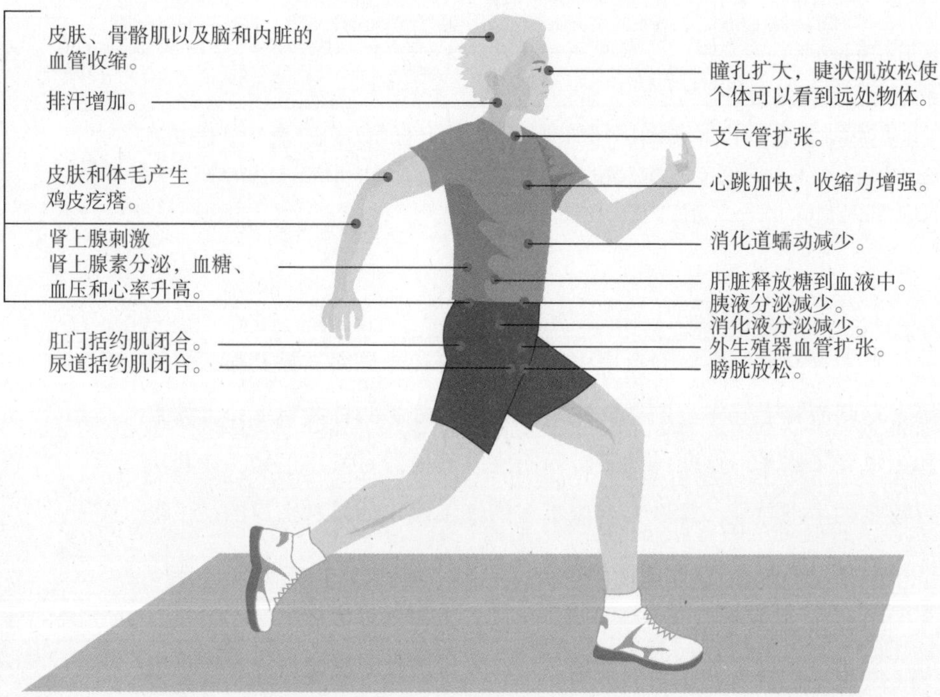

图 12.6 身体的应激反应

应激会使你的身体产生广泛的生理变化。

对人类性行为的讨论指出，两性的择偶策略不同，部分原因是在进化进程中男性和女性在后代的抚育上所扮演的相对角色。这种思路在这里也非常适用：由于男性和女性在抚育后代方面的进化生态位不同，对压力相同的初始生理反应最终会导致截然不同的行为。

不幸的是，无论是战斗或逃跑反应还是照料和结盟反应，对当代生活都并非完全适用。男性和女性在日常生活中都会遇到的许多应激源使生理应激反应变得完全适应不良。例如，设想你正在参加一场很难的考试，时间很快流逝。虽然应激反应带来的精神集中对你很有益处，但其他生理变化却可能没有任何好处——没有人需要你去战斗或照料。物种为应对外部危险而发展出来的适应性反应，在应对许多现代的心理应激源时往往起反作用。正如你将在下文看到的，许多人在慢性应激的情况下生活，因此这种说法尤为贴切。

一般适应症候群和慢性应激　第一位探究持续的强应激对身体影响的当代研究者是**汉斯·塞里**（Hans Selye, 1907—1982），一位加拿大内分泌学家。从 20 世纪 30 年代末期开始，塞里报告了实验动物对伤害性事件的一系列复杂反应，这些事件包括细菌感染、中毒、外伤、强制性束缚、冷热等。根据塞里的应激理论，许多种应激源都会引发相同的反应或一般性的身体反应。所有应激源都需要*适应*：有机体必须通过恢复其平衡或内稳态来维持或重获完整和安宁。对应激源的反应被塞里称为**一般适应症候群**（general adaptation syndrome, GAS，也译为一般适应综合征）。它包括三个阶段：报警反应、抵抗阶段和衰竭阶段（Selye, 1976a, 1976b）。*报警反应*是一个短暂的生理唤醒期，它让身体为剧烈活动做好准备。如果应激源持续存在，身体则会进入*抵抗期*，即缓和的唤醒状态。在抵抗期内，有机体可以忍耐并抵抗持续的应激源所带来的衰弱效应。然而，如果应激源持续时间足够长或强度足够大，身体资源将会耗尽，有机体将会进入*衰竭期*。**图 12.7** 描绘并解释了这三个阶段。

塞里指出了一些与衰竭期有关的危险。例如，你可以回想一下促

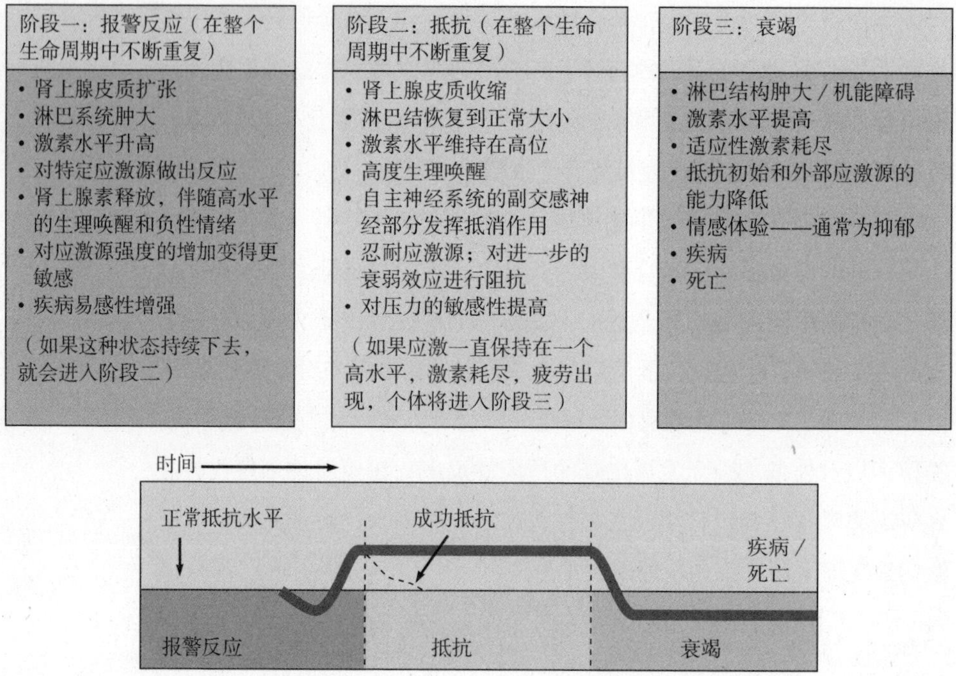

图 12.7 一般适应症候群

暴露于应激源之后，躯体的抵抗水平会下降，直至相应报警反应的生理变化将其恢复至正常水平。如果应激源持续存在，躯体的报警反应几乎完全消失；对特定应激源的抵抗强度上升到正常水平之上，但对其他应激源的抵抗下降。这种适应性的抵抗使躯体恢复其正常功能。长期暴露于应激源会使适应性抵抗崩溃；报警反应的信号再次出现，应激源的影响已不可逆转，个体会生病甚或死亡。

肾上腺皮质激素（ACTH）在对压力的短期反应中所起的作用。然而长此以往，它的活动会降低自然杀伤细胞摧毁癌细胞及其他一些威胁生命的感染的能力。当身体处于慢性应激时，“应激激素”分泌的增加会损害免疫系统的完整性。一般适应症候群的提出有助于解释**心身障碍**（psychosomatic disorders，一种不能完全用生理原因解释的疾病），它曾使那些从未将压力考虑为病因的内科医生大为困惑。那些有助于身体应对急性应激的事物，反而会在慢性应激中对身体造成伤害。

塞里的研究使得疾病似乎是对压力的一种不可避免的反应。然而我们将会看到，你对什么有压力、什么没压力的心理解释（你评价潜在压力事件的方式）将会影响你身体的生理反应。为了充分说明应激对身体的影响，我们必须将塞里的基础生理学理论与后来的心理因素研究结合起来。

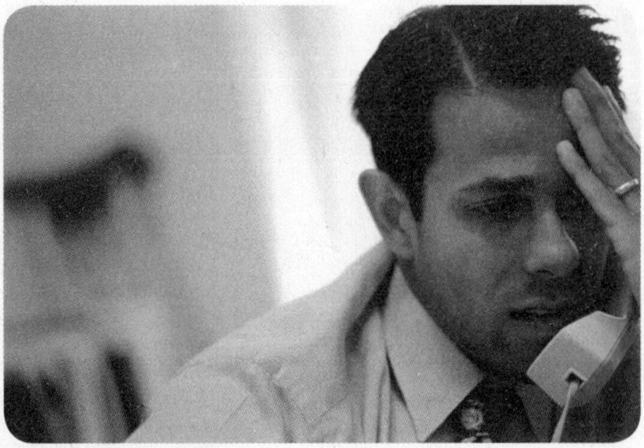

慢性应激带来的生理后果是什么？

心理应激反应

你的生理应激反应是自动的、可预期的、内置的反应，对此你通常无法有意识地加以控制。然而，许多心理反应却是习得的。它们依赖于对世界的感知和解释。本节将讨论人们对不同类型应激源的心理反应，比如重大生活事件和创伤性经历。

重大生活事件 人们对生活事件对随后的心理和生理健康的影响进行了大量研究。这些研究始于 20 世纪 60 年代，一个重要的进展是《社会再适应量表》（Social Readjustment Rating Scale, SRRS）的开发，该量表可以简单地评定各种生活变化（包括愉快的和不愉快的）所需的适应程度。该量表源自各行各业成人的反应，他们被要求从一长串生活变化中找出自己经历的事件。结婚事件被人为地赋值为 50 单位的生活变化，这些成人将其他事件与结婚相比较，然后给出每种变化所需的再适应的数值。然后，研究者计算出每个人经历的**生活变化单位**（life change units, LCUs）的总值，将其作为衡量个体所经受的压力大小的指标（Holmes & Rahe, 1967）。

SRRS 在 20 世纪 90 年代进行了更新（参见图 12.8）。研究者使用了相同的程序，要求参与者以结婚为参照点对各种生活事件的压力进行评估（Miller & Rahe, 1997）。在这次更新中，LCU 的评估值比其原始值上升了 45 个百分点，这就是说，参与者在 90 年代体验到的压力水平整体上远高于 60 年代的同龄人。而且 90 年代的女性报告比男性

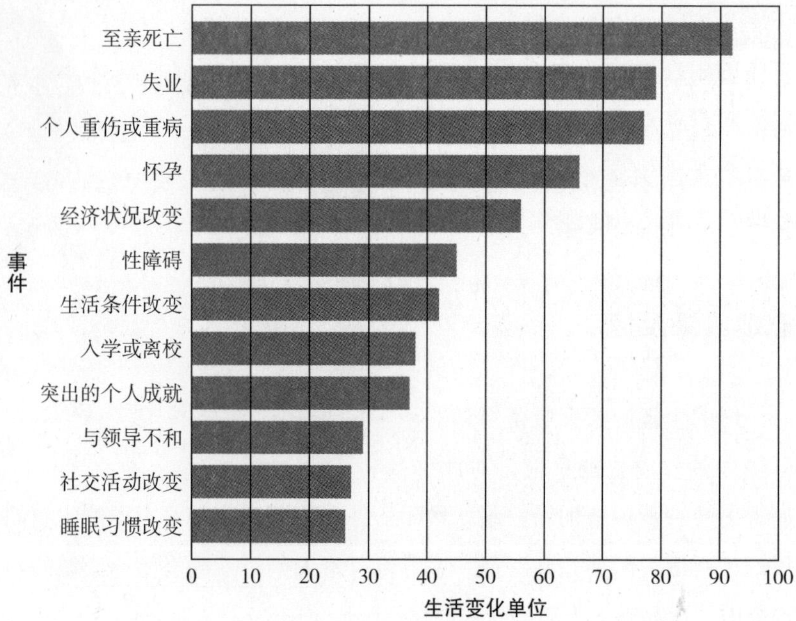

图 12.8 一些重大生活事件对应的生活变化单位

学生在校期间可能必须适应许多重要的变化。研究人员计算了这些重大生活事件所对应的生活变化单位值。

资料来源：M. A. Miller and R. H. Rahe. Life changes scaling for the 1990s. *Journal of Psychosomatic Research, 43*(3): 279–292, Copyright (1997), with permission from Elsevier.

承受着更大的压力。研究者继续探究了 SRRS 得分与身心健康的关系。在一项研究中，268 名受访者完成了这一量表（Lynch et al., 2005）。结果显示，SRRS 分数与参与者接下来 6 个月的看病总次数存在正相关：总的看来，SRRS 分数最高的参与者看医生的次数也最多。

研究者们找到了很多方法来研究生活事件与健康的关系。例如，一项研究对 16 881 名成年人进行了为期两年的追踪（Lietzén et al., 2011）。研究开始时，没有一位参与者被诊断为哮喘病。两年后，那些经历了大量生活压力事件（如家庭成员生病或婚姻问题）的参与者，得哮喘病的可能性要大得多。另一项研究则与你如何安排你的课业有着直接的关系。

研究特写

当教授给你布置了一个任务——每个学生在生活中都会经历的压力事件——你会试图尽快完成，还是打算拖到最后 1 分钟？心理学家设计了一套被称为《一般拖延量表》的测量工具（Lay, 1986）来区分那些习惯把事情往后推的拖延者和不这样做的非拖延者。两位研究者让在学期末要提交论文的“健康心理学”课的学生完成这一量表。在学期初和学期末，学生们还被要求报告他们体验到了多少身体不适的症状。结果不出所料，平均而言，拖延者比非拖延者更晚交论文，而且得分也偏低。**图 12.9** 显示了拖延对健康的影响。你可以看到，在学期初，拖延者报告的症状更少，但在学期末，他们报告的症状明显多于非拖延者（Tice & Baumeister, 1997）。

从这个研究中你可以看出，为什么并非所有的生活事件对所有人都有同样的影响。非拖延者喜欢马上将工作做完，因此他们在学期初就会体验到压力和症状。然而，那些在学期初躲避压力的拖延者会在期末体验到更多的病痛。因此，恰恰是在一学期中最需要他们以良好的健康状态来完成被他们拖到最后的工作的时候，他们却病得最厉害。因此在你制订每个学期的计划时，应该考虑一下这些结果。如果你认为自己是一个习惯性的拖延者，你应该考虑向心理学家或学校的咨询师咨询，以改变你的行为。这事关你的学业和健康！

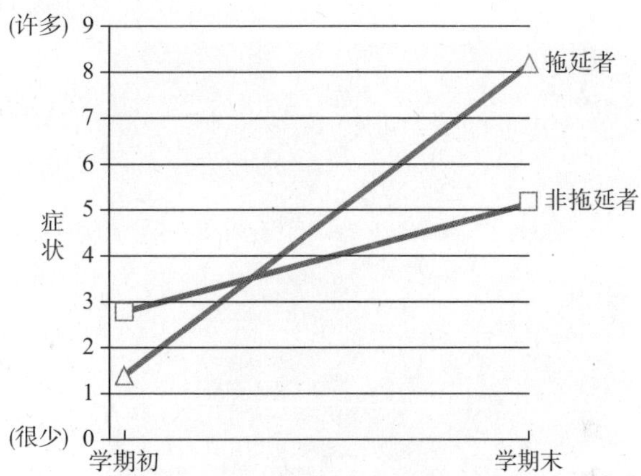

图 12.9　拖延的健康代价

研究者鉴别了学生中的拖延者和非拖延者。学生们被要求在学期初和学期末报告他们体验到多少躯体疾病的症状。在学期末，所有学生症状都有所上升。然而——由于所有任务都将到期——拖延者比非拖延者报告了更多的躯体症状。

创伤性事件　一个消极且无法控制、无法预测或模棱两可的事件特别有压力。这些情况在创伤性事件中尤为突出。像强暴和车祸这样的创伤性事件影响的是个体；而另一些创伤性事件，如地震和龙卷风，则有着更广泛的影响。2001 年 9 月 11 日美国世贸大厦和五角大楼发生的恐怖袭击事件导致近 3 000 人死亡。为了提供适当的心理健康服务，研究者迅速采取行动，对恐怖袭击带来的心理后果进行评估。

一个特别的关注点是**创伤后应激障碍**（posttraumatic stress disorder, PTSD）。PTSD 是一种应激反应，有以下一个或多个与创伤性事件有关的侵入性症状：（1）对事件反复、非自愿和侵入性的痛苦回忆；（2）以噩梦和闪回等形式反复重新体验创伤性事件；（3）对类似或象征事件某方面的内在或外在线索，产生明显的心理痛苦和 / 或生理反应。个体会回避与创伤性事件有关的刺激，并发生认知和心境方面的负性改变，如自责，与他人疏远。此外，与创伤性事件有关的警觉或反应性发生显著改变，如过分的惊跳反应、注意力问题以及睡眠障碍（DSM-5, 2013）。

什么因素改变了个体在经历“9 · 11”事件后患上 PTSD 的可能性?

一个研究小组希望评估“9 · 11”事件的长期影响（DiGrande et al., 2011）。该研究关注事发当日从世贸中心撤离的 3 271 名市民。数据收集于 2003 年 9 月至 2004 年 11 月，也就是袭击事件发生的 2~3 年之后。如**表 12.1** 所示，只有 4.4% 的参与者没有 PTSD 的相关症状。发生袭击的当天早晨置身双子塔内的人，绝大多数都在这项研究中报告了一些症状：重复体验这一事件，回避与该事件相关的刺激，及 / 或源于该事件的唤醒增强。尽管事件过去了 2~3 年，样本中仍有 15% 的人符合 PTSD 的所有诊断标

表 12.1 经历“9 · 11”事件对人心理的影响

创伤后应激障碍的症状	参与者的百分比
没有报告症状	4.4
报告了对事件的再体验	
侵入性记忆	33.4
梦或噩梦	13.5
报告了对事件相关刺激的回避	
回避思维和情感	31.5
回避引起相关回忆的事物	25.9
报告了唤醒增强	
失眠	31.6
烦躁或易怒	25.4
很可能诊断为 PTSD	15.0

资料来源：DiGrande, L., Neria, Y., Brackbill, R. M., Pulliam, P., & Galea, S. (2011). Long-term posttraumatic stress symptoms among 3, 271 civilian survivors of the September 11, 2001, terrorist attacks on the World Trade Center. *American Journal of Epidemiology*, 173, 271–281.

准。该研究揭示了使 PTSD 更容易发生的几个因素。例如，从较高楼层撤离的人、亲眼看见了恐怖事件的人以及自己受了伤的人更可能罹患 PTSD。

如前所述，个体的创伤性事件同样对他们的心理健康有消极影响。比如，强奸受害者通常会出现许多创伤后应激的症状（Ullman et al., 2007）。在被侵害的两周后进行的评估中，94% 的强奸受害者被诊断为 PTSD；遭侵害 12 周后，仍有 51% 的受害者符合诊断标准（Foa & Riggs, 1995）。这些研究数据表明，创伤后应激的情绪反应可以在灾难后立即发作，并且需要数月才能慢慢平息。我们在第 14 章讨论焦虑障碍时，会再次回到 PTSD 主题上来。

慢性应激源 讨论应激的生理反应时，我们区分了急性应激源和慢性

这位纽约证券交易所里的交易员可能正因为不确定的经济形势而经历慢性应激。这对他的身心健康可能产生什么影响？

应激源，前者有明确的起点和终点，后者则会持续很长时间。对于心理应激源，我们却并非总能轻易地给出一个明确的划分。例如，设想你的自行车被偷了。起初这是一个急性应激源。但如果你开始不断地担心新车再次被偷，该事件就变成了慢性应激源。研究者已经在癌症、艾滋病毒感染、糖尿病等严重疾病的患者身上发现了这一模式（de Ridder et al., 2008; Morris et al., 2011）。应对诊断和治疗的焦虑所导致的慢性应激可能比疾病本身更快地损害健康。

对许多人来说，慢性应激来自社会和环境条件。犯罪、经济条件、污染和恐怖主义的威胁对你有哪些累积的影响？这些和环境中的其他一些应激源对你的心理健康有什么影响？有些人群因自己的社会经济地位或种族身份而承受慢性应激，这会对他们的整体健康造成严重影响（Santiago et al., 2011; Sternthal et al., 2011）。在一项包含 1 037 名新西兰人的纵向研究中，研究者考察了他们童年期的社会经济劣势与其 32 岁时的健康的关系（Danese et al., 2009）。早期的经济困难预示着成年期更高的健康风险，如超重、高血压和高胆固醇。儿童期的父母虐待和社会孤立，也对个体成年后的心理和身体健康造成了负面影响。事实上，参与者在儿童期承受的慢性应激源越多，成年后的患病风险就越高。

日常挫折　你可能会同意一段关系的终结、地震或者偏见都会导致应激，但你在日常生活中经历的更小的应激源又如何呢？昨天在你身上发生了什么？你可能没有离婚，也没有遭遇坠机事故。但你可能弄丢了你的笔记或课本。也许你在一次重要的约会中迟到了，或者你收到了一张违章停车罚单，或者你那吵闹的邻居搅了你的好觉。这种不断出现的日常应激源大多数人都会经常遇到。

在一项日记研究中，一组白人中产阶级中年男女在一年的时间里记录了他们的日常挫折（同时还要记录重大的生活事件和身体症状）。结果发现，挫折与健康问题有明显的相关：人们报告的挫折越频繁、越严重，其健康状况越差，无论是生理上的还是精神上的（Lazarus, 1981; 1984b）。再看一个证明日常挫折影响青少年的研究。

研究特写

236 名青少年（平均年龄 16.1 岁）完成了一份日常挫折量表。该量表要求青少年回答他们经历"被家人贬低""不得不对父母撒谎"或"被欺负或取笑"等事件的频率（Wright et al., 2010, p. 222）。青少年利用从"从来没有"到"每一天"的五点量表来表明这些事件的发生频率。他们还完成了焦虑、抑郁和生活满意度的测量。总的来说，那些报告日常挫折最多的青少年，也报告了最消极的心理健康状态（更多的焦虑和抑郁）。此外，日常挫折更多的青少年对生活的满意度也更低。

这项研究证实，日常挫折对人的幸福感有相当大的影响。

尽管这一部分侧重于日常挫折，不过值得注意的是，对许多人来说，日常挫折带来的影响可以被日常积极体验所抵消（Lazarus & Lazarus, 1994）。例如，一项研究要求 132 位男性和女性报告生活中挫折（即烦恼事件）和激励（即快乐事件）的频次和强度（Jain et al., 2007）。研究者还测量了参与者血液中标示心血管疾病风险的物质（如炎症因子）含量。结果发现，参与者报告的挫折越多、越严重，这些风险指标就越高；报告的激励越多、越强，这些风险指标就越低。因此，如果我们要基于日常挫折来预测你的生命进程，我们还需要了解你生活中的激励事件（Lyubomirsky et al., 2005）。

我们刚刚了解了人们生活中的诸多应激源。心理学家们很久以前就已经认识到，这些不同类型的应激源的影响在很大程度上取决于人们如何有效地应对它们。现在让我们来看看人们是如何成功或失败地应对压力的。

应对压力

如果生活压力不可避免，而且慢性应激会扰乱你的生活甚至危及你的生命，那么你需要学习如何管理压力。**应对**（coping）是指处理那些被认为使个人资源紧张或超出个体资源的内在或外在要求的过程（Lazarus & Folkman, 1984）。应对可能包括行为、情绪或动机上的反应及想法。本节将从描述认知评估如何影响你的压力体验开始。然后我们看看各种类型的应对反应，包括应对的一般原则和具体的干预方式。最后，我们将考察应对能力上的个体差异。

对压力的评估 当你应对压力情境时，你的第一步是定义它们在哪些方面的确对你造成了压力。认知评估是对应激源的认知解释和评估。认知评估在压力情境的定义中起着核心作用：要求是什么，威胁有多大，以及你所具备的资源有哪些（Lazarus, 1993; Lazarus & Lazarus, 1994）。有些应激源，比如身体受伤或发现自家房屋着火，几乎会被每个人定义为一种威胁。然而许多其他应激源可以有多种定义方式，这取决于你的生活状况、某个特定要求与你的核心目标的关系、应对要求的能力以及你对此能力的自我评价。那些给某个人的生活带来剧烈痛苦的情境对另一个人则可能只是家常便饭。请尝试去注意并理解，生活事件对于你、你的朋友和家人的意义是不同的：有些情况给你带来压力，你的朋友和家人却没事，另外一些情况则刚好相反。为什么？

理查德·拉扎勒斯——我们曾在情绪部分讨论过他的一般评价理论——把对要求的认知评估分为两个阶段。*初级评估*是对要求的严重性的初始评估。这种评估源自这类问题：“发生了什么？”及“这个事

表 12.2　稳妥决策 / 认知评估的步骤

步骤	关键问题
1. 评估挑战	如果我不改变，风险是否严重？
2. 考察备选方案	这一备选方案是应对挑战的可接受的方法吗？ 我是否已经充分考察了所有可能的选择？
3. 权衡备选方案	哪个选择最好？
	最佳选择是否可以满足基本要求？
4. 仔细考虑承诺	我是否应将最佳选择付诸实施，并让他人知晓？
5. 即使出现消极反馈也要坚持	如果我不改变，风险是否严重？ 如果我改变了，风险是否严重？

情对我有益、有压力还是无关紧要？”如果第二个问题的答案是“有压力”，你就需要评估应激源的潜在影响：伤害已经发生还是将要发生，你是否需要采取行动（见**表 12.2**）。一旦你决定了必须做些什么，次级评估就开始了。你要评估可用于处理压力情境的个人和社会资源，并斟酌备选的行动方案。当你开始尝试进行应对时，评估还在继续；如果起初的方法不奏效，压力没有消失，你就要启动新的反应，并对其有效性进行评价。

认知评估是压力调节变量的一个例子。**压力调节变量**（stress moderator variable）是指那些可以改变应激源对特定类型的应激反应的影响的变量。调节变量过滤或调节应激源对个体反应的影响。例如，你的疲劳水平和总体健康状况就是影响你对某个特定的心理或生理应激源的反应的调节变量。当你处于良好的健康状态时，你可以比自己状态不佳时更好地应对一个压力事件。你可以看到，认知评估也符合调节变量的定义。你评估应激源的方式将决定你需要采取的应对反应的类型。现在让我们看看应对反应的一般类型。

应对反应的类型　假设你即将参加一场重大考试。你已经对它做过考虑，即对情形进行了评估，而且非常肯定这是一个压力情境。你能做什么？需要注意的是，应对行为可以先于潜在的压力事件，以**预期性应对**（anticipatory coping）的形式出现（Folkman, 1984）。你将如何应对考试将至带来的压力？你将如何告诉你的父母你要辍学了，或者告诉爱人你不再爱他了？对压力情境的预期会使人产生许多想法和感受，它们本身也可能诱发压力，比如在采访、演讲或相亲之前。你需要知道如何应对。

应对的两种主要方式的目标分别是：直接面对问题——问题指向的应对；减轻压力产生的不适——情绪聚焦的应对（Billings & Moos, 1982; Lazarus & Folkman, 1984）。**表 12.3** 列出了这两种基本方式的若干子类别。

让我们先从问题指向的应对开始。我们通常用“迎难而上”来描述这种直面问题的策略。这一方式包括所有旨在直接应对应激源的策略，无论是通过外在的行动还是现实的问题解决活动。你要么面对霸凌，要么逃跑；你通过收买或其他激励手段努力赢得恋爱对象的欢心。你关注的是要应对的问题和引发压力的因素。你认识到有必要采取行动，对情境和你的应对资源进行评估，并采取适当的反应来消除或减轻威胁。这类解决问题的努力对于那些可控应激源，即那些你可以通

表 12.3 **应对策略的分类**

应对策略类型	举例
问题指向的应对	
通过直接的行动和/或问题解决策略改变应激源或自己与应激源的关系	战斗（摧毁、消除或削弱威胁） 逃跑（使自己远离威胁） 寻求战斗或逃跑之外的选择（磋商、讨价还价、折中） 避免未来的应激（增强韧性或降低预期性压力的强度）
情绪聚焦的应对	
通过让自己感觉更好的活动来改变自己，但不改变应激源	躯体聚焦的做法（使用抗焦虑药物、放松、生物反馈） 认知聚焦的做法（有意的分心、幻想、关于自己的想法） 通过心理治疗来调节那些导致额外焦虑的意识和无意识过程

过行动来改变或消除的应激源（如盛气凌人的老板或平庸的成绩），通常是有效的。

情绪聚焦的应对方式可用来管理那些不可控应激源带来的影响。比如，你负责照顾患阿尔茨海默病的父亲或母亲。这种情况下，没有“霸凌”需要你从环境中清除；你也无法让疾病消失。但即便在这种情况下，一些问题指向的应对仍然是有用的。比如你可以调整工作时间表，方便自己照顾老人。然而，由于你无法消除应激源，你也可以试着改变自己对此疾病的感受和想法。比如，你可以参加为阿尔茨海默病照护者设立的支持小组，或者学习一些放松技术。这也是一种应对策略，因为你承认你的健康正面临威胁，并采取行动减轻这种威胁。

如果你有多重策略来帮助你应对压力情境，你会过得更好（Bonanno et al., 2011）。要成功应对，你的资源必须与知觉到的要求匹配。因此，掌握多重应对策略具有适应性，因为你更可能匹配要求，从而管理好压力事件。有项研究考察了女性对乳腺癌手术压力的应对方法（Roussi et al., 2007）。女患者分别要在术前一天、术后三天和三个月之后报告她们的痛苦程度和应对策略（如问题指向和/或情绪聚焦的策略）。采用多重应对策略的女性在术后三个月报告的痛苦更少。

为什么多重应对策略对某些人（如阿尔茨海默病患者的照料者）是有益的?

应对研究者发现，有些个体在面对应激源时有很强的韧性（resilience），即使在面对严重的健康威胁时，他们也能获得积极的结果（Stewart & Yuen, 2011）。有研究关注了韧性强的个体的应对技巧类型，以及他们是怎样获得这些技巧的。这个问题的答案的一个重要方面是：那些变得有韧性的孩子，是由具备良好养育技巧的父母抚养长大的（Masten, 2011）。例如，对居无定所的家庭的研究表明，高质量的养育能帮助孩子获得控制自己注意力和行为的认知技能（Herbers et al., 2011）。这些控制技能对孩子在学校的表现有积极影响。

我们上面讨论的是应对应激源的一般方法。接下来我们将讨论有助于成功应对的具体的认知和社会方法。

改变认知策略　有效适应压力的一个方法是改变你对应激源的评估，以及你对自己处理压力的方式的自我挫败式的认知。你需要换一种方式来考虑既定的处境、你在其中的角色以及你在解释那些不利结果时所采用的归因方式。从心理上应对压力的方式有两种，一是*重新评估*应激源自身的性质，二是*重构*你对应激反应的认知。

你已经明白这样一种观点，即人们通过评估生活事件的方式部分地控制生活中的压力体验（Lazarus & Lazarus, 1994）。学习换一种方式看某些应激源，重新标定它们，或者想象它们处于威胁较小的（甚至是有趣的）情境当中，是一种可以缓解压力的认知重估方式。你是否害怕在一大群令人生畏的听众面前演讲？一种应激源重估技术是想象你的潜在批评者裸体坐在那里，这一定能极大地消除他们对你的威胁力。你是否担心在一个必须出席的聚会上害羞？想想找一个比你更害羞的人，然后通过引发一次谈话来减少他的社交焦虑。

你也可以通过改变你对压力的自述或改变你处理压力的方式来管理压力。认知行为治疗师**梅钦鲍姆**（Meichenbaum, 1977, 1985, 1993）提出了三阶段的*压力免疫法*。在第一阶段，人们努力提高对自己实际行为的认识：是什么引发了它，它的结果如何。做到这一点的最好方法是写日志。通过帮助人们根据起因和结果重新定义问题，这些记录可以增加他们的可控感。比如你可能发现，你的成绩很差（应激源）是因为你总是留出太少的时间来完成课堂作业。在第二阶段，人们开始找出可以抵消非适应性的自我挫败行为的新做法。也许你会安排一些固定的“学习时间”，或者把你每晚打电话的时间限制在 10 分钟内。在第三个阶段，当适应性行为建立后，个体要对他们的新行为的结果进行评估，避免先前那种自我贬低的内心独白。他们不再对自己说，“我可真幸运，教授提问的内容刚好是我看过的”，而是说，“我很高兴我为教授的提问做好了准备，在课堂上可以明智反应的感觉真棒”。

这种三阶段方法意味着建立异于先前的挫败式认知的反应和自述。一旦走上这条路，人们就会意识到自己正在改变——并且可以将这一改变的所有功劳都归功于自己，从而带来更大的成功。**表 12.4** 给出了一些有助于应对压力情境的新型自我陈述的例子。压力免疫训练已在诸多领域得到成功运用。许多儿童不幸地生活在容易暴露于压力的环境中。下面我们来看看成功用于儿童的压力免疫法。

表 12.4　用于应对的自我陈述实例

准备
我可以制订一个计划来对付它。
想想我能做些什么。那就比焦虑好。
不做消极的自我陈述，只是理性地思考。
面对
循序渐进；我可以控制局面。
医生说过我会有这种焦虑感；它提醒我去做应对练习。
放松；一切尽在我的掌控。做一个深呼吸。
应对
若恐惧来临，那就停下来。
保持对当下的关注；我必须要做的是什么？
不要试图完全消除恐惧；让它们可控就行了。
这还不算最糟的事。
想点儿别的事情吧。
自我强化
见效了；我做到了。
没我想得那么糟。
我对自己的进步感到高兴。

研究特写

以色列南部 748 名四年级和五年级学生的老师们，在教室里开展了一个压力免疫训练的项目（Wolmer et al., 2011）。在 14 周的时间里，孩子们学习了一系列教给他们应对技能并有练习机会的课程。这些课程还帮助孩子们识别自己的强烈情绪，并教给他们调节这些情绪的技能。控制组的 740 名儿童则没有接受这种训练。训练结束后，加沙地带爆发了一场冲突。所有的 1 488 名儿童都经历了三周的火箭弹和迫击炮袭击。冲突结束三个月后，孩子们完成了评估创伤后应激障碍（PTSD）的测验。控制组的学生符合 PTSD 诊断标准的占 11.3%；而压力免疫训练组的学生符合诊断标准的只占 7.2%。因此，压力免疫训练使儿童患 PTSD 的数量减少了约三分之一。

这项研究表明，基于课堂的压力免疫训练可以帮助孩子们应对应激源，但很不幸的是，这些应激源在某些儿童的生命中经常出现。

成功应对的另一个主要因素在于确立对应激源的**控制感**（perceived control），即相信自己可以改变某些事件或体验的过程或结果（Endler et al., 2000; Roussi, 2002）。如果你相信自己可以影响一种疾病的进程或日常症状，你大概就能很好地适应这种疾病。然而，如果你认为压力源于你无法影响其行为的另一个人或者你无法改变的状况，你对自己慢性疾病的心理适应就可能较差。有项研究考察了做过乳腺癌手术的女性（Bárez et al., 2007）。报告控制感较高的女性在术后一整年体验到的身体和心理痛苦最少。

在你将这些控制策略整理归档以备未来之需后，我们将转向压力应对的最后一个方面——社会维度。

为什么某些形式的社会支持更受欢迎?

将社会支持作为应对资源 **社会支持**（social support）是他人提供的一种资源，传达的信息是一个人被关爱、照料和尊重，并且在一个沟通和相互帮助的社会网络中与他人联系在一起。除了这些情感支持的形式外，他人还可以提供有形的支持（金钱、交通、住房）和信息支持（建议、个人反馈、资讯）。任何一个与你有重要社会关系的人（如家人、朋友、同事和邻居）都可能在你需要时成为你的社会支持网络的一部分。

大量研究表明，社会支持可以调节人们对压力的脆弱性（Kim et al., 2008）。当人们有他人可以依靠时，他们能够更好地处理工作压力、失业、婚姻困扰、严重疾病以及生活中的日常问题。看看在世界许多动乱区域工作的维和人员。与战地生活有关的创伤常常会导致创伤后应激障碍。然而对在黎巴嫩工作的荷兰维和人员的研究证明，经历更多积极社会互动的个体表现出更少的 PTSD 症状（Dirkzwager et al., 2003）。

研究者正在试图确定对于特定的生活事件，哪类社会支持最有效。一项研究考察了信息支持和情感支持对做面部手术的男性和女性的影响（Krohne & Slangen, 2005）。总的来看，社会支持更多的人对手术的焦虑更少，手术期间需要的麻药更少，住院时间也更短。然而，在更具体的结果上存在着性别差异。虽然所有的病人都能从更多的信息支持中获益，但女性受情感支持的影响较大。更概括地说，问题的关键在于个体所需的支持类型要与其得到的支持类型匹配。如图 12.10 所示，期望与现实有四种可能的组合方式（Reynold & Perrin, 2004）。当人们想要的与他们得到的匹配时结果最好。对一组患乳腺癌的妇女来说，当她们得到的支持并不是自己想要的时，她们的心理结果最差（“支

社会支持	想要的	不想要的
得到	匹配一致的积极支持	支持倒错
没有得到	支持缺失	零支持

图 12.10　社会支持的匹配性

当人们必须应对困难情境时，他们想要的社会支持与实际获得的社会支持可能匹配也可能不匹配。

资料来源：Julie S. Reynolds and Nancy Perrin, “Matches and Mismatches for Social Support and Psychosocial Adjustment to Breast Cancer,” *Health Psychology, 23*(4), 425–430. Copyright © 2004 by the American Psychological Association. Reprinted with permission.

持倒错”)(Reynold & Perrin, 2004)。这种模式出现可能是因为，获得不想要的帮助让妇女很难再去获得她们真正需要的情感支持。

研究者们还试图确定不同的应对资源如何相互影响，从而影响对应激源的反应。我们来看一项考察控制感和社会支持的研究。

研究特写

该研究的 70 名参与者均被确诊结直肠癌（Dagan et al., 2011）。确诊三个月后，参与者们要完成一个量表，以表明他们知觉到的对生活事件的个人控制感。参与者们还要完成另一个量表，报告配偶做出的支持行为（如营造分享感受的氛围）和不支持的行为（如发表反对的评论）的多寡。六个月后，参与者详细报告了他们的心理痛苦程度。研究者考察了个人控制感、社会支持和参与者痛苦之间的关系。结果发现，个人控制感较差的参与者若有良好的社会支持，他们报告的痛苦就较少，而如果缺乏社会支持，痛苦就会更多。不过，个人控制感较强的参与者报告的痛苦水平都比较低，不论伴侣的行为如何。

这些结果表明，认为自己能控制生活的人，不太可能把他人视为应对资源。因此，他们较少受可获得的社会支持质量的影响。

不过，即便个人控制感很强的人也可能发现社会支持很有用。成为有效的社会支持网络的一部分，意味着你相信在你需要时，他人会给你提供帮助，即使在你体验到压力时你并没有真的求援。本书要教给你的重要信息之一是，要始终努力使自己成为社会支持网络的一部分，永远不要让自己与社会隔绝。

应激的积极作用

本节主要关注了应激可能给我们生活带来的消极影响。这种关注反映了研究者为帮助人们避免和克服这些消极影响而付出的巨大努力。

然而，近来研究者开始更多地关注应激给人们生活带来的积极影响。在讨论主观幸福感时，我们曾提到积极心理学运动，而这种新关注就是这一运动的另一个结果。让我们从积极心理学的视角来思考应激与应对。

我们起初定义应激时区分了痛苦与良性应激。你可能容易想到让你经历痛苦的情形，但良性应激呢？请回想你最近一次看跑步比赛。你喜欢观看比赛时的那种忐忑体验吗？选手到达终点线时你感到心跳加速吗？研究者证明良性应激（激动和焦虑的体验）常常是人们观看体育比赛的重要动机（Cohen & Avrahami, 2005; Hu & Tang, 2010）。如果你喜欢的队或竞赛者最后失败了，你可能会经历一些痛苦。但是，在这个过程中，当竞争激发了良性应激，你可能会有更多的积极情绪体验。请找找生活中另一些让你感到快乐的应激事件。我们再举一个例子：你在坐过山车时为什么会感到快乐？

对于某些类型的应激事件，可能很难想象会产生任何积极的影响。但是，研究证明人们能够从相当负面的事件中获得积极结果和个人成长。一类研究关注*益处发现*（benefit finding），即人们从负面事件中寻找积极方面的能力（Helgeson et al., 2006; Littlewood et al., 2008）。请思考一项关于罹患糖尿病的青少年的研究。

研究特写

一个研究小组招募了 252 名被诊断为 1 型糖尿病的少年参与者（10 岁至 14 岁）。这些少年完成了一份“益处发现”问卷，列出了与个人相关的一些益处。他们给出了很多益处，例如，糖尿病让他们感到更加独立，让（他们的）家庭更加亲密，让他们能够更容易地接受改变（Tran et al., 2011, p. 214）。这些少年还提供了有关糖尿病经历的其他方面的信息，包括他们认为自己在多大程度上能有效地应对与疾病有关的压力事件；以及在多大程度上能够坚持自己的治疗方案。研究人员发现，那些能发现更多益处的少年，也能更好地应对压力事件，更好地跟上治疗进程。

研究者认为，益处发现可能起到缓冲压力的作用：通过益处发现，人们能够避免负性情绪压垮他们对疾病的应对反应。

在面对严重的疾病、事故、自然灾害和其他创伤性事件时，人们还可能会经历创伤后成长（一种积极的心理变化）。创伤后成长表现在五个方面（Cryder et al., 2006; Tedeschi & Calhoun, 2004）：

- 新的可能性：“我有了喜欢做的新事情。”
- 与他人的关系：“我觉得与其他人的关系比以前更紧密了。”
- 个人力量：“我知道我能依靠自己。”
- 欣赏生活：“我知道生活是重要的。”
- 精神变化：“我对宗教思想有了更深的理解。”

不是每个经历创伤的人都会获得创伤后成长。例如，一项研究关注了受新奥尔良卡特里娜飓风影响的一群 7~10 岁的儿童（Kilmer & Gil-Rivas, 2010）。那些思绪时常回到这一创伤性事件的孩子，获得了最大的创伤后成长。即便他们的想法令人痛苦也是如此。孩子们关注这些创伤性事件，是要理解发生了什么，并为这些事件赋予意义。

在讨论应激时我多次提到了它对生理或心理健康的影响。接下来我们将直接转向健康心理学家的工作，看看他们如何将从研究中获得的知识用于疾病和健康问题。

STOP 停下来检查一下

❶ 一般适应症候群有哪三个阶段？

❷ 生活变化单位的估计值从 20 世纪 60 年代到 20 世纪 90 年代发生了怎样的变化？

❸ 日常挫折和日常快乐如何影响健康？

❹ 进行情绪聚焦的应对是什么意思？

❺ 为什么控制感在应对中很重要？

❻ 什么是益处发现？

批判性思考：请回忆证明压力免疫训练有价值的那项研究。将训练作为学校课程的一部分为什么可能是有效的？

健康心理学

心理过程对疾病与健康有多大的影响？你已经看到，许多例子都表明正确答案可能是“相当大”。正因为看到心理和社会因素对健康的重要作用，一个新领域开始蓬勃发展，那就是健康心理学。**健康心理学**（health psychology）是心理学的一个分支，致力于研究人们保持健康的方式、患病的原因以及生病后的反应方式。**健康**（health）是指身体和精神在健全和活力方面的一般状态。它不是简单的没有生病或受伤，而更多的是身体各个组成部分协同工作的情况。我们将从讨论这一领域的基本理念如何从传统的西方医学模式中分离出来开始对健康心理学的讨论。然后我们将考察健康心理学对预防和治疗疾病和功能失调的贡献。

健康的生物心理社会模型

健康心理学以健康的生物心理社会模型为指导。你会发现这一观点根植于许多非西方文化。为了引入生物心理社会模型的概念，这一节将从描述一些非西方的传统入手。

传统的健康实践　有史以来，心理学原理就被用来治疗疾病、追求健康。许多文化都认识到公共健康和放松仪式对提升生活品质的重要性。例如，在纳瓦霍人（Navajo）中，伤痛、疾病和健康被归因于社会的和谐以及心身的交互作用。纳瓦霍有一个概念叫“**hozho**”，意味着和谐、心理宁静、美德、理想

像世界上许多生活在其他文化中的人一样，纳瓦霍人把美感、家庭和睦和身体健康看得很重。纳瓦霍人认为疾病的根源是什么？

的家庭关系、艺术和工艺之美以及身体和灵魂的健康。触犯禁忌、巫术、纵欲或者噩梦等带来的邪恶所导致的任何不和谐都可能引发疾病。传统的治疗仪式旨在驱除疾病恢复健康，它不仅依靠巫师的药物，还要联合所有家庭成员与患者一起努力，重新达到“hozho”的状态。部落任何成员的疾病都不被视为本人的责任（和过错），而是更广泛的不和谐的信号，需要通过公共的治疗仪式来修复。这种文化取向保证了一个有力的社会支持系统会自动帮助患者。

生物心理社会模型　我们已经看到，非西方文化中的许多治疗实践都假设身体和心理存在关联。相形之下，现代西方科学思想却几乎完全依赖于持身心二元论观点的生物医学模型。根据这一模型，医学将身体与精神分离开来；心理只对情绪和信仰重要，与身体状况关系不大。然而，随着时间的推移，研究者开始发现两者的各种相互作用，使得严格的生物医学模型开始动摇。你已经看到了一些证据：好的和坏的生活事件都会影响免疫功能；对于应激的消极结果，人们或多或少有一定的韧性；充足的社会支持可以缩短住院时间。这些认识催生了**生物心理社会模型**（biopsychosocial model）的三个成分。生物是指疾病的生物学因素，心理和社会是指健康的心理和社会成分。

生物心理社会模型将你的健康与你的心理状态和社会环境联系了起来。健康心理学家将健康视为一种动态的、多维度的体验。**身心健康**（wellness）综合了你的身体、智力、情绪、精神、社会和环境的方方面面。当你采取一些行动来预防疾病，或者在其尚无症状时就进行检查，你就是在采取健康行动。健康心理学的总体目标是运用心理学的知识来促进健康和积极的健康行为。现在让我们看一看与这一目标有关的理论与研究。

健康促进

健康促进（health promotion）是指制定一般的策略和特定的方法

来消除或减少人们患病的风险。21 世纪的疾病预防所面临的挑战与 20 世纪初截然不同。1900 年，死亡的主要原因是感染病。那时的医务工作者发起了美国公众健康的第一次革命。时至今日，随着研究和公众教育的普及，疫苗的研发，以及公众健康标准的改变（比如对垃圾和污染的控制），医务工作者已能大幅减少与流感、肺结核、小儿麻痹、麻疹和天花等疾病有关的死亡。

如果研究者希望帮助大众提高生活质量，他们必须努力减少与生活方式因素有关的死亡。吸烟、超重、食用高脂肪和高胆固醇的食品、过度饮酒、不系安全带驾驶以及有压力的生活，都可能导致心脏病、癌症、中风、事故和自杀等健康问题。改变这些行为可以有效地预防疾病和避免过早死亡。为使你了解这一点，我们现在来看两个具体的问题：吸烟和艾滋病。

吸烟　很难想象本书的任何一位读者会不知道吸烟是极其危险的。美国每年约有 443 000 人死于与吸烟有关的疾病，有 49 400 人死于吸入二手烟（Centers for Disease Control and Prevention, 2011）。尽管如此，美国仍有 5 870 万人在吸烟（Substance Abuse and Mental Health Services Administration, 2010）。健康心理学家既想了解人们为什么开始吸烟——从而帮助预防，也想知道怎样帮助人们停止吸烟——从而使他们可以获得成为戒烟者的实质性收益。

为什么干预措施应该考虑到并非所有吸烟者都有相同的戒烟意向？

对人们为何开始吸烟的分析集中于天性与教养的交互作用。许多研究比较了同卵和异卵双生子烟草使用的相似性，结果一致发现遗传力的估值在 0.50 或以上（Munafò & Johnstone, 2008）。有研究考察了 1 198

对青少年同胞（包括同卵双生子、异卵双生子和非双生子）的吸烟行为（Boardman et al., 2008）。结果发现，决定个体是否吸烟的遗传力达到了 0.51，而决定每天吸烟量的遗传力达到了 0.58。该研究还发现了环境的影响。比如，如果青少年所在学校里受欢迎的同学也是吸烟者，基因的作用就更大：显然，在这种社会背景下，学生会实现他们的“遗传潜力”。

为理解基因与吸烟的关系，研究者常常关注那些能预测哪些人会开始吸烟的人格差异。一种与开始吸烟有关的人格类型被称作*感觉寻求*（Zuckerman, 2007）。有感觉寻求特征的个体更可能进行冒险活动。一项研究测量了美国数千名 10~14 岁少年的感觉寻求水平（Sargent et al., 2010）。为确定哪些少年已经成了吸烟者，研究者在完成感觉寻求测量之后的 8 个月、16 个月和 24 个月分别再次联系了他们。高水平的感觉寻求是一个有力的预测因素，可以预测哪些少年会在两年的追踪期内开始吸烟。

对于吸烟，最好的做法就是永远不要开始。但对于那些已经开始吸烟的人，研究揭示了哪些与戒烟有关的真相？虽然许多试图戒烟的人都再次吸烟，但美国仍约有 3 500 万人戒烟成功。他们中有 90% 是靠自己做到的，没有借助任何专业的治疗方案。研究者给出了人们戒烟要经历的一些阶段，顺序代表戒烟的意向逐渐增强（Norman et al., 1998, 2000）：

- *前意向阶段*。吸烟者没有考虑戒烟。
- *意向阶段*。吸烟者开始考虑戒烟，但尚无任何行为上的改变。
- *准备阶段*。吸烟者准备好要戒烟。
- *行动阶段*。吸烟者通过设定行为目标来开始戒烟行动。
- *维持阶段*。原来的吸烟者现在已经是不吸烟的人了，并在努力保持。

这一分析说明，并非所有的吸烟者都有相同的戒烟心理意向。干预措施可以促使吸烟者增强戒烟意向，直至最终他们为采取健康的行为做好了充分的心理准备（Velicer et al., 2007）。

成功的戒烟治疗要满足吸烟者生理和心理上的需求（Fiore et al., 2008）。在生理方面，吸烟者最好了解一种有效的尼古丁替代治疗，比如尼古丁贴片或尼古丁口香糖。在心理方面，吸烟者必须认识到有许多人戒烟成功，因此戒烟并非不可能。更进一步，戒烟者必须学习一些策略，用以应对伴随戒烟努力而来的强烈诱惑。治疗一般包括前述认知应对技术，它们可以缓解多种应激源给人们带来的影响。对于吸烟问题，治疗者通常鼓励人们设法避免或逃离那些可能引起复吸冲动的情境。

艾滋病　**艾滋病**（AIDS，acquired immune deficiency syndrome）是获得性免疫缺陷综合征的缩写。虽然有成千上万的人死于这种恶性疾病，但更多的**人类免疫缺陷病毒**（HIV，human immunodeficiency virus）感染者现在可以存活。HIV 袭击人类血液中的白细胞（T 淋巴细胞），从而损害免疫系统，降低人体抵御其他疾病的能力。个体因此而容易被其他病毒或细菌感染，患上致命的疾病，比如癌症、脑膜炎和肺炎等。从最初感染病毒到出现症状的时间（潜伏期）可长达 5 年甚至更长。虽然估计有上百万的 HIV 感染者并未患上艾滋病（一种医学诊断），但他们也不得不生活在这种致命疾病可能突然发作的压力之下。目前，尽管有一些治疗方法能推迟艾滋病的全面发作，但是还没有治愈艾滋病的方法或预防其传播的疫苗。

HIV 无法经由空气传播，它必须直接进入血液才能造成感染。HIV 在人群中的传播主要有两种方式：（1）性接触时发生的精液或血液交换；（2）在注射毒品时共用静脉注射针头和注射器。该病毒也可能通过输血或其他医疗过程传播，即医院在不知情的情况下将受到感染的血液或器官提供给健康人。许多血友病患者就是这样感染了艾滋病。然而，每个人都有罹患艾滋病的风险。

防止被感染的唯一方法是改变那些将个人置于风险之中的生活习惯。这意味着要永久性地改变性行为模式以及戒毒。健康心理学家**托马斯·科茨**（Thomas Coates）是多学科研究团队的一员，该团队致力于运用一系列心理学原理来阻止艾滋病的进一步蔓延（Coates & Szekeres, 2004）。团队的工作涉及应用心理学的许多方面，比如评估心理社会风险因子，开发行为干预方法，培训社区领导使其有效地教育人们采取更为健康的性行为和戒毒，帮助设计媒体广告和社区宣传运动，以及系统地评估相关的态度、价值观和行为的改变（Fernánez-Dávila et al., 2008; Hendriksen et al., 2007）。成功的艾滋病干预措施需要三部分（Starace et al., 2006）：

- *信息*。必须向人们提供关于艾滋病如何传播以及怎样预防的知识；应该建议人们采取更安全的性行为（比如在性接触时使用避孕套）。
- *动机*。必须激励人们采取艾滋病预防措施。
- *行为技巧*。必须教会人们如何运用这些知识。

为什么这三个部分都是必需的呢？有人可能有很高的动机但知识不足，有些刚好相反。有人则可能有充分的知识和动机，但缺乏必要的技巧。此外，信息的传达方式必须要保护好人们的动机。比如，信息的呈现方式倘若能让人们感到能控制自己的行为，他们就更可能参加艾滋病预防咨询（Albarracín et al., 2008）。

治　疗

治疗的目的是帮助人们适应他们的疾病并从疾病中康复。本小节将着眼于治疗的三个方面。首先，我们将考察心理学家在鼓励病人遵医嘱上所起的作用。其次，我们将看一些让人们明确地运用心理学技术来控制身体反应的方法。最后，我们将考察心理有助于身体治疗的实例。

遵医嘱　病人通常会被告知一套*治疗方案*。这可能包括药物治疗、饮食改变、规定的卧床休息和锻炼时间以及一些后续程序，比如复查、康复训练和化疗等。不遵医嘱是医疗保健中最严重的问题之一

（Christenson & Johnson, 2002; Quittner et al., 2008）。对于某些治疗方案，病人不遵医嘱的比例估计高达 50%。

什么因素会影响病人遵守医嘱的可能性？一类研究侧重于病人对疾病严重性的感知。你或许能预见，认为疾病更严重的患者也更可能坚持按医嘱治疗（DiMatteo et al., 2007）。然而当研究者考虑患者的客观健康状况（而非患者的主观知觉）时，这一关系变得更为复杂。因患有严重疾病而身体虚弱的人比患有同样疾病但不太虚弱的人遵医嘱的情况更差。这种不遵医嘱的表现可能反映了他们对治疗成功的可能性较为悲观。另一类研究显示了社会支持对患者遵医嘱的重要性（DiMatteo, 2004）。如果患者得到的实际帮助能够使他们正确地完成治疗方案，他们就会获得最大的益处。

研究证明，医务人员可以采取一些措施来促进病人遵从医嘱。下面这项研究表明了患者与医生态度匹配的重要性。

研究特写

一个研究小组招募了 224 名患者和 18 名最近给他们看过病的医生（Christensen et al., 2010）。医患双方都完成了一份问卷，以表明各自对患者在治疗结果中所起作用的态度。患者要对诸如“我能控制自己的健康”和“当我患病时是我自己的行为决定了我多久能康复”之类的陈述做出回应。医生要回应的问卷关注的也是患者（如“患者能控制他们自己的健康”）。为了评估患者对治疗方案的遵从情况，研究者还从药房记录中收集了药物续领的信息。结果显示，如果患者的态度与医生一致，患者更可能遵医嘱。

为理解这一研究结果，请想象某位患者认为她能控制自己的健康状况，而她的医生却不这么认为，会出现什么状况。这种不一致很可能损害患者对医生的信任。研究者建议医生应当努力理解患者的态度，并改变自己的行为以与患者的态度保持一致。

利用心理治疗身体　病人必须遵从的治疗方案越来越多地涉及心理

为什么通过冥想进行放松有利于健康?

内容。许多研究者现在相信，心理策略可以改善健康。例如，许多人在遇到压力时会紧张，结果导致肌肉紧张、血压上升。幸好许多紧张反应可以通过心理技术来控制，例如放松和生物反馈。

通过冥想达到放松的方法很早便出现在世界许多地方。在东方文化中，镇静头脑和舒缓身体紧张的方法已被沿用了几百年。如今日本和印度的禅宗戒律和瑜伽练习是当地许多人日常生活的一部分，而且在西方也日渐盛行。越来越多的证据显示，完全的放松是一种有效的抗压反应（Samuelson et al., 2010）。**放松反应**（relaxation response）是一种肌肉紧张度、皮层兴奋性、心率、血压和呼吸速度都下降的状态（Benson, 2000）。此时，大脑中的电活动减弱，从外界环境向中枢神经系统的输入也有所减少。在这种低水平的唤醒中，人们可以从压力中恢复过来。要想产生放松反应，需要满足四个条件：（1）安静的环境；（2）闭上眼睛；（3）舒服的姿势；（4）不断重复的心理刺激，比如在心中反复吟诵一个短语。前三种条件可减少神经系统的输入，第四种则可减少内部刺激。

生物反馈（biofeedback）是一种有着各种特殊应用的自我调节技术，比如控制血压、放松前额肌肉（涉及紧张性头痛），甚至消除严重的脸红。生物反馈由心理学家**尼尔·米勒**（Miller, 1978）开创，它通过提供清楚的外部信号来使人意识到通常很弱的反应或者内部的反应。用仪器监测患者的身体反应，并将其转化成不同强度的光信号和声信号并加以放大，使病人能“看到”自己的身体反应。病人的任务就是控制这些外部信号的水平。

让我们来看一个生物反馈的应用。患高血压或低血压的参与者来到了实验室（Rau et al., 2003）。来自测量参与者每次心搏周期血压的仪器的反馈被呈现在电脑屏幕上，绿柱上升代表正确的方向，红柱上升代表错误的方向。另外，研究者给出了言语强化："你做对了！"在三个训练周期后，参与者便能像期望的那样升高或降低他们的血压。如果你为自己的血压或其他身体问题感到担心，这类结果可能会鼓励你寻求生物反馈疗法，以补充药物治疗。

心理神经免疫学　20 世纪 80 年代早期，一系列研究发现，心理还会以另一种方式影响身体：心理状态会影响免疫功能。历史上学界曾认为免疫反应（快速产生抗体以反击侵入并损伤有机体的物质）是自动发生的生理过程，无须中枢神经系统介入。不过，阿德和科恩利用第 6 章介绍过的条件作用实验证明了心理状态可以调节免疫功能（Ader & Cohen, 1981）。他们的研究催生出一个新的研究领域——**心理神经免疫学**（psychoneuroimmunology）。该领域旨在探索心理状态、神经系统和免疫系统之间的相互作用（Ader & Cohen, 1993; Coe, 1999）。

过去数十年的研究一致表明，应激源以及人们应对它们的方式影响免疫系统的效能。比如，当你接种流感疫苗，你会希望自己的身体产生大量抗体，这些抗体让你更不可能生病。但是个体报告的生活压力越大，其产生的抗体反应就越弱（Pedersen et al., 2009）。因此，对于那些经历高压力的人来说，接种疫苗也许不太可能保护他们免生疾病。

我们来思考免疫系统的另一个基本功能，即愈合皮肤上的小伤口。**珍妮特·基科尔特－格拉泽**领导的一个研究小组给 13 名照顾阿尔茨海默病（见第 7 章）患者的家属和 13 名控制组参与者在皮肤上留下一块标准的小伤口。平均而言，承受慢性应激的阿尔茨海默病患者家属的伤口要多花 9 天时间才能愈合（Kiecolt-Glaser et al., 1995）！人们也会因自己的人格特点而经受慢性应激——对免疫功能有着类似的影响。例如，报告很难控制愤怒情绪的个体比那些能较好地控制的个体通常要多花几天的时间才能使同样标准化的伤口愈合（Gouin et al., 2008）。从这些数据你可以看到，应激水平的细微差异就会影响人体的康复速度，即使是最小的擦伤或划伤。从这一基本的洞见你就能理解，为什么应激反应在严重疾病（如感染病和癌症）的病程中起着更复杂的作用。研究者希望了解心理如何影响免疫功能，这样他们就能利用这些力量来减缓这些严重的疾病。

心理对健康结果的影响 关于治疗我们再谈最后一点。你是否有一些羞于告诉任何人的秘密？如果有的话，将这些秘密说出来将极大地促进你的健康。这一结论来自健康心理学家**彭尼贝克**（Penebaker, 1990, 1997; Petrie et al., 1998）的大量研究，他证明压抑与个人创伤、失败、悔恨或羞耻经历有关的想法和感受，对精神健康和生理健康有灾难性的损害。这种抑制在心理上是一项艰巨的工作，长此以往，它会损害人体对疾病的抵抗力。释怀的体验往往会在几周或几个月后带来生理和心理健康的改善。让我们看看情绪表露对 HIV 感染者健康结果的影响。

研究特写

37 名感染 HIV 的成人参加了实验。约一半的病人被分到了情绪写作组，连续 4 天每天花 30 分钟写下“生活中最具创伤性和情绪性的经历”（Petrie et al., 2004, p. 273）。控制组则在一件中性任务（如写下他们前一天做的事）上花同样多的时间。为评估情绪写作的作用，研究者测量了 HIV 载量——每毫升血液中 HIV 的数量。**图 12.11** 显示了情绪写作对 HIV 感染的巨大影响。情绪写作组在 2 周、3 个月和 6 个月后病毒的载量都低于控制组。

这个结果与其他证明个体应激水平影响 HIV 感染病程的研究数据是一致的。情绪写作能帮助参与者应对感染带来的某些消极心理结果。

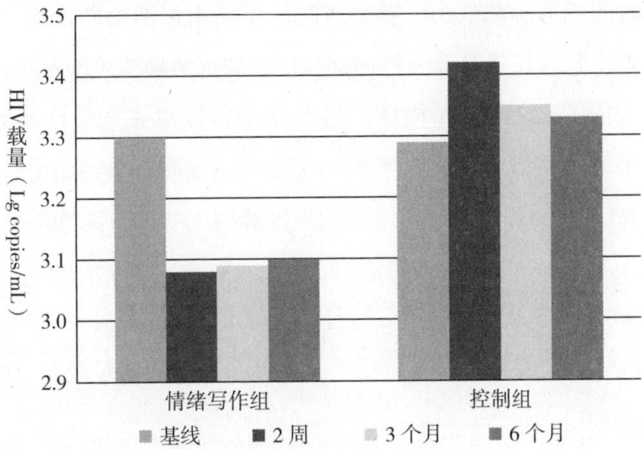

图 12.11 情绪写作对 HIV 感染的影响

参与者进行了 4 期的情绪写作或中性写作。研究者在写作活动结束 2 周、3 个月和 6 个月后测量了参与者的 HIV 载量。结果发现，进行情绪写作的参与者病毒载量一直低于控制组。

资料来源：Figure "Viral Load" in "Effect of written emotional expression on immune function in patients with human immunodeficiency virus infection: A randomized trial" by Keith J. Petrie, Iris Fontanilla, Mark G. Thomas, Roger J. Booth, and James W. Pennebaker, *Psychosomatic Medicine 66*(2), March 2004.

人格与健康

你是否认识这样的人：他们一心追求成功，不管有什么障碍；他们被高中同学评价为"最可能在不到 20 岁时就患上心脏病的人"。你是这样的人吗？因为你看到有些人生活节奏很快，有人却慢条斯理，你可能想过不同的人格是否会影响健康。健康心理学的研究清楚地表明，答案是肯定的（Deary et al., 2010b）。

在 20 世纪 50 年代，弗里德曼和罗森曼报告了从古代就开始怀疑的一个问题：某组人格特质与患病（特别是冠心病）的可能性存在相关（Friedman & Rosenman, 1974）。这些研究者确定了两种行为模式，并将其称为类型 A 和类型 B。**A 型行为模式**（type A behavior pattern）是一种复杂的行为和情绪模式，包括极端好胜、富有攻击性、缺乏耐心、有时间急迫感和敌意。类型 A 的人通常对生活中的某些核心方面感到不满，并对成就有着强烈的渴望。**B 型行为模式**（type B behavior pattern）则恰好与类型 A 相反，类型 B 个体较少有竞争性和敌意等。重要的是，这些行为模式会影响人的健康。在最初的讨论中，弗里德曼和罗森曼报告说 A 型行为模式的人罹患冠心病的可能性要比一般人群高得多。

因为 A 型行为模式有很多特征，所以研究者专注于识别 A 型行为模式中最危险的成分。人格特质中“毒性”最烈的就是敌意（Chida & Steptoe, 2009）。

研究特写

始于 1986 年的一项纵向研究调查了 774 名没有任何心血管疾病史的男性（Niaura et al., 2002）。研究者在 1986 年测量了每个参与者的敌意水平（使用的是我们将在第 13 章介绍的《明尼苏达多相人格测验》中的条目）。敌意被定义为个体以愤世嫉俗和消极的方式看待世界和他人的稳定倾向。为了显示敌意与冠心病的关系，研究者按照百分位数把敌意分数分为不同的组。如**图 12.12** 所示，敌意分数在前 20% 的个体在随后的年份里冠心病发病次数明

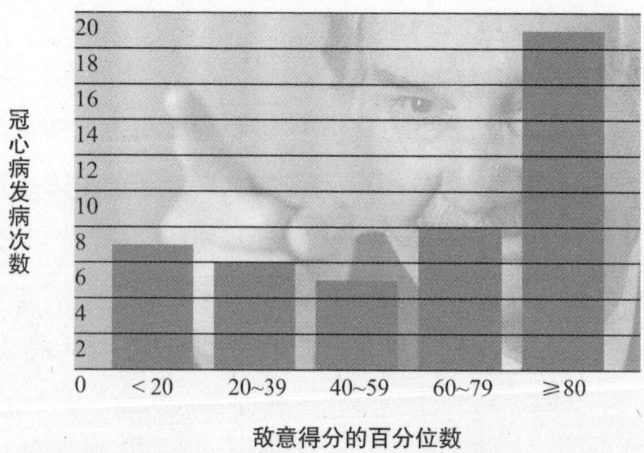

图 12.12 敌意可预测冠心病

根据参与者自我报告的敌意把他们分成不同的百分位组。分数处于前 20% 的参与者（即敌意程度高于 80% 的人的那一组），冠心病发病率最高。

显更多。在这个男性样本中，敌意比其他危险的行为指标（如吸烟和喝酒）能更好地预测疾病。

敌意影响健康可能既有生理原因（通过导致身体应激反应长期的过度唤醒），也有心理原因（通过导致带有敌意的个体养成不良的健康习惯且躲避社会支持）（Smith & Ruiz, 2002）。

好消息是，研究者已开始运用行为治疗来减少敌意和其他 A 型行为模式（Pischke et al., 2008）。比如，一项研究对九年级的非裔美国学生进行了干预（Wright et al., 2011）。非裔美国人罹患心脏病的风险高于其他族裔，并且血压差异在儿童期就开始显现。这些事实促使一个研究团队开发了一种正念减压的干预方法（见第 5 章）。这些学生学习关注自己的呼吸，并静默地观察自己的想法。经过三个月的训练，那些自我报告了较低水平敌意的学生血压也比研究开始时更低。你觉得你的情况符合敌意的定义吗？如果你认识到自己怀有敌意，请使用这种干预方法来保护自己的健康。

让我们以第 11 章介绍的乐观主义这一概念来结束人格与健康这个小节。我们看到那些乐观的人将失败归因于外部原因和不稳定的或可改变的因素。这种应对风格对乐观者的健康有强烈的影响（Carver et al., 2010），具体的影响则取决于应激源的难度（Segerstrom, 2005）。因为乐观者相信自己能战胜应激源，他们往往选择直接面对。如果应激源过于困难，这种持续投入的策略可能会导致负面的生理后果。有研究评估了乐观主义对刚要进入法学院的学生健康的影响（Segerstrom, 2006, 2007）。对于某些学生而言，这种过渡压力较大，因为除了学业要求之外，他们还要面对社会和家庭的要求。每名学生都要完成测量乐观主义的问卷，还要完成评价他们免疫反应的程序。他们要注射检查腮腺炎易感性的制剂。注射之后的反应是皮肤肿胀。免疫反应的测量指标是皮肤肿胀或硬化的程度。如图 12.13 所示，最乐观的学生面对低要求时表现出较好的免疫反应；他们在面对高要求时则表现出较差的免疫反应。这些研究数据表明，乐观主义者必须认识到对某些应

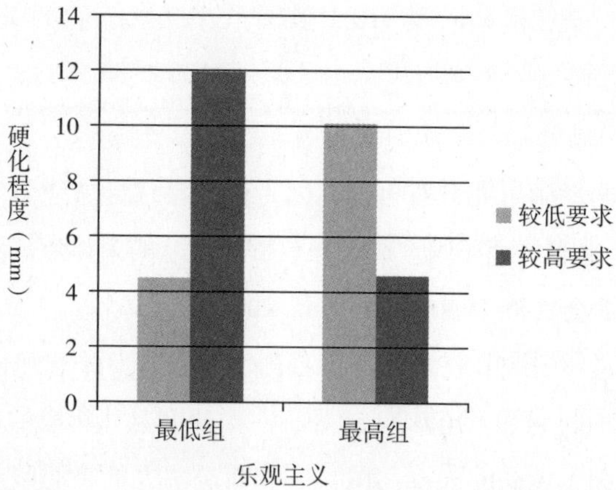

图 12.13 **乐观主义与免疫功能**

最乐观的学生面对较低要求时表现出更好的免疫反应。然而，他们在面对较高要求时则表现出较差的免疫反应。

资料来源：Suzanne C. Segerstrom, "Stress, energy and immunity: An ecological view," *Current directions in Psychological Science*, December 1, 2007, © 2007 by the Association for Psychological Science.

激源最好的应对方式并非直接对抗。

职业倦怠与医疗保健系统

健康心理学的最后一个关注点是就医疗保健系统的设计提出建议。比如，研究者考察了医护人员的压力问题。即使最热心的医务工作者也会面临情绪压力，因为他们工作强度大，需要面对大量遭遇个人、身体和社会问题的人。

这些专业医务和福利工作者所体验的特殊类型的情绪压力被这一普遍问题的研究带头人**马斯拉奇**称为职业倦怠。**职业倦怠**（job burnout，也译作工作倦怠或职业枯竭）是一种情绪衰竭、去人性化、个人成就感降低的综合征，通常发生在那些需要不断同病人、来访者和公众进行高强度接触的职业中。职业倦怠发生时，医务工作者开始失去对病人的关心和体贴，甚至会用冷漠乃至不人道的方式对待他们。

他们对自己的感觉很糟，担心自己是失败者。职业倦怠与更高的旷工和离职率、工作绩效受损、恶劣的同事关系、家庭问题和个人健康状况差都存在相关（Maslach & Leiter, 2008）。

为什么医务工作者尤其容易出现职业倦怠？

由于组织小型化、工作重组，以及对于利润的关注胜过了对员工士气和忠诚度的关注，当今劳动力中的职业倦怠水平越来越高。因此，职业倦怠已经不仅仅是工人和医疗保健从业者的问题，它还反映了组织功能失调，需要通过重新审视组织的目标、价值观、工作负荷及奖励结构来加以矫正（Leiter & Maslach, 2005）。

我们可以给出什么建议？多种社会和情境因素影响着职业倦怠的产生和程度，因此也蕴含着防止或消除它的方法（Leiter & Maslach, 2005; Prosser et al., 1997）。例如，医患互动质量的一个重要影响因素是每名医护人员需要照顾的病人数量，数量越多，认知、感觉和情绪的负担就越大。另一个影响医患互动质量的因素是医护人员直接与病人接触的时长。与病人持续直接接触的工作时间越长，职业倦怠就越严重。当这些接触很困难且令人沮丧时，比如与垂危的病人接触，尤其如此（Jackson et al., 2008）。这种长时间接触导致的情绪紧张有许多缓解方法。例如，从业人员可以调整他们的工作日程表，以暂时避开这种高压力的情境。他们可以利用团队接触而不仅仅是个人接触。他们还可以安排一些机会来获得对他们的努力的积极反馈。

为你的健康干杯

是时候给出最后的建议了。与其等压力或疾病找上门来再去应对，不如设定目标，并以最可能打下健康基础的方式来组织你的生活。下述 9 个通向更多快乐和更好心理健康状态的步骤可以作为指导方针，鼓励你更积极地掌控自己的生活，并为自己和他人创建一个更积极的心理环境。你可以把下面的步骤视为年度决心书。

1. 永远不要说自己的坏话。在那些可以通过未来行动改变的因素中寻找不快乐的根源。只给你自己和他人建设性的批评：下次应该采取什么不同的做法来得到你想要的结果？
2. 将你的反应、想法和感受与朋友、同事、家人以及其他人的进行比较，以便你根据相关的社会规范衡量自己行为的适宜性和实用性。
3. 结交一些密友，你可以同他们分享感受、快乐和忧虑。努力发展、保持和拓展你的社会支持网络。
4. 形成一种平衡的时间观，置身其中你可以灵活地关注任务、环境和自身的需求。有工作要做时就采取未来导向，在目标达成和快乐在握时就保持当下导向，为了与自己的历史联系则需要采取过去导向。
5. 永远把你的成功和快乐归功于自己（并且与他人分享你的积极感受）。列出所有使你独特、与众不同的品质——那些你可以惠及他人的品质。例如，害羞的人可以专注地倾听一名健谈者。了解你个人优势的源泉，以及可用的应对资源。
6. 当你感觉自己就要情绪失控时，请用离开的办法避开使你不快的环境，或者站在情境或冲突中另一方的位置来思考一下，或者将你的想象投射到未来，以获得对当下这个似乎压垮一切的问题的看法，或者向一个有同理心的倾听者倾诉。请允许自己感受和表达情绪。
7. 记住失败和失望有时是变相的祝福。它们可能告诉你目标并不适合你，或者可能会让你避免以后更大的失望。吃一堑，长一智。接受挫折，说一句“我犯了个错误”，然后继续前进。每一个意外、不幸或违背你期望的事情，都可能是一个伪装起来的绝好机会。

8. 如果你发现无法使自己或他人走出困境，那就向学校或社区卫生部门受过训练的专业人员寻求建议。在某些情况下，有些问题看似心理问题实际上却是生理问题，反之亦然。在你需要心理健康服务之前就先了解一下它们；使用它们时不必担心被污名化。
9. 培养健康的消遣方式。花些时间放松、冥想、按摩、放风筝，享受那些可独自完成且能帮助你接近内心并更好地欣赏自己的爱好和活动。

现在你的感受如何？如果生活中的应激源可能将你带入坏情绪中，试着用认知重估的方法减轻它们的影响。如果你感到不适，请尝试用你精神的疗愈能力来加速恢复健康。永远不要低估这些不同的“感受”控制你生活的能力。请利用这些力量吧！

STOP 停下来检查一下

❶ 有关吸烟的遗传学研究揭示了什么？

❷ 成功的艾滋病干预措施的三个组成部分是什么？

❸ 产生放松反应的必要条件是什么？

❹ 心理神经免疫学研究者的主要目标是什么？

❺ A 型人格的“毒性”方面是什么？

❻ 职业倦怠是如何定义的？

批判性思考：请回想情绪表露影响健康的那项研究，为什么研究者要让控制组的参与者进行写作？

生活中的批判性思维

健康心理学能帮助你更多地锻炼吗

健康心理学的一个重要目标是促使人们更多地从事有益健康的行为。名列前茅的就是锻炼：进行充分锻炼的人健康状况通常更好。美国政府部门提出了以下建议（U.S. Department of Health and Human Services, 2008, p. vii）：

- 要想获得实际的健康益处，成人一周至少要进行 150 分钟中等强度的锻炼，或者 75 分钟的高强度有氧运动，或者等量的中等强度和高强度有氧运动的组合。有氧运动至少应以 10 分钟一组进行，而且最好贯穿一周。
- 成人还应每周至少 2 天进行中等强度或高强度的肌肉强化运动，要涉及所有主要的肌肉群，因为这些锻炼能带来额外的健康收益。

上面推荐的锻炼能增强心脏和呼吸系统的功能，改善肌肉的张力和力量，还能带来诸多其他健康益处。那么健康心理学研究如何帮助人们获得这些益处？

研究者们试图确定什么计划或策略能最有效地让人们开始锻炼并坚持下去（Nigg et al., 2008）。事实上，描述戒烟意向的模型同样适合人们的锻炼行为（Buckworth et al., 2007）。在前意向阶段，个体仍然更关注锻炼的障碍（如时间太少），而非益处（如改善体形）。随着个体经过意向和准备阶段，关注点就从障碍转变到益处。锻炼时间不到 6 个月的人处在行动阶段；而有规律地锻炼 6 个月以上的人则处在维持阶段。

如果你现在还没有经常锻炼，你怎样才能走出前意向阶段？研究表明，个体可以学习一些帮助他们克服锻炼障碍的策略（Scholz et al., 2008）。一个策略是制订*行动计划*：你应当制订详尽的计划，包括何时、何地以及如何进行锻炼。另一个策略是制订*应对计划*：你应该预料会有哪些障碍干扰你的行动计划，并确定怎样才能最有效地应对这些障碍。在一项研究中，研究者教冠心病患者怎样制订这两种计划（Sniehotta et al., 2006）。两个月之后，综合运用这两种计划的患者比控制组的患者（他们没有接受这种训练）明显参加了更多的体育锻炼。

这类研究表明为什么你可以像对待其他任何情境那样对待锻炼，运用认知评估来实现健康生活的目标。

- 为什么同样的阶段既可以用来克服不健康的行为又可以用来促进健康的行为？
- 为什么打算开始健康行为（如定期锻炼）会产生压力？

要点重述

情绪

- 情绪是由生理唤醒、认知评价以及行为和表达性反应组成的复杂变化模式。
- 作为进化的产物，人类可能拥有一些共同的基本情绪反应。
- 然而，对于情绪表达的得体性，不同文化有不同的规则。
- 经典理论强调情绪反应的不同部分，比如外周躯体反应或者中枢神经过程。
- 当代理论多强调对唤醒的评价。
- 心境和情绪影响信息加工和记忆。
- 主观幸福感既受遗传也受生活经历的影响。

生活压力

- 压力可以产生于积极或消极事件。大多数压力的根源是改变，以及适应环境、生物、生理和社会要求的需要。
- 生理应激反应由下丘脑和复杂的激素与神经系统之间的交互作用控制。
- 根据应激源的类型及其作用时间，应激可以是轻微的干扰，也可能引起威胁健康的反应。
- 认知评估是压力的一个主要调节变量。
- 应对策略或聚焦于问题（采取直接行动），或试图调节情绪（间接或逃避）。
- 认知重估和重构可以用来应对压力。
- 社会支持也是一个重要的压力调节变量，只要它适合具体的情境。
- 应激可能导致积极的变化，如创伤后成长。

健康心理学

- 健康心理学致力于治疗和预防疾病。
- 健康和疾病的生物心理社会模型关注疾病中生理、情绪和环境因素间的联系。
- 疾病预防的重点是生活方式因素，如吸烟和有艾滋病风险的行为。
- 心理因素影响免疫功能。
- 疾病的心理社会治疗给病人的治疗加入了另一个维度。
- 具有 A 型行为模式（特别是敌意）、B 型行为模式和乐观行为模式的个体在患病的可能性上存在差异。
- 医护人员有产生职业倦怠的风险，通过适当改变他们提供帮助的环境，可以降低这种风险。

图 12.1 的答案

1. 快乐
2. 惊讶
3. 愤怒
4. 厌恶
5. 恐惧
6. 悲伤
7. 轻蔑

关键术语

情绪
詹姆士—兰格情绪理论
坎农—巴德情绪理论
情绪的双因素理论
情绪的认知评价理论
情绪调节
主观幸福感
积极心理学
应激（压力）
应激源
急性应激
慢性应激
战斗或逃跑反应
照料和结盟反应
一般适应症候群（GAS）
心身障碍
生活变化单位（LCU）
创伤后应激障碍（PTSD）
应对
压力调节变量
预期性应对
控制感
社会支持
健康心理学
健康
Hozho
生物心理社会模型
身心健康
健康促进
艾滋病（AIDS）
人类免疫缺陷病毒（HIV）
放松反应
生物反馈
心理神经免疫学
A 型行为模式
B 型行为模式
职业倦怠

第 13 章

理解人类人格

请花点时间对比两个你最亲密的朋友。他们在哪些方面相似，又有哪些不同？你的分析可能很快就会聚焦于朋友的人格。例如，你可能会说一个比另一个更友善或者更自信。这种论断其实说明你已经将自己的人格理论运用到了你的人际关系之中——你有一套自己的人格评价体系。

心理学家将**人格**（personality，也译为个性）定义为一组对个体的特征性行为模式有跨时间和情境影响的复杂的心理品质。我们将在本章介绍几种人格理论。人格理论是关于个体人格结构和功能的假设性陈述。每种理论都有两个主要目标：第一，理解每个个体在人格的结构、起源以及关联因素上的独特性；第二，理解每种独特的人格如何引发典型的行为模式。不同的理论对人们应对和适应生活事件的方式做出了不同的预测。

在考察一些主要的理论取向之前，我们应该了解一下为什么会有这么多不同的（通常是对立的）理论。人格理论家研究取向的不同体现在出发点、数据来源以及所要解释的现象等方面。有些着重于个体人格的结构，而另一些则关注人格如何发展和持续成长。有些对个体做什么感兴趣，无论是特定的行为还是重要的生活事件。另外一些则研究人们对自己生活的感受。最后，一些理论试图解释有心理问题的个体的人格，而另一些则侧重于健康的个体。因此每种理论都可以揭示部分人格，而它们结合在一起可以告诉我们许多关于人性的东西。

本章的目标是提供一个用来理解你关于人格的日常经验的框架。在我们开始学习本章时请思考以下几个问题：如果你被心理学家研究，你认为他们会如何描述你的人格？他们会认为你的哪些早期经历对你现在的行动和思维方式产生了影响？你目前生活中的哪些状况对你的思想和行为有强烈的影响？是什么因素使你异于相同环境下的其他个体？本章可以帮你找到这些问题的详细答案。

人格的特质理论

最早的人格研究方法之一是评定不同特质适合描述人们的程度。人似乎有一种按照不同的维度对自己和他人的行为进行分类的天然倾向。接下来让我们来看看心理学家为体现这些直觉而提出的正式理论。

用特质描述人格

特质（trait）是持久的品质或属性，使个体倾向于在各种情况下表现出一致性。比如，某天你可能通过归还一个丢失的钱包来证明你的诚实，而另一天你可能通过在考试中不作弊来证明这一点。一些特质理论家认为，特质是引起行为的内在倾向，但更保守的理论家则仅把特质当作描述性维度来使用，认为它只是总结了观测到的行为模式。下面让我们来看一些知名的特质理论。

奥尔波特的特质理论　**戈登·奥尔波特**（Gordon Allport, 1897—1967）将特质视为人格的基石和个性的根源。根据奥尔波特的理论（Allport, 1937, 1961, 1966），特质使行为具有一致性，因为它们将一个人对各种刺激的反应联系并统一起来。特质可能作为中介变量将一系列乍看之下似乎毫无关联的刺激与反应联系在一起（见图 13.1）。

奥尔波特区分了三种特质：首要特质、核心特质和次要特质。首

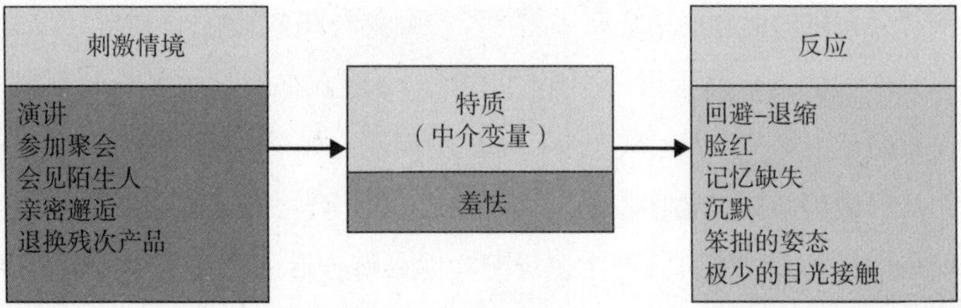

图 13.1　羞怯作为一种特质

特质可以作为中介变量起作用，将一系列乍看之下似乎毫无关联的刺激与反应联系在一起。

要特质是一个人整个生活都要围绕其组织的那些特质。比如特雷莎修女的首要特质可能是为了他人的利益而做出自我牺牲。但并非所有人都会发展出这种具有支配性的首要特质。*核心特质*是代表一个人主要特征的特质，如诚实和乐观。*次要特质*是有助于预测个体行为但对理解个体人格不太有帮助的特定个人特征。饮食和衣着偏好就是次要特质的例子。奥尔波特感兴趣的是这三种特质以何种独特的方式组合在一起，使每个人成为独一无二的存在。他支持用个案研究检验这些独特的特质。

奥尔波特认为，决定个体行为的关键因素是*人格结构*而非环境条件。奥尔波特经常说“同一把火能使黄油变软，却会使鸡蛋变硬”，以此说明相同的刺激对不同的个体可能有不同的影响。许多当代的特质理论都遵循了奥尔波特的传统看法。

确定普适的特质维度　1936 年，奥尔波特及其同事奥德波特通过检索词典，发现英文中有 17 953 个描述个体差异的形容词。此后研究者一直试图确定在这浩如烟海的特质词汇背后的基本维度。他们希望弄清有多少特质维度，以及哪些维度能让心理学家用来描述所有个体的特征。

卡特尔（Cattell, 1979）以奥尔波特和奥德波特的形容词表为研究起点，想找到少数几个适宜的基本特质维度。经过研究，他提出人格

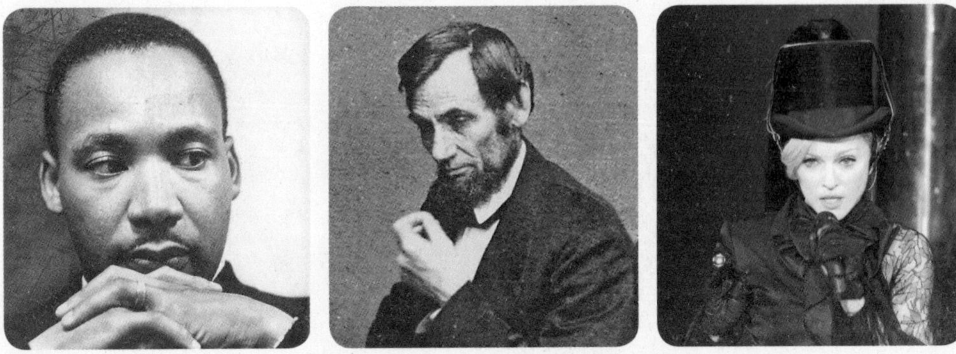

在缺少人格测验结果的情况下，特质可以根据观察到的行为来推断。例如，人们可能会认为马丁·路德·金（左图）有着和平地抵抗不公的首要特质；诚实是亚伯拉罕·林肯（中图）的核心特质之一；而麦当娜（右图）对于多变的时尚的偏好则是一种次要特质。你的首要特质、核心特质和次要特质分别是什么?

有 16 个因素。卡特尔将这 16 个因素称为根源特质，因为他认为这 16 个因素是外显行为的潜在根源，即我们通常所说的人格。卡特尔的 16 个因素包含了重要的行为上的对立，如内敛的对外向的，信任的对怀疑的，以及放松的对紧张的。即便如此，当代的特质理论家认为，更少的维度即可表现人格最重要的差异。

艾森克（Eysenck, 1973, 1990）从人格测验数据中只得出了三个大维度：外向性（内部导向与外部导向）、神经质（情绪稳定与情绪不稳定）和精神质（善良的、体贴的与有攻击性的、反社会的）。如图 13.2 所示，艾森克用外向性和神经质这两个维度绘制了一个圆形的展示图。个体可以落到这个圆上的任何一点，从非常内向到非常外向，从非常不稳定（神经质的）到非常稳定。圆上所列的特质描述了这两个维度的组合情况。例如，一个非常外向并有点不稳定的人可能是冲动的。

五因素模型　研究证据支持了艾森克理论的许多方面。但近年来，学界的共识是五因素可以最好地描述人格结构，而这五个因素与艾森克的三个维度不完全重叠。这五个维度是非常宽泛的，因为每个维度都代表一个大的分类，其中包含许多各有独特的内涵但又有一个共同主

图 13.2 **艾森克人格结构图的四个象限**

外向性和神经质这两个维度结合在一起形成一个圆形。

题的特质。人格的这五个维度现在被称为**五因素模型**（five-factor model），或“大五”（Big Five）（McCrae & Costa, 2008）。这五个因素的介绍见**表 13.1**。你将再次注意到每个维度都有对立的两极——与维度的名称含义相近的词描述的是高的一极，而意义相反的词描述的则是低的一极。

五因素模型的提出和发展过程代表了研究者们从奥尔波特和奥德波特（Allport & Odbert, 1936）在词典里筛选出的庞大特质词表中找寻人格结构的尝试。众多的特质词被归结为约 200 个同义词类群，用以构成特质维度：每个维度有一个最高的极点和一个最低的极点，如负责任对不负责任。接下来要求参与者在两极维度上给自己和他人评分，并用统计方法处理这些评分，以确定这些同义词类群是如何相互关联的。利用这一方法，许多独立的研究小组都得出了相同的结论：人们用来描述自己和他人的特质背后仅有五个基本维度（Norman, 1963,

表 13.1　**五因素模型**

因素	双极定义
外倾性	健谈的、精力充沛的、果断的 / 安静的、内敛的、害羞的
宜人性	有同情心的、善良的、亲切的 / 冷漠的、好争吵的、残忍的
尽责性	有条理的、负责的、谨慎的 / 马虎的、轻率的、不负责任的
神经质	稳定的、平和的、满足的 / 焦虑的、不稳定的、喜怒无常的
开放性	有创造性的、聪明的、思想开放的 / 简单的、肤浅的、无知的

1967; Tupes & Christal, 1961)。

为证明五因素模型的普遍性，研究者将他们的研究扩展到了说英文的地区之外：五因素的结构已在 56 个不同的国家和地区得到重复验证（Schmitt et al., 2007)。这五个因素并不是要取代那些语义有细微差别的特定的特质术语；相反，它们只是勾勒出一种分类法（一个分类系统)，让你可以对你认识的所有人进行描述，抓住区分这些人相互之间差异的重要维度。

如你所见，五因素模型最初是通过对特质词群的统计分析得出的，而不是由于某个理论认为“这些就是必定存在的人格因素”(Ozer & Reise, 1994)。然而，研究者已经开始证明，五因素模型中的特质差异对应着个体脑功能的差异。

研究特写

请回忆一下第 12 章，一个称为杏仁核的脑结构在处理情绪刺激的过程中起着重要作用。然而，研究者开始怀疑，并非所有的杏仁核（因此也并非所有的人）都以相同的方式对刺激做出反应。为了考察这一观点，一个研究小组招

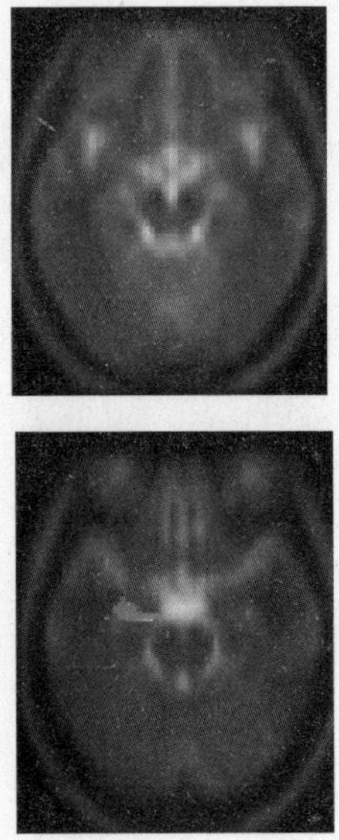

图 13.3 外倾性对左侧杏仁核功能的影响

参与者观看恐惧的和快乐的面孔。图中红色部分是外倾性与杏仁核活动呈正相关的脑区。对于恐惧的面孔，没有出现这种相关。然而对于快乐的面孔，外倾性最高的个体的左侧杏仁核的活动水平也最高。（见彩插）

资料来源："Amygdala response to happy faces as a function of extraversion" by Turhan Canli, Heidi Sivers, Susan L. Whitfield, Ian H. Gotlib, and John D. E. Gabrieli, *Science*, June 1, 2002. Reprinted with permission from AAAS.

募了 15 名外倾程度不同的参与者（Canli et al., 2002b）。研究者预测外倾性会对情绪加工产生影响，因为这种特质在人类的情绪活动中起着重要作用。为了寻找个体差异，研究者让参与者观看恐惧的、快乐的和中性的面孔，同时进行 fMRI 扫描。**图 13.3** 显示了参与者自我报告的外倾性与左右侧杏仁核活动的相关：红色的区域是高水平的外倾性与高水平的脑活动相联系的区域。正如你看到的，外倾性与人脑面对恐惧面孔时做出的反应不存在相关（即没有出现红色的区域）。实际上，恐惧的面孔同时激活了左右侧的杏仁核，但是在所有的外倾水平中，激活情况基本相同。相比之下，对于快乐的面孔，外倾性高的个体的左侧杏仁核有更多的激活。

你可能还记得在第 12 章中，研究者将情绪分为与接近有关的和与回避有关的。这个研究显示，最乐于接近他人的人（这也是让他们外倾的原因）支持与接近有关的情绪的脑区有更多的激活。

特质维度的进化观 五因素模型的支持者试图从进化的角度来解释为什么出现的恰好是这五个维度：他们试图将五个维度与人们在进化过程中与他人及外部世界互动的一贯类型联系起来（Buss, 2009; Michalski & Shackelford, 2010）。例如，因为人类本质上是社会性动物，所以我们可以把这五个维度上的差异视为对基本社交问题的回答："谁是好伙伴（外倾性），谁是善良的、支持性的（宜人性），谁会坚持不懈（尽责性），谁的情绪不稳定（神经质），谁有奏效的想法（对经验的开放性）"（Bouchard & Loehlin, 2001, p. 250）。这种进化角度的分析将有助于解释五因素跨文化的普遍性（Yamagata et al., 2006）。

进化取向的研究者还考察了为什么在这些维度上会存在如此大的差异（Penke et al., 2007）。以外倾性为例。如前所述，人类是高度社会化的物种，故而不善社交的和内敛的人似乎是适应不良的。不过，我们需要考虑环境之间的差异。高外倾的人比低外倾的人更可能做出危险行为（Nettle, 2006）。在特别危险的环境中，对社会互动相对更谨慎的人更可能存活下来。人类进化过程中的环境多样性可以解释为什么在五个维度上都有人得高分或低分。如果这种解释是正确的，我们或许可以预期，如同进化塑造的人类经验的其他方面，特质也可以代代相传。我们现在来介绍一下这种观点。

特质和遗传性

你或许听人说过"吉姆像他妈妈一样有艺术才能"或者"玛丽和她祖父一样固执"。或许你发现兄弟姐妹身上某些令你恼火的个性也正是你自己想改变的缺点，而你为此感到沮丧。让我们来看看支持人格特质遗传性的证据。

同卵双生子的研究证明了人格特质的遗传性。你认为你的家族里有遗传的人格特质吗?

回想一下，行为遗传学研究的是人格特质和行为模式受遗传影响的程度。为了确定遗传对人格的影响，研究人员比较了有着不同比例的共同基因以及在相同或不同家庭环境中成长的家人的人格特质。例如，如果人格特质中的社交性是遗传的，那么同卵双生子（他们有着近 100% 的相同基因）之间社交性的相关应该比异卵双生子或其他同胞（平均来看他们有 50% 的相同基因）之间更高。

遗传性研究表明，几乎所有的人格特质都受遗传因素的影响（McCrae et al., 2010; Munafò & Flint, 2011）。使用不同测量技术的研究得到了相同的结果，无论它们测量的是宽泛的特质（如外倾性和神经质）还是具体的特质（如自我控制和社交性）。让我们先来看一个研究。

研究特写

为了研究遗传对人格的重要性，一组研究人员对 696 对同卵双生子和 387 对异卵双生子进行了为期 13 年的追踪研究（Kandler et al., 2010）。其间研究人员获取了他们自我报告的人格以及同伴对其人格的评估。同卵双生子与异卵双生子的比较表明，人格跨时间的稳定性取决于遗传因素，而人格的变化则是由环境因素造成的。不过总体而言，遗传因素的影响更大。研究人员认为他们的数据与人格的设定点模型是一致的，在这个模型中“环境的波动会影响人格的短期变化（几天、几周甚至几个月），而遗传因素决定着个体会长期回归的设定点”（p. 995）。

这些研究证据说明了一个普遍的结论，即遗传对人格有强烈的影响。请重看一下表 13.1，你更靠近每一个大五因素的哪一极？你能发现你与父母的一些相似之处吗？

特质能否预测行为

假设某位教授让你挑出一些非常符合你自己特质的词汇。你可能会说自己是个非常友善的人。现在教授了解了什么？如果人格理论能让我们预测行为，那么在知道你评价自己非常友善时，教授能对你做出什么样的预测？他如何判断你的信念的有效性？让我们来探讨一下这个问题。

你可能会认为，如果知道某个人有某种特质，就能预测他在不同情境中的行为。因此我们预期你在任何情况下都会做出友善举动。然而在 20 世纪 20 年代，一些研究人员在不同情境下观察特质相关行为时惊讶地发现，几乎没有证据表明行为具有跨情境的一致性。例如，撒谎和考试作弊这两种行为本应都与诚实特质有关，但它们在学龄儿童中的相关却很小（Hartshorne & May, 1928）。另外的研究人员在对其他特质（如内向性和守时）的跨情境一致性进行研究时也发现了类似的结果（Dudycha, 1936; Newcomb, 1929）。

如果与特质有关的行为没有跨情境的一致性，也就是说，如果人们的行为在不同情境下是变化的，那么为什么我们会觉得自己及他

如果这两种度假方式你都承担得起，你会选择哪一种？这能告诉我们关于人格特质与情境特征交互作用的哪些信息？

人的人格是相对稳定的？更令人疑惑的是，在不同情境下认识了某个人的观察者对其做出的人格评定是相关的。在不同时间或由不同的观察者做出的人格评定具有一致性，然而对个体在不同情境下的行为评定却缺乏一致性，这种矛盾的现象被称为**一致性悖论**（consistency paradox; Mischel, 1968）。

一致性悖论引发了大量的研究（Mischel, 2004）。随着时间的推移，人们普遍认为行为不一致现象产生的原因很大程度上是情境的分类方式出现错误：一旦理论家们能够恰当地描述情境的心理特征，这一悖论就会消失（Mischel & Shoda, 1995, 1999）。例如，假设你试图通过确定某个朋友在其参加的每场聚会中是否有相同的表现来评价行为的一致性。如果你的分析水平只是“聚会”，那么你可能发现她的行为差异很大。你需要确定的是，哪些有心理意义的特征可将聚会分成不同的类型。你的朋友可能会在需要向陌生人透露私人信息的场合觉得不舒服，因此她会在这类聚会（她被期望透露私人信息）中显得非常不友好；而在另外一些聚会（不需要透露私人信息）中却显得相当友好。同样，在另外一些需要表露自我的情境（如工作面试）中，她也可能表现出一些消极行为。因此，我们在情境特征引发人的不同反应这个意义上找到了一致性。

研究者用“如果—就”式的人格标签来描述人们对性情与情境关系的认识：如果某个人将某种特定的性情带入某一特定的情境中，他就会表现出特定的行为方式（Mischel, 2004）。这一观点表明，我们对他人的理解一定程度上是通过认识他们特定的“如果—就”模式。我们来看一项研究，该研究证明了“如果—就”知识对亲密关系的影响。

研究特写

研究者假设，那些更了解朋友在不同情境下会如何反应的人与朋友的冲突更少（Friesen & Kammrath, 2011）。为了验证这一假设，研究者要求成对的朋友们完成“如果—就”触发模式问卷。问卷向参与者展示了多种行为类型。

例如，要求他们想象自己正在回应一个对收到的信息过度怀疑的人（p. 568）。对于每一种行为，参与者都要表明该行为在多大程度上可能触发强烈的消极情绪。参与者既要完成关于自己的测试（“这种行为多大程度上会触发你？”），也要完成关于朋友的测试（“这种行为多大程度上会触发你的朋友？”）。基于这两组分数，研究者可以得出双方对彼此的“如果—就”模式的认识准确度。参与者还完成了一次关系冲突数量的测量。研究者发现，那些对“如果—就”模式认识最准确的朋友，关系冲突也可能最少。

请花几分钟思考一下你对朋友的“如果—就”的认识。你能否明白为什么了解“如果这种情况发生，他们就可能做出消极反应”是有帮助的吗？

对特质理论的评价

我们已经看到，特质理论能让研究者对不同人的人格进行简明的描述。但这些理论也受到了一些批评，因为它们一般不解释行为如何产生或人格如何发展，而只是识别和描述与行为相关的各种特质。尽管当前的特质理论家已经开始在这些方面进行修正和补充，特质理论通常仍然只是按照人格结构现有的样子为之提供静态的或者稳定的描述。相比之下，我们将探讨的人格的心理动力学理论，更注重个体内在的相互冲突的力量，正是这些力量导致人格的变化和发展。

STOP 停下来检查一下

❶ 神经质特质维度的两极是什么？

❷ 研究者如何评估特质的遗传性？

❸ 什么是一致性悖论？

批判性思考：请回忆关于人格稳定性的研究。为什么研究者要同时使用自我评分和同伴评分来评估人格？

生活中的心理学

你相信人格可以改变吗

在本章你将会遇到心理学家为探索人类人格而提出的各种理论。不过，对于人格的一个方面你可能已经有了自己的看法，那就是人格在多大程度上是可以改变的。请花些时间思考下面两句话："每个人都是特定类型的人，基本上没有什么能真正改变这一点"；"每个人都可以改变哪怕自己最基本的品质"（Plaks et al., 2009, p. 1070）。你是否更赞同其中的一种观点？

这些话反映了普通大众对人格改变持有的两种不同理论（Dweck, 1999）。第一种理论是*实体论*，认为人格特质本质上是固定的，人们几乎不会随时间而改变。第二种理论是*增长论*，认为人格特质是可塑的，人们会随时间而改变。在大学生和小学生样本中，约 80% 的人明确地认同实体论或增长论（Plaks et al., 2009）。我们来看看这些理论的影响。

从这两种理论出发，请思考害羞意味着什么。持实体论的害羞者会认为自己无法克服害羞；持增长论的害羞者则更可能认为自己可以改变，因此会把社交情境视为学习的机会（Beer, 2002）。在一项研究中，两类害羞者都与陌生人进行了 3 次 5 分钟的互动。如你猜测的那样，在互动初期所有害羞者都对社会互动表现出不适。不过随着互动的展开，实体论者持续体验到高水平的焦虑，而增长论者则变得不再那么不安（Beer, 2002）。个体所持有的关于改变可能性的理论对其行为有重大的影响。

再看第二个例子，请想一想某人做了令你不悦之事的场景。你对这些事件的反应如何？实体论者倾向于认为做错事的人无法改变，因此他们必须受到惩罚；而增长论者更可能认为人们并非一成不变的坏人，因此惩罚也并不总是必要的（Yaeger et al., 2011）。在一项研究中，青少年们回忆了熟人最近做过什么令自己不快的事。然后他们要回答自己有多想"伤害此人"以及有多想"找个办法来惩罚此人"，以此表明他们对报复的热衷程度（Yaeger et al., p. 1094）。与持增长论的同龄人相比，那些持实体论的青少年对报复要热衷得多。

那么，我们回到本专栏标题提出的问题：你相信人格可以改变吗？这些研究实例应该会让你确信，持实体论或增长论会对人们如何度过他们的一生产生广泛的影响。

心理动力学理论

所有**心理动力学人格理论**（psychodynamic personality theory）的共同假设是，强大的内在力量塑造了人格并引发行为。心理动力学理论的创始人弗洛伊德被其传记作者欧内斯特·琼斯描述为“心灵的达尔文”（Jones, 1953）。弗洛伊德的人格理论试图大胆地解释人格的起源和发展进程、心理的本质、变态人格的各个方面以及通过治疗改造人格的方式。这里我们只侧重于正常人格。弗洛伊德关于心理病理学方面的观点将在第 14 章和第 15 章讲述。在探讨弗洛伊德的理论之后，我们将思考对其理论的一些批评和修正。

弗洛伊德的精神分析理论

根据精神分析理论，人格的核心部分是一个人头脑中的各种事件（*即内心事件*，intrapsychic event），这些事件是行为的动机。人们通常能意识到这些动机，然而某些动机也会在无意识层面起作用。这一取向的*心理动力学*本质来自它对行为的内在来源以及这些内在驱动力相互间冲突的重视。在弗洛伊德看来，*所有的行为都是有动机的*。偶然或意外事件不会导致行为，所有的行动都是由动机决定的。人类的每一个行动都有原因和目的，可以通过分析思维联想、梦、失误和内在激情的其他行为线索来挖掘。弗洛伊德人格假说的原始素材主要来自临床观察，以及对接受治疗的单个病人的深度案例研究。他通过对那些有心理障碍的病人进行深入研究，提出了关于正常人格的理论。让我们看一下弗洛伊德理论的要点。

驱力和心理性欲发展　弗洛伊德受过神经学方面的医学训练，这使其推测从病人身上观察到的行为模式背后都有共同的生物学基础。他将人类行为动机的来源归因于个体内部的*心理能量*。每个人都被认为有与生俱来的本能或者驱力，即由身体器官产生的*张力系统*。这些能量源一旦被激发就会以各种不同的方式表达出来。

弗洛伊德假设有两种基本驱力。一种与自我生存有关（满足诸如对食物和水的需要）。另一种他称为性本能，这是一种与性冲动以及物种延续有关的本能。弗洛伊德极大地拓展了人类性欲的概念，使其不仅包括对性结合的冲动，还包括其他所有寻求快乐或与他人身体接触的尝试。他用**力比多**（libido）这个词来形容性冲动能量的来源，这种心理能量能驱使我们寻求各种各样的感官快乐。性冲动需要即时的满足，这种满足既可通过直接的行为，也可以通过间接的方式（如梦或幻想）来实现。

弗洛伊德提出，心理性欲发展可以分为五个阶段：口唇期、肛门期、性器期、潜伏期、生殖期。弗洛伊德认为性快感的生理来源会按此顺序发展。在心理性欲发展过程中主要的障碍（至少对男孩而言）发生在"性器期"。在此阶段 4 岁或 5 岁的儿童必须克服俄狄浦斯情结。弗洛伊德以神话人物俄狄浦斯的名字来命名这种情结，俄狄浦斯在不知情的情况下杀死了自己的父亲并娶了自己的母亲。弗洛伊德认为，每个小男孩都有一种将父亲视为争夺母亲注意力的性竞争对手的内在冲动。因为男孩不能替代他的父亲，俄狄浦斯情结一般会在男孩对父亲的力量产生认同时得到解决。对于年幼女孩的相关体验，弗洛伊德并未给出一致的理论解释。

为什么弗洛伊德认为吃不仅受满足饥饿的自我生存驱力的驱使，同时也受寻求口欲满足的"性"驱力的影响?

弗洛伊德认为，在心理性欲发展的某个阶段得到过多满足或挫折都会导致**固着**（fixation），即无法正常地进入下一个发展阶段。每个阶段的固着都会导致成年后不同的行为特征。固着概念可以解释为什么弗洛伊德如此重视早期经验对人格连续性的作用。他认为心理性欲发展早期阶段的经验对人格形成和成人行为模式有着深刻的影响。

精神决定论　固着概念让我们首次认识到，弗洛伊德认为早期冲突会决定后来的行为。**精神决定论**（psychic determinism）认为，所有心理和行为反应（症状）都是由早期经验决定的。弗洛伊德认为症状不是随意的；相反，症状以一种有意义的方式与重大生活事件相关。

弗洛伊德的精神决定论信念使他非常关注**无意识**（unconscious），即意识无法通达的信息仓库（见**图 13.4**）。其他研究者也曾讨论过这一构念，但是弗洛伊德将无意识对人类思想、感受和行为的决定作用放在了人类生活舞台的中心位置。根据弗洛伊德的理论，行为能被人意识不到的驱力所激发。你可能在不知道为什么或不直接了解你的行为的真正原因的情况下做出某一行为。你的行为有一个显性的内容（如你所说的、所做的或者所感知到的），这些内容是你可以完全意识到的；但同时也有一个潜藏的隐性的内容。基于焦虑的神经质症状、梦、笔误和口误的意义存在于思考和信息加工过程的无意识层面。如今很多心理学家也将无意识概念视为弗洛伊德对心理学所做的最大贡献。很多现代的文学和戏剧作品同样也在探讨无意识过程对人类行为的影响。

图 13.4　弗洛伊德的人类心理观
弗洛伊德理论将人的心理类比为冰山。能够看到的冰山顶端部分代表着意识。冰山的大部分隐藏在水下，代表着无意识。（见彩插）

根据弗洛伊德的理论，你内心所不能接受的冲动也在努力寻求表达。当无意识的渴望被你的讲话或者行为出卖时，弗洛伊德式的失误就出现了。比如，某人在他朋友家度过了一个并不太愉快的周末，但出于礼貌他觉得仍应该写一封感谢信。他想写："我很高兴我们一起度过了很长一段（chunk）时间。”然而，他朋友后来很不高兴地打来电话说他实际写的是：“我很高兴我们一起度过了一堆垃圾（junk）时间。”你能看出把 chunk 误写为 junk 可能表达了一种无意识愿望吗？无意识动机的概念使得心理机制变得更为复杂，从而为人格研究增添了一个新的维度。

现在你已了解了弗洛伊德理论的一些基本内容。下面让我们看看它们对人格结构的贡献。

人格的结构 在弗洛伊德理论中，人格的差异源于人们以不同的方式对待基本的驱力。为解释这种差异，弗洛伊德描绘了人格的两个敌对部分（本我和超我）之间的一场无休止的战斗，这场战斗由自我（人格的第三部分）来调和。虽然人格的这三个部分貌似是彼此独立的主体，但要记住，弗洛伊德认为它们只是不同的心理过程。比如，弗洛伊德并没有对本我、自我和超我进行脑定位。

本我（id）是基本驱力的仓库。它的运作是非理性的，凭冲动行事并追求表达和即时的满足，而不考虑所渴望的行为是否现实可行、是否被社会认可或被道德接受。本我受快乐原则支配，无节制地寻求当下的满足（特别是性、生理和情感欢愉）而不计后果。

超我（superego）是个体价值观的仓库，包括从社会习得的道德态度。超我大体上与日常的良心概念相对应。当儿童开始将父母或其他成年人反对不良社会行为的禁令接受为自己价值观的一部分时，超我便出现了。超我是一种心中发出的声音，告诉你哪些是应该的和哪些是不应该的。超我也包括理想自我，这是一个人努力想成为的样子。因此超我通常与本我有冲突。本我想要做快乐的事情，而超我则坚持做正确的事情。

自我（ego）是人格里以现实为基础的那部分，它调停着本我冲动与超我要求之间的冲突。自我代表个体关于物质和社会现实的个人观点，是其意识中关于行为的原因和结果的信念。自我的一部分工作是选择那些能满足本我冲动而又不会带来不良后果的行动。自我受现实原则支配，将理性选择置于快乐需求之前。因此，自我会阻止考试作弊的冲动，因为它会考虑被抓住的后果，同时它会用下次更努力学习或者寻求教师同情等方法来代替作弊。当本我与超我冲突时，自我会找出折中方案，使双方都至少得到部分满足。然而，随着本我与超我的压力变强，自我很难调和两者的矛盾。

压抑与自我防御　有时本我与超我之间的妥协方法是“在本我上加个盖子”。极端的欲望会被从意识推入无意识的私密空间中。**压抑**（repression）是一种自我保护的心理过程，使个体不必因为无法接受的或可能引起危险的冲动、想法或记忆而体验到极度的焦虑或内疚感。自我既意识不到被审查的心理内容，也不能觉察压抑将信息控制在意识之外的过程。在自我克服有威胁的冲动和愿望的各种防御方式中，压抑被认为是最基本的一种。

自我防御机制（ego defense mechanism）是自我用来保护自身的心理策略，使其在寻求表达的本我冲动与否定它们的超我要求之间的日常冲突中免受伤害（见**表** 13.2）。在精神分析理论中，这些机制对个体应对重大的内部冲突极为重要。利用自我防御机制，个体可以保持良好的自我意象和可接受的社会形象。例如，假设一个儿童强烈地憎恨他的父亲，如果付诸行动就会有危险，于是他就可能进行压抑。因而这种敌意的冲动在意识层面不再急于寻求满足，甚至它的存在也不会被注意到。然而，尽管这种冲动不会被看到或听到，但它并未消失；这些感受继续在人格功能中发挥作用。例如，通过对父亲产生强烈的认同，儿童可以提高自我价值感，并减少对自己被发现有敌意冲动的无意识恐惧。

在弗洛伊德的理论中，**焦虑**（anxiety）是被压抑的冲突将要进入意识时所引发的一种强烈的情绪反应。焦虑是一种危险信号：压抑失效！红色警报！需要更多的防御！这时就需要第二道防御，即一种或更多可缓解焦虑并将令人烦恼的冲动送回无意识之中的其他自我防御机制。例如，一位不喜欢儿子也不想照顾他的母亲可能会使用反向形

表 13.2 主要的自我防御机制

否认现实	为保护自我，拒绝承认自己不想接受的现实。
转移（置换）	把被压抑的情感（通常是敌意）的释放对象从最初唤起情绪的目标转移到不太危险的另一个目标。
幻想	用想象的方式满足受挫的欲望（白日梦是一种最常见的形式）。
认同	通过认同（通常是声名显赫的）他人或其他机构来提高自我价值感。
隔离	将情感从伤害人的环境中抽离出来，或把不相容的态度分别放进逻辑密封隔间（持有相互冲突的态度，但从未同时去想它们，或将它们联系起来）；也称为分隔。
投射	把自己的困难归咎于他人，或把自己不被允许的欲望归因于他人。
合理化	试图证明自己的行为是合理的和正当的，值得自我和他人的认可。
反向形成	通过认同相反的态度和行为并把它们作为屏障来防止危险欲望的表达。
退行	退回到更早的发展水平，包括更幼稚的反应以及较低水平的抱负。
压抑	将痛苦或危险的想法排除在意识之外，使之不被觉知，是最基本的防御机制。
升华	将受挫的性欲望通过社会文化认可的与性无关的其他活动来满足。

成策略，将她不可接受的冲动转变到相反的方向："我恨我的孩子"变成"我爱我的孩子，看看我是怎样用爱紧紧包裹这个可爱的小家伙！"这样的防御对缓解焦虑起着关键的应对功能。

如果防御机制有助于你克服焦虑，为什么它们还会有负面影响呢？自我防御机制虽然有用，但终究带有自我欺骗性。如果过度使用弊多于利。为减少焦虑而花费大量的时间和心理能量去歪曲、伪装及疏导不被接受的冲动，是一种不健康的心理状态，其后果是，个体没有精力让生活丰富多彩或建立满意的人际关系。弗洛伊德认为，某些心理疾病就是过度依赖用防御机制来应对焦虑造成的，在后续关于心理障碍的章节中你将看到这一点。

对弗洛伊德理论的评价

本章用了大量篇幅叙述精神分析理论的基本观点，因为弗洛伊德的观点对许多心理学家思考正常与异常人格的方式产生过深远的影响。然而，与赞成弗洛伊德的人相比，更多的心理学家持批评态度。他们的批评意见的依据是什么?

首先，精神分析的一些概念是模糊的，没有操作性定义，因此理论的许多内容难以科学地加以评估。由于一些核心假设是不可证伪的（即便是原则上证伪），因此弗洛伊德的理论是存疑的。怎么可能直接研究力比多、人格结构以及婴儿性冲动的压抑等概念呢?

其次，一条与上述有关的批评认为，弗洛伊德理论能讲好故事，却不是严谨的科学。它不能可靠地预测将要发生什么，它的应用是回溯性的，是在事件发生之后。利用精神分析理论理解人格，通常涉及的是对历史的重构，而不是对可能的行为和可预测的结果的科学建构。此外，由于过分强调当前行为的历史起因，该理论会使人们忽视可能引发和维持该行为的当前刺激。

对弗洛伊德理论还有另外三个主要的批评。其一，它虽是一个关于发展的理论，但它从不对儿童进行观察或研究。其二，它弱化了创伤性经验（比如儿童受虐）的作用，将个体对此的记忆重新解释为幻想（基于儿童与父母性接触的渴望）。其三，它有男性中心主义偏见，因为它以男性为模板，却没有考虑女性可能有何不同。

但是，弗洛伊德理论的某些方面在通过实证研究进行修正和改善后继续得到认可。例如在第 5 章我们看到，当代研究者们正在系统地探索无意识的概念（McGovern & Baars, 2007）。这项研究揭示出人的很多日常经验受意识之外的过程影响。这些研究结果支持了弗洛伊德的一般概念，但弱化了无意识过程与精神病的关联：你无意识中的内容很少使你焦虑或痛苦。

研究者也已经发现了被弗洛伊德称为防御机制的一些心理习惯的证据。我们之前看到，当个体体验到焦虑时最可能使用防御机制。研究者用各种方法检验了这一假设。

研究特写

本项研究的参与者是 9~11 岁的女孩（Sandstrom & Cramer, 2003）。研究者通过同伴访谈，确定在 50 个女孩中谁是较受欢迎的，而谁是较不受欢迎的。每个女孩在实验室里都将被另一个年轻女孩拒绝。研究者推断在面对拒绝时，由于她们过去消极的社会交往经历，不受欢迎的女孩会比受欢迎的女孩体验到更多的焦虑。研究者认为，为了应对焦虑，不受欢迎的女孩将有更频繁地使用防御机制的倾向。为了检验这个假设，研究者让女孩根据主题统觉测验的卡片讲故事。研究者分析故事内容以找出否认、投射等防御机制（见表 13.2）的证据。内容分析支持了这一假设：在经历同伴拒绝的场景后，不受欢迎的女孩比受欢迎的女孩使用了更多的防御机制。

第 12 章描述的一些压力应对方式可以归入一般意义的防御机制。例如你可能还记得，抑制与个人创伤或罪恶感（或羞耻体验）有关的思想和情感，可能会对心理和身体健康非常有害（Pennebaker, 1997; Petrie et al., 2004）。这些发现与弗洛伊德关于“被压抑的心理内容会导致心理痛苦”的观点是一致的。

弗洛伊德的理论是关于正常和异常人格的最复杂、最全面和最引人注目的观点——即使在他的预测被证明是错误的时候。然而，像对待任何其他理论一样，对弗洛伊德理论的最佳态度应该是逐个检验其观点的真伪。由于弗洛伊德的一些观点已被普遍接受，因此它仍然对当代心理学有影响。弗洛伊德的另一些观点则已经被抛弃。对弗洛伊德理论的最早修正来自他的学生。让我们看看他们是如何修正弗洛伊德的观点的。

弗洛伊德理论的拓展

弗洛伊德的一些追随者坚持了他的基本观点，即人格是无意识的原始冲动与社会价值观发生冲突的战场。然而，许多弗洛伊德的学术传承者对人格的精神分析观点进行了重大修正。总体来说，这些后弗洛伊德主义者做了以下改变：

- 他们更强调自我（ego）的功能，包括自我防御、自我（self）的发展、有意识的思维过程和个人控制。
- 他们认为社会变量（文化、家庭和同伴）对人格的形成具有重要的影响。
- 他们较少强调一般的性冲动或力比多能量的重要性。
- 他们认为人格发展不仅限于儿童期，而是持续一生。

现在我们来看阿尔弗雷德·阿德勒、凯伦·霍妮和卡尔·荣格等人的理论如何论述这些主题。

阿尔弗雷德·阿德勒（Alfred Adler, 1870—1937）否认了性欲（Eros）和快乐原则的重要性。阿德勒（Adler, 1929）认为，作为无助、依赖性的幼童，人人都会体验到*自卑感*。寻找克服这种自卑感的方法支配着所有的人。人们往往通过补偿获得胜任感，更多情况下通过过度补偿来追求*卓越*。人格就是围绕着这种潜在的努力而构建的；人们以特定的方式克服基本的、无处不在的自卑感，并据此建立自己的生活方式。人格冲突不是源于个体内部相互竞争的驱力，而是源于外部环境压力与内部追求胜任感的努力之间的矛盾。

凯伦·霍妮（Karen Horney, 1885—1952）接受过精神分析学派的训练，却在多个方面背离了正统的弗洛伊德理论。她质疑了弗洛伊德强调阴茎重要性的男性中心观点，认为男性妒忌怀孕、母性、乳房和哺乳，这种妒忌是男孩和男人无意识中的一种动力。这种“子宫妒忌”导致男人贬低女人，并通过对创造性工作

为什么个体对拳击的热情可能意味着她使用了自我防御中的转移机制?

荣格认为，创造性是从个人无意识和集体无意识中释放意象的手段。为什么荣格认为有两种类型的无意识？

的无意识冲动来过度补偿。霍妮比弗洛伊德更强调文化因素，更强调目前的人格结构而非婴儿期的性欲（Horney, 1937, 1939）。由于霍妮对人本主义的产生也有一定的影响，在下一节我们还会再次讨论她的思想。

卡尔·荣格（Carl Jung, 1875—1961）极大地拓展了无意识概念。荣格（Jung, 1959）认为无意识并不限于个体独特的生活经验，而是包含整个人类共享的基本心理现实，即**集体无意识**（collective unconscious）。集体无意识可以解释你对原始神话、艺术形式和象征物的直觉性理解，这些都是人类经验中普遍的原始意象。**原始意象**（archetype）是特定经验或客体的原始符号表征。人们对每一种原始意象都有以特殊方式去感受、思考或体验的本能倾向。荣格提出了许多能够产生神话与象征的原始意象：太阳神、英雄、大地母亲。阿尼姆斯（animus）是男性原始意象，阿尼玛（anima）是女性原始意象，所有男人和女人都能在不同程度上体验这两种原始意象。自我的原始意象是曼陀罗（mandala），或者神秘圆圈，它象征着对完整和统一的渴望（Jung, 1973）。

荣格把健康的、整合的人格视为对立力量（如雄性的攻击性与雌性的敏感性）的平衡。这种把人格视为处于动态平衡的各种互补的内部力量的集合的观点被称为**分析心理学**（analytic psychology）。此外，荣格否定了力比多的根本重要性，而力比多在弗洛伊德理论中特别关键。荣格添加了两种同样强大的无意识本能：创造的需要以及成为一个自洽的完整个体的需要。在下一节人本主义理论中我们将看到与第二种需要相似的自我实现概念。

STOP 停下来检查一下

❶ 根据弗洛伊德的理论，如果个体的发展固着在口唇期，会出现什么行为？

❷ 自我（ego）如何受现实原则的引导？

❸ 尽管列昂好斗，但他总是责备其他人先动手打架。这里起作用的可能是何种防御机制？

❹ 根据阿德勒的观点，什么驱力激发了人们诸多的行为？

批判性思考：回忆关于使用防御机制的那项研究。为什么研究者特意采用拒绝的情境来制造焦虑？

人本主义理论

在理解人格方面，人本主义取向的特点是关注个体意识中的个人经验的整体性以及成长潜能。本节将介绍人本主义心理学家如何提出并发展了与自我有关的一些概念，以及人本主义理论与其他人格理论的区别。

人本主义理论的特点

对**卡尔·罗杰斯**（Carl Rogers, 1902—1987）而言，自我（self）是人格的一个核心概念。罗杰斯认为，我们会发展出**自我概念**（self-concept），即关于自身典型行为和独特品质的一种心理模型。他相信在我们的人生进程中，我们会尽量使自我概念与现实生活体验保持和谐。罗杰斯对自我的重视说明了所有人本主义理论的一个关键特征，那就是对自我实现驱力的强调。**自我实现**（self-actualization）是个体为了实现内在潜能而不断努力的过程。请回忆一下第 11 章，**马斯洛**将自我实现置于其需要层次结构的顶端。朝向自我实现的努力是一种建设性、指导性的力量，驱使每个人做出积极的行为并不断提升自我。

自我实现的驱力有时会与个体获得自我和他人认可的需要相冲突，在个体觉得必须完成某些义务或满足某些条件才能得到认可时尤其如此。例如，罗杰斯（Rogers, 1947, 1951, 1977）强调**无条件积极关注**（unconditional positive regard）在养育孩子中的重要性。罗杰斯的意思是，儿童就算有错误和过失也应该感到他们总会被爱和被认可，也就是说他们不必去努力赢得父母的爱。罗杰斯建议，当儿童行为不当时，父母应该强调他们不认可的是该行为而非孩子本身。无条件积极关注在成年期也很重要，因为对获得认可的担忧会妨碍个体的自我实现。作为成年人，你应该给予亲近的人无条件积极关注，并从他们那里获得无条件积极关注。最重要的是，你需要无条件的、积极的自我关注，也就是悦纳自我，尽管你有一些可能正在试图改变的缺点。

凯伦·霍妮对人本主义的贡献尽管往往得不到应有的承认，但她是另一个奠定人本主义人格理论基础的重要理论家（Frager & Fadiman, 1998）。霍妮认为人们都有一个“真实自我”，它需要良性的环境条件才能得以实现，这些条件包括温暖的社会氛围、他人的善意，以及父母把子女作为“独特个体”的爱，等等（Horney, 1945, 1950）。如果缺乏这些良好的养育条件，儿童会出现一种根本性的焦虑，抑制真实情感的自然流露，并阻碍有效人际关系的形成。为应对这种根本性焦虑，个体会求助于内部或人际防御。人际防御会使个体亲近别人（过度顺从与抹杀自我）、对抗别人（攻击、傲慢、自恋）和远离别人（疏远）。内部防御会使某些人形成一个不现实的、理想化的自我意象，并努力“追寻荣耀”以使这种自我意象变得合理；还会形成一个遵循僵化的品行规则的尊严系统，以符合这个浮夸的自我概念。这类人往往生活在“应

为什么卡尔·罗杰斯要强调父母对孩子的无条件积极关注?

然暴政”之下（即自我强加的义务），例如，“我应该完美、慷慨、有吸引力而且勇敢”，如此等等。霍妮认为，人本主义治疗的目标就是帮助个体获得自我实现的快乐，促进其人性中内在的建设性力量，支持他们不断走向自我实现。

如你所见，人本主义理论强调自我实现或成为真实的自我。另外，人本主义理论被认为兼具整体论、内在倾向论和现象学取向。让我们看看为什么。

人本主义理论是*整体论的*，因为它依据个体的整体人格来解释其分散的行为，它还认为个体不应被视为仅仅是那些以不同方式影响行为的不同特质的总和。马斯洛认为，除非因较低层次需要得不到充分满足而受到影响，人们的内在动机将驱使他们追求更高层次的需要（见第 11 章）。

人本主义理论重视*内在倾向性*，关注那些对人们的行为方向有重大影响的个体内在特性。环境因素往往被视为限制与障碍，就像拴住气球的绳子一样。个体一旦摆脱负性环境制约，自我实现的倾向会积极引导个体选择那些提升人生的环境。然而人本主义理论并不像特质理论和心理动力学理论那样看待内在倾向性。后两种理论认为个人倾向性是行为中不断重复出现的主题。人本主义的内在倾向性专指创造性与成长。人本主义的内在倾向性每次发挥作用，个体就会改变一点，因此这种倾向性从不以相同的方式出现两次。随着时间的推移，人本主义的内在倾向性逐渐引导个体走向自我实现——这些动机的最纯粹的表达。

人本主义理论是*现象学的*，因为它强调个体的参照系及对现实的主观看法，而不是观察者或治疗师的客观视角。因此人本主义心理学家总想努力发现每个人独特的观点。这种观点也是一种以当前为导向的观点，过去的影响的重要性仅仅在于它把个体带到了当前的情境，而未来代表要达成的目标。因此人本主义理论与心理动力学理论不同，并不认为个体当前的行为受过去经验的无意识引导。

对那些尝遍弗洛伊德苦药的心理学家来说，乐观的人本主义人格观无异于一道美餐。人本主义直接关注提高——让生活变得更美好，而不是挖掘痛苦的记忆，这些记忆有时还是被压抑着比较好。人本主义观点强调，每个人都有能力实现自己全部的潜力。

对人本主义理论的评价

弗洛伊德的理论常被人指责过于悲观，因为他认为人性是在冲突、创伤和焦虑中发展出来的。而人本主义理论的出现则是为了赞颂人类追求快乐与自我实现的健康人格。批评这样一个鼓励与欣赏人类的理论是困难的，即使是批评其不足之处。然而仍有学者指出，人本主义的概念模糊不清，难以研究。他们问："自我实现究竟是什么？是一种先天的倾向，还是文化环境使然？"人本主义理论传统上也不关注个体的独特特征。它更多的是关于人性和人类所共有的品质的一种理论，而不是关于个体人格或个体差异基础的理论。其他心理学家指出，由于强调自我作为经验和行动根源的角色，人本主义心理学家忽略了那些同样对行为有影响的重要环境因素。

尽管存在以上局限，当代有一类研究却可以部分地追溯到人本主义直接关注个体叙事认同或生命故事的传统（McAdams & Olson, 2010）。用心理学理论去理解个体生活细节的传统（即写一份心理传记）可以追溯到弗洛伊德对达·芬奇的研究（Freud, 1910/1957; 对弗洛伊德工作的批评见 Elms, 1988）。**心理传记**（psychobiography）被定义为系统地运用心理学理论（尤其是人格理论）将一个人的人生写成一个连贯而具有启发性的故事（McAdams, 1988, p. 2）。以伟大的艺术家毕加索为例。他在童年期经历了许多创伤（包括一次严重的地震及妹妹的亡故）。心理传记试图将毕加索巨大的艺术创造力解释为他一生遗留的对早期创伤的反应（Gardner, 1993）。当某个名人或历史人物成为心理传记的主角时，研究者会把出版作品、日记和书信等作为相关的资料来源。对于普通人，研究者可直接获得其生活经历的叙事。例如，要求参与者回忆生活中的关键事件："你为何认为它是你生命故事中的重要事件？这件事对于你是谁、你过去是谁、你将来可能怎样以及你如何变成这样有什么意义？”（McAdams et al., 2006, p. 1379）。在一系列叙事材料中表现出的特征性主题支持了人本主义心理学家提出的整体论的与现象学的人格概念：人们通过从叙事的线索中编织生命故事来构建自己的同一性。个人的叙述为我们了解其自我观与人际关系打开了一扇窗户。

人本主义理论家强调每个人追求自我实现的驱力。然而，他们也承认，人们追求自我实现的进程部分地是由环境现实所决定的。下面我们将介绍那些直接探究个体行为如何受环境影响的理论。

STOP 停下来检查一下

❶ 什么是自我实现？

❷ 人本主义理论对个体内在倾向的重视体现在哪些方面？

❸ 什么是心理传记？

社会学习和认知理论

到目前为止我们看到的所有理论都有一个共同点，即强调假设的内部机制（如特质、本能、冲动、自我实现倾向）推动了行为并构成人格运转的基础。然而这些理论大多没有确定人格与特定行为的确切联系。例如，心理动力学和人本主义理论描述了整体人格但并未预测特定的行为。人格理论的另一个传统源于对行为的个体差异更直接的关注。请回顾一下第 6 章的内容：人们的很多行为都可以根据环境相倚关系来预测。支持学习理论的心理学家关注控制行为的环境因素。人格被视为由个体的强化经历可靠地引发的显性和隐性反应的总和。学习理论指出，人们出现差异是因为他们有不同的强化经历。

下面的一组理论有一个共同的起点：行为受环境条件的影响。然而，除了环境，这些当代的社会学习和认知理论还进一步强调了认知过程

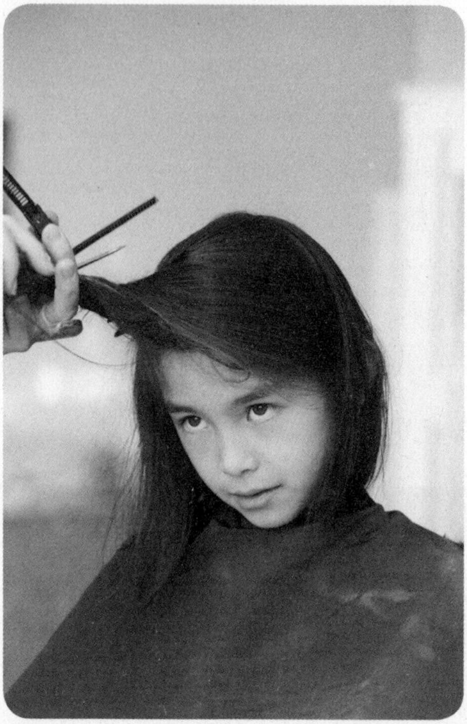

如果你的父母在你每次理完发后都对你的新发型加以赞扬，那么这种评价会如何影响你成年后对自己外表和打扮的自信？如果每一次父母对你的新发型都给予批评，又会有什么影响？

的重要性。那些提出人格认知理论的研究者指出，人们在思考和定义任何外部情境时都存在重要的个体差异。与人本主义理论一样，认知理论强调你参与了自身人格的塑造。例如，你在很大程度上主动选择了自己所处的环境，你不只是被动地做出反应。你会权衡各种情况，选择特定的环境并依环境而采取行动，即你选择进入你期望有强化作用的环境，避免那些不令人满意和不确定的环境。

让我们看看这些观点的具体体现，以下将分别介绍朱利安·罗特、沃尔特·米希尔和艾伯特·班杜拉的理论。

罗特的期望理论

朱利安·罗特（Rotter, 1954）的理论聚焦于**期望**（expectancy）。期望指人们对自己在特定情境下的行为能够带来奖赏的相信程度。例如，假设你在做课堂报告之前需要确定练习次数。你希望自己至少能得个 B。高期望意味着你认为额外的练习很可能使你达到 B 或更好，而低期望则意味着你根本不相信额外的练习有助于提升你的成绩。你的期望上升部分地是因为你过去受到强化的经历：如果练习曾经使你获得奖赏，你将更加期望它会再次带给你奖赏。罗特还强调奖赏的价值，即个体赋予某种特定奖赏的价值。如果你这个学期过得比较艰辛，那么对你而言一个 B 可能比在其他情况下更有价值。在罗特看来，只有当你能评估人们对某个奖赏的期望以及他们珍视奖赏的程度时，你才可能预测其行为。

罗特强调，人们对现实生活中遇到的许多情境都带有特定的期

表 13.3 《内外控量表》项目示例

1. a. 从长远来看，人们最终会得到他们应得的尊重。
   b. 不幸的是，不管个体如何努力，他的价值通常得不到认可。
2. a. 没有合适的机遇，一个人不可能成为有效的领导者。
   b. 有能力的人未能成为领导者是因为他们没有好好抓住机遇。
3. a. 大多数人没有意识到他们的生活受偶然事件影响的程度。
   b. 根本不存在所谓的“运气”。
4. a. 发生在我身上的事情都是我自己造成的。
   b. 有时候，我觉得自己对生活走向没有足够的控制力。

注：1a、2b、3b 和 4a 代表内控。

资料来源：J. B. Rotter, Generalized expectancies for internal versus external locus of reinforcement, Table1. *Psychological Monographs, 80*(1):11–12. Copyright © 1966 by the American Psychological Association. Adapted with permission.

望。然而他也认为，人们对他们在多大程度上可以控制奖赏的获得有着更一般的期望。罗特定义了**控制点**（locus of control）维度（Rotter, 1966）：某些人更坚信行为结果取决于自己的行为（内控）；另一些人则认为行为结果取决于环境因素（外控）。**表 13.3** 给出了罗特《内外控量表》的一些示例项目。在完成量表时，你需要从每个项目的 a 和 b 中选出你认为更准确的描述。从这些例子中你应该能体会内控者和外控者对生活结果做出预期的方式上的一些不同。研究者一致地证明了控制点取向的重要性。例如，一项研究考察了个体 10 岁时的控制点与其 30 岁时身心健康的关系（Gale et al., 2008）。整体来看，儿童期内控的个体在 30 岁时更健康，出现肥胖、高血压和心理困扰的风险更低。研究者认为，外控取向者健康状况可能会较差，因为他们相信自己无法掌控自己的健康，因而也不会采取行动来促进健康。

米希尔的认知—情感人格理论

沃尔特·米希尔（Walter Mischel）提出了一种颇具影响的关于人

格的认知基础的理论。米希尔强调，人们在与环境的互动中能主动投入认知建构的过程中。他的观点强调理解行为如何从个体与情境的相互作用中产生的重要性。（Mischel, 2004）。请看这个例子：

> 约翰独特的人格可能表现得最明显，因为他在与陌生人第一次见面时总是非常友好，但是随着交往的进一步深入他会可预见地变得相当粗鲁和不友好。与之相反，吉姆的独特性是在自己不太熟悉的人面前往往害羞和寡言，但一旦与别人熟识之后，就变得非常合群和健谈（Shoda et al., 1993, p. 1023）。

如果我们分别将约翰和吉姆的整体友好程度求平均数，可能会发现他们在这个特质上等值，但很显然这种方法并不能体现他们两人行为上的重要差异。根据米希尔的观点（Mischel, 1973, 2004），人们如何对特定的环境刺激做出反应，取决于**表 13.4** 所列举的一些变量。你能看出其中的每一个变量可能如何影响个体在特定情境下的行为方式吗？试着去想象一个不同的情境，在这一情境下，你将做出不同于表

表 13.4 米希尔认知—情感人格理论中的个人变量

变量	定义	举例
编码方式	你对自己、他人、事件以及情境等相关信息的归类方式。	每当鲍勃接触到一个人，他总是首先试图确定这个人有多富有。
期望和信念	你对社会环境以及特定行为在具体情境下可能导致的结果的信念；对自己实现目标的能力的信念。	格雷格邀请他的朋友们去看电影，但从不指望他们会答应。
情感	你的感受和情绪，包括一些生理上的反应。	辛迪非常容易脸红。
目标和价值观	你看重或不看重的结果和情感；你的目标和人生规划。	皮特想成为大学班级的班长。
能力和自我管理计划	你能够完成的行为和产生特定认知和行为结果的计划。	简可以讲英语、法语、俄语和日语，她希望能去联合国工作。

中所列人物的行为，因为你在相应变量上是不同的。你也许想知道对一个特定个体而言，到底是什么因素决定了这些变量的本质。米希尔认为，它们源自人们的观察经验，以及他们与其他人及无生命的客观环境之间的互动经验（Mischel, 1973）。

我们通过一个实例来说明米希尔理论中的变量如何解释人们在相同情境下具体行为的差异。让我们来看一项研究，它考察了能力与自我管理计划（见表 13.4）在预测 10 岁男孩的攻击行为时的交互作用。

研究特写

这项研究考察了参加夏令营的 59 个男孩（Ayduk et al., 2007）。研究者让每个男孩都接受言语能力测验以测量其能力，完成一项测量其延迟满足能力的任务以判定其自我管理能力。这些男孩被带进一个房间，里面放有一大一小两堆他们特别喜欢的食物（如某种糖果）。为了得到大份的糖果，他们必须等待 25 分钟，其间不能按铃让研究者回来。如果他们按了铃，就只能得到小份的糖果。在这 25 分钟里，男孩们必须控制自己的行为。具体而言，为了让时间快点过去，他们必须把注意力从糖果和按铃上转移开。因此研究者将男孩控制注意力的能力作为测量其自我管理能力的一种方法。最后，为了测量攻击性，研究者从夏令营辅导员那里获取了对男孩们在团体活动中的言语攻击和身体攻击的多重评估。如**图 13.5** 所示，同时知道男孩们的言语能力和自我管理能力对预测他们的攻击水平很重要。具体而

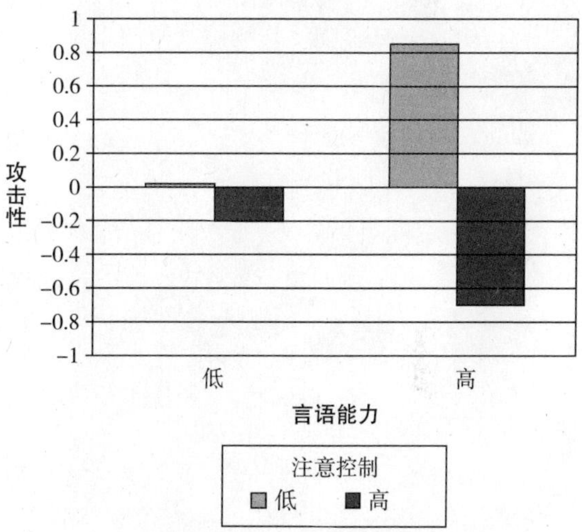

图 13.5　男孩的攻击行为水平

参加夏令营的男孩的攻击行为水平反映了他们的言语能力与为了延迟满足而控制注意力的能力的交互作用。

资料来源：O. Ayduk, M. L. Rodriguez, W. Mischel, Y. Shoda, & J. Wright. Verbal intelligence and self-regulatory competencies, *Journal of Research in Personality (41)*: 374–388, Copyright © 2007.

言，与言语能力和注意控制力都强的同伴相比，言语能力强但注意控制力较差的男孩表现出了强得多的攻击性。

你可能会预期，更聪明的男孩应该有应对社会环境的知识，而不必诉诸武力。这项研究表明仅有知识是不够的，孩子们还需要有做出攻击之外的行为的能力和动机。透过该研究结果，你便可以理解，为什么米希尔的人格理论关注几种不同变量之间的交互作用。

如表 13.4 所示，米希尔的理论还考察了目标在人们确定对特定情境的反应方式时所起的作用。研究表明，人们在选择人生目标和用于实现这些目标的策略方面存在差异（Cantor & Kihlstrom, 1987; Kihlstrom & Cantor, 2000）。你能看出与目标有关的选择和技能是如何导致不同的行为模式（即你眼中的人格）的吗？例如，有些人把亲密作为一个重要目标，他们努力促成相互依赖的关系并进行自我表露，而其他人则不会把这一需求带入友谊中。这样的目标会影响行为：有较强亲密目标的人会更努力地在关系中减少冲突（Sanderson et al., 2005）。这个例子中，你通过人们的目标引导行为的一致方式识别人格。

如果仅凭这张抓拍照就对图中的两个男孩做人格判断，你是否有把握？为什么你可能想了解他们在不同情境下的行为模式？

班杜拉的认知社会学习理论

班杜拉通过理论著述和对成人及儿童的广泛研究（Bandura, 1986, 1999），成为人格的社会学习取向的雄辩有力的倡导者（我们在第 6 章介绍了他对儿童攻击行为的研究）。这种理论取向将学习原理与对社会环境下人际互动的强调结合在一起。根据社会学习理论的观点，人既不是由内部因素驱动，也不是完全受环境所左右。社会学习理论强调参与获得和保持某种行为模式（故而也是人格）的认知过程。

班杜拉的理论指出了个体因素、行为和环境刺激之间复杂的相互作用。其中每一个都会影响或改变其他元素，并且这种影响极少是单向的，它是*相互的*。你的行为会受你的态度、信念、之前的强化经历以及环境中刺激的影响；你的所作所为会对环境产生影响，同时人格中某些重要的方面会受环境和行为反馈的影响。因此，**交互决定论**（reciprocal determinism）这个重要概念意味着，如果要完整地理解人类行为、人格和社会生态学，就必须全面考察所有这些因素（Bandura, 1999; 见**图 13.6**）。举例来说，如果你通常不把自己当成运动员，那么你可能不会在田径赛事上表现得很活跃；但是，如果你住得靠近某个游泳池，你可能会花时间去游泳。如果你性格外向，你可能会与游泳池周围的人交谈，在那里营造一个非常友好的气氛，这反过来又会使游泳池的环境变得更加令人愉快。这是个体、环境和行为之间相互决定的一个例子。

你可能还记得在第 6 章中，班杜拉的社会学习理论强调，观察学习是一个人根据对另一个人行为的观察来改变自己的行为的过程。通过观察学习，儿童和成人都获得了大量关于社会环境的信息。通过观察，你了解了什么行为是适宜的，能得到奖赏，什么行为会受到惩罚或者被忽视。因为你可以利用记忆，也可以对外部事件进行思考，所以你能够预见你某个行为的结果，而不必亲身去体验。仅仅通过观察别人做什么及之后的结果，你就可以获得一些技能、态度和信念。

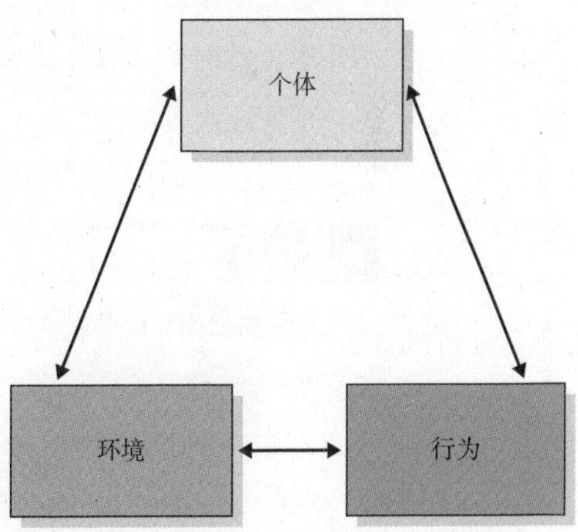

图 13.6　交互决定论

交互决定论认为，个体、个体的行为和环境三者之间相互作用，每个成分都可以影响和改变其他成分。

随着他的理论的发展，班杜拉

（Bandura, 1997）详细阐述了自我效能感，并将其作为一个核心概念。**自我效能感**（self-efficacy）是一种相信自己在某种情境下足以完成任务的信念。自我效能感会以多种方式影响你的知觉、动机和表现。当你预料自己无能为力时，你甚至不会尝试一下或者碰碰运气。你会避开让你感到无能为力的情境。即使事实上你有能力，也有意愿，但如果你认为自己缺乏完成任务所需的信心，你可能也不会采取必要的行动或坚持成功地完成任务。

除了根据现实的成绩和表现，人们还依据以下几方面进行自我效能判断：

- 替代性经验——你对其他人表现的观察。
- 说服——别人可以说服你相信你能做到某事，或者你也可以自己说服自己。
- 在考虑或开始某项任务时监控自己的情绪唤起——例如焦虑表明对自我效能的期望较低，而兴奋则代表着期望自己能成功。

自我效能判断影响着人们在各种人生情境中面临困难时会付出多大的努力和能够坚持多久（Bandura, 1997; 2006）。

让我们来看一下自我效能对学业的影响。例如，研究表明，你学习本章内容时的热情和坚持也许更多地取决于你的自我效能感，而不是你的实际能力。

研究特写

美国加州州立大学五个校区的 1 291 名大二学生参与了一项考察自我效能感对大学表现的影响的研究（Vuong et al., 2010）。每位学生都完成了与其大学经历有关的自我效能感测量：对学业课程的自我效能感，以及与辅导员、老师和同学进行社交互动的自我效能感。学生们用从“不自信”到“非常自信”的十点量表来表明他们对完成各类任务的感受，比如“在课堂上提问”以及“在校园里交朋友”（Zajacova et al., 2005, p. 700）。这些大二学生还报告了他们的平均绩点以及他们坚持学业的可能性。学生对学业课程的自我效能感可以预测他们的平均绩点和继续学业的可能（Vuong et al., 2010）。不过社交互动的自我效能感与学业表现的测量结果并无联系。

该研究表明，人们拥有不同生活领域的自我效能感。事实上，我们预计人们在不同领域会有不同程度的自我效能感。为了评估社交互动方面的自我效能感对大二学生大学经历的重要性，研究人员可能会测量什么？

班杜拉的自我效能理论也承认环境的重要性。对成功和失败的预期以及对应的停止尝试或者坚持到底的决定，可能是根据对周围环境的支持性的判断以及对自己能力的认识做出的。这种期望被称作基于结果的期望。**图 13.7** 呈现了班杜拉理论中各个成分之间的关系。行为结果既取决于人们对自己能力的认识，也取决于人们对环境的认识。

对社会学习和认知理论的评价

对社会学习和认知理论的第一类批评是，这些理论往往没有把情绪视为人格的一个重要成分。在心理动力学理论中，情绪（如焦虑）有着核心作用。在社会学习和认知理论中，情绪仅仅被认为是思维和

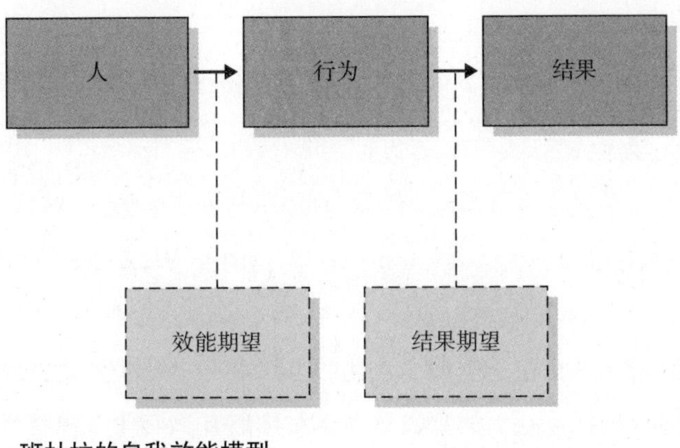

图 13.7　班杜拉的自我效能模型

这个模型将效能期望置于人与他们的行为之间，而结果期望则处在行为和预期的结果之间。

行为的副产品，或者只是与其他类型的思维一并提及，而没有被赋予独立的重要性。对那些认为情绪在人格中处于中心地位的学者而言，这是一个非常严重的理论缺陷。还有批评者认为，认知理论并未充分认识到无意识动机过程对行为和情感的影响。

第二类批评则集中在对个人构念和能力形成方式的解释上的模糊性。认知理论的学者们通常很少提及成人人格的发展起源问题，他们因关注个体对当前行为背景的感知而忽视了个人的历史。

尽管有这些批评，人格的认知理论对人们当前的认识仍然贡献很大。米希尔对环境的重视使我们对个体与环境之间的相互作用有了更好的理解。班杜拉的理论使教师教育孩子并帮助他们提高成绩的方法得到了改善，同时也促成了卫生保健、商务和体育运动等领域的新举措。

这些认知人格理论能否帮助你洞察自己的人格和行为？你开始看到你如何部分地通过与环境的互动来定义自己。现在让我们转向那些能进一步丰富你对自我的定义的理论。

STOP 停下来检查一下

1. 在罗特的理论中，拥有外部控制点取向意味着什么？
2. 在米希尔的理论中，哪五种类型的变量可以解释个体差异？
3. 班杜拉的交互决定论涉及哪三个成分？

批判性思考：请回忆在夏令营中考察男孩攻击行为的研究。为什么研究者对男孩的攻击水平进行多重评估很重要？

自我理论

我们现在将介绍一些最个人化的人格理论。这些理论直接涉及每个人如何管理他（她）的自我感。你对你的自我有什么样的概念？你认为你的自我对世界的反应是始终如一的吗？你试图在朋友及家庭面前展现出一致的自我吗？积极和消极的经验对你看待自我的方式有什么样的影响？在开始思考这些问题之时，我们不妨简单地回顾一下历史。

威廉·詹姆士（James, 1892）是自我研究的最坚定的早期倡导者。詹姆士将自我经验分为三个部分：*物质我*（躯体自我以及周围的物质客体）、*社会我*（对别人如何看待你的意识），以及*精神我*（监控内在思想与情感的自我）。詹姆士认为，一切与自身有关的事物都会在某种意义上成为自我的一部分。这就解释了为什么朋友或家庭成员（自我的一部分）受到批评时人们会做出防御性反应。“自我”概念也是心理动力学理论的核心。自我领悟是弗洛伊德理论中精神分析治疗的重要组成部分。荣格则强调，要充分发展自我，个体必须整合并接受其意识和无意识经验的各个方面。这段简短回顾的最后一点是，你已经知道卡尔·罗杰斯将自我作为其人本主义人格发展理论的基石。

当代理论又是如何阐述自我的呢？首先，我们将从认知的角度考察自我概念。接着，我们将介绍自尊的概念以及人们维护自尊的方法。最后，我们来看一个重要的主题，即不同文化的自我观有何不同。

自我概念和自尊

自我概念是一个动态的心理结构，它能激发、解释、组织、中介和管理个人内部及人际间的行为和过程。自我概念包括许多成分：你对自己的记忆；关于你的特质、动机、价值观以及能力的信念；你最想成为的理想自我；你打算扮演的可能自我；你对自己的积极或消极评价（自尊）；以及关于别人怎么看待你的信念（Chen et al., 2006）。第 7 章将图式这一概念作为对环境结构进行综合概括的“知识包”进行了讨论。你的自我概念中包括关于自我的图式——*自我图式*。自我图式能让你组织关于你自己的信息，正如其他图式可使你管理你经验中的其他部分一样。然而，自我图式不仅仅影响你如何加工关乎自己的信息。研究表明，这些你经常用来解释自己行为的图式，也会影响你如何加工关乎他人的信息（Krueger & Stanke, 2001; Mussweiler &

Bodenhausen, 2002）。因此你会根据对自己的了解及信念来解释他人的行为。

自尊（self-esteem）是个体对自我的概括性评价。人们的自尊水平各异。前文已经描述了基因对人格其他方面的重要影响，所以你或许不会对自尊的个体差异也受基因影响感到惊讶：人们天生就有低自尊或高自尊的倾向（Neiss et al., 2006）。然而，环境因素对自尊的影响也很重要。例如，人们对自己外表的满意度会影响他们报告的自尊（Donnellan et al., 2007）。自尊也因人们对自己社交能力的感知而异。那些高自尊的人通常认为自己能在社交关系中应付自如，而低自尊的人通常会怀疑自己的社会价值（Anthony et al., 2007）。

自尊会强烈地影响人的思维、情感和行为（Swann et al., 2007）。实际上，研究者已经发现有些消极后果与低自尊之间存在联系。例如，在青少年和大学生中，低自尊与攻击性和反社会行为有关（Donnellan et al., 2005）。类似地，那些在青少年时期报告低自尊的人长大成人后，心理健康和生理健康状况较差，而且会面临更多的经济问题（Orth et al., 2008; Trzeniewski et al., 2006）。这些结果表明，低自尊会损害人们确立追求积极结果的目标和应对消极生活事件的能力。

某些人确实持有低自尊。然而证据表明，大多数人都会设法维护自尊，并维持完整的自我概念（Vignoles et al., 2006）。为了维护自我意象，人们会进行各种形式的自我提升（self-enhancement），即采取各种措施，使自己的行为看起来始终是积极的（Sedikides & Gregg, 2008）。例如，当人们对自己胜任某项任务的能力产生怀疑时，他们可能会做出**自我妨碍**（self-handicapping）行为，即故意损害自己的表现！采取这一策略的目的是为失败找一个现成的借口，从而不把失败归因为自己缺乏能力（McCrae & Hirt, 2001）。因此一个学生可能会在考试前参加朋友聚会，而不是努力学习为考试做准备。这样如果他失败了，就可以把失败归因为自己没有努力，而不是能力不足。注意，我们在这个例子中使用“他”是有意为之。研究发现，男性总是比女性采取更多的自我妨碍行为。

研究特写

在参加智力测验之前，学习心理学的男生和女生都有机会做 18 道练习题（McCrae et al., 2008）。一半学生的指导语提示练习很重要：这些学生被告知，如果不做适当的练习，他们的智力测验分数无效。另一半学生的指导语则提示练习不重要：这些学生被告知，练习可能对他们的测验分数没有影响。假设你得到的指导语是练习很重要，如果你想为你（可能的）的低分准备好借口，你可能会选择不做太多的练习。如**图 13.8** 所示，男生普遍选择了不做太多练习。那些被告知练习很重要的女生做了大量练习，而接受同样指导语的男生却尽可能少做练习。为了理解这一差异，研究者要求参与者完成一份量表，其中包含诸如“在我所选的每堂课上我都全力以赴”和“我因自己的勤奋而自豪”等项目（p. 309）。结果发现，女生比男生更赞同这些说法。

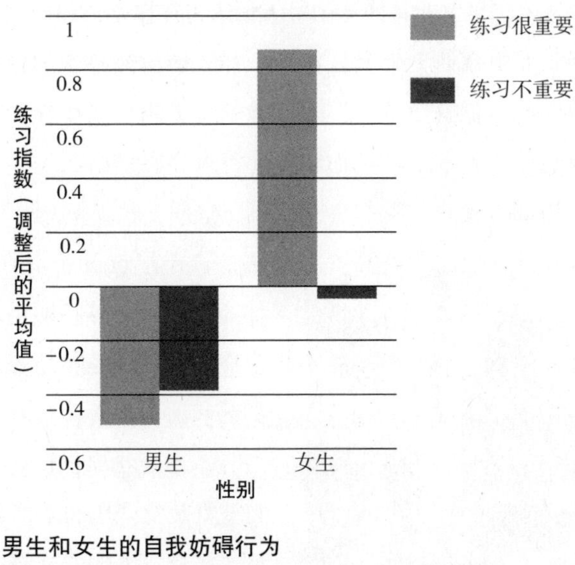

图 13.8　男生和女生的自我妨碍行为

练习指数结合了一个学生所完成的练习项目数量和他花在单个项目上的时间。正分表示高于平均练习水平，负分表示低于平均练习水平。当指导语为练习不重要时，男生和女生的练习差异较小。然而，当学生们认为练习很重要时，女生的练习量远远大于男生。

资料来源：S. M. McCrae, E. R. Hirt, & B. J. Milner, She works hard for the money: Valuing effort underlies gender differences in behavioral self-handicapping, *Journal of Experimental Social Psychology (44)*: 292–311, © 2008.

这些结果支持了研究者的主张：女性太过重视努力程度，以致不会采取自我妨碍行为。对女生而言，她们付出的努力是其自尊的重要来源。

近年来，研究者们为一种将自尊置于更广阔视角的理论提供了支持性证据。**恐惧管理理论**（terror management theory）提出，自尊有助于人们应对死亡的必然性（Greenberg, 2008）。恐惧管理理论认为，人们渴望获得*象征性不朽*，这种不朽“是由文化体制所赋予的，它使人们通过与家庭、国家、职业和意识形态建立联系并为之做出贡献的方式，感到自己是某种比个体生命更广阔、更长久、更有意义的存在的一部分”（Pyszczynski et al., 2004, p. 436）。当人们认为自己做出了有价值的贡献，为自己开辟了一条通往象征性不朽的道路时，他们就会获得自尊。为了支持恐惧管理理论，研究人员已经证明了当人们注意到死亡的必然性时，他们的行为发生改变的许多方式。例如，一个研究项目通过要求部分参与者“尽可能具体地记录下你认为在你死亡和濒临死亡时会发生的事情”而使其处于*死亡突显状态*（Greenberg et al., 2010, p. 5）。控制组成员则没有做这个练习。在实验的后续阶段，参与者回答了类似“你有多想出名？”以及“你认为你将来会有多出名？”这样的问题。与没有想到过死亡的参与者相比，那些明显注意到死亡的参与者更热衷于追逐和获取社会名声。你能看出对名声的期望是如何与自尊以及象征性不朽联系在一起的吗？

正在发生的自我妨碍：你不是为明天的考试用功学习，而是在图书馆睡着了。如果你考试没有取得好成绩，你可以找借口说“唉，我真的没有努力”。你有求助于自我妨碍的情况吗？

本节已强调过人们会做出自我妨碍之类的行为来维护高自尊。因此，人们对自尊的整体评估通常不能很好地预测他们在不同领域的表现，对此你或许不会惊讶（Baumeister et al., 2003）。人们对自己在某个具体领域（比如特定的学科）的表现的看法，反而可以更准确地预测其表现（Swann et al., 2007）。同样，提高自尊的项目最好针对特定的领域，这样人们才可以学到真正可以改变其表现的策略。

自我的文化建构

到目前为止我们的讨论一直侧重于与自我有关的构念，如自尊和自我妨碍，这些概念可以广泛地应用于不同的个体。然而，研究自我的学者也开始研究不同文化的约束如何影响自我概念和自我发展。如果你在西方文化下长大，那么你可能很容易接受我们之前回顾的研究：这些理论和构念与西方文化界定自我的方式非常吻合。然而，从世界人口的角度看，西方式自我赖以产生的文化——个人主义文化——却处于少数地位，全球约有 70% 的人生活在集体主义文化中。个人主义文化强调个体的需要，而集体主义文化则强调群体的需要（Triandis, 1994, 1995）。这种总体的强调对这些文化中每个成员界定自我的方式有着重要的影响：马库斯与北山忍等人（Markus & Kitayama, 1991; Kitayama et al., 1995; Markus et al., 1997）认为，每种文化对自我的含义都会有不同的解释，或者说每种文化都有不同的自我构念：

- 个人主义文化倡导**独立的自我构念**（independent construals of self）——“要达到独立这一文化目标，需要把自我建构为一个独立的个体，这个个体主要根据自己内心的想法、感受和行动来组织自己的行为并赋予其意义，而不是根据他人的想法、感受和行动”（Markus & Kitayama, 1991, p. 226）。
- 集体主义文化倡导**互依的自我构念**（interdependent construals of self）——“建立互依需要个体把自己视为周围社会关系的一部分，并且认识到一个人的行为在很大程度上取决于他所感受到的社会关系中的其他人的想法、感受和行动”（Markus & Kitayama, 1991, p. 227）。

当个体是集体主义文化成员而非个人主义文化成员时，他的自我感有何不同?

研究者用多种方法记录了这些区别的具体表现和意义（Cross et al., 2011）。

一类关于自我的跨文化研究使用了一种被称为“二十句测验”（Twenty Statements Test, TST）的测量工具（Kuhn & McPartland, 1954）。在进行这项测验时，要求参与者对“我是谁？”这个问题给出 20 种不同的回答。请你花片刻时间想想这个问题。如**表 13.5** 所示，人们的回答通常可以归为 6 类。文化影响了人们最可能回答的类别。例如，一项研究让约 300 名美国和印度学生接受了 TST 测试（Dhawan et al., 1995）。与他们的独

表 13.5 “二十句测验”回答的类别

类别	举例
社会身份	我是学生 我是女儿
意识形态信仰	我相信所有人都是善良的 我相信上帝
兴趣	我喜欢弹钢琴 我喜欢去陌生的地方旅游
志向	我想成为一名医生 我想深入学习心理学
自我评价	我诚实且努力 我是高个子 我担心未来
其他	我有一些爱吵闹的朋友 我养了一只狗

立自我感一致，在美国学生中，女性和男性分别约有 65% 和 64% 的回答落在了自我评价的类别中。而在印度学生中，女性和男性分别只有约 33% 和 35% 的回答可归入此类。因此印度学生给出自我评价类回答的可能性约为美国学生的一半。请注意男性和女性的总体差异相当小——文化的影响更大。

你可能想知道西方文化的输出如何影响集体主义文化成员的自我概念。一项研究比较了不同的肯尼亚人对 TST 的反应，一部分参与者来自游牧的山布鲁（Samburu）和马塞（Maasai）部族，他们几乎从未接触过西方文化，另一部分参与者是那些已搬到西方化了的首都内罗毕的人。部族成员约 82% 的回答可归入社会身份类；内罗毕工人给出的回答只有 58% 可归入社会身份类，而内罗毕大学的学生给出的回答只有 17% 可归入社会身份类（Ma & Schoeneman, 1997）。这个模式说明，一个国家在进口西方产品的同时，可能也引进了西方的自我感。

这些研究证明，人们所从属的文化对他们建构自我的方式有强烈的影响。我们会在第 16 章再次看到这种区别，比如来自不同文化的人如何解释世界上的因果关系。现在，我们来看一项有关恐惧管理理论以及死亡突显的研究。请回忆一下，死亡突显通常会让人想要抬升他们的自我。不过对于有着不同自我构念的人，这种冲动会带来不同的结果。

研究特写

研究开始时，欧裔和亚裔美国学生被随机分配到死亡突显组和控制组（Ma-Kellams & Blascovich, 2011）。死亡突显组的学生被要求写下关于死亡的想法，而控制组的学生则写关于牙痛的想法。然后学生们要阅读一段对严重车祸的描述，受害者是一个名叫史蒂夫的大学员工。读完短文后，参与者们要填写《责任分配量表》（Assignment of Blame Scale, ABS），以表明他们认为史蒂夫对此负有多大的责任。如**图 13.9** 所示，死亡突显将欧裔和亚裔学生的回答推向了不同的方向。也许是为了使他们独立的自我构念免受成为事故受害者

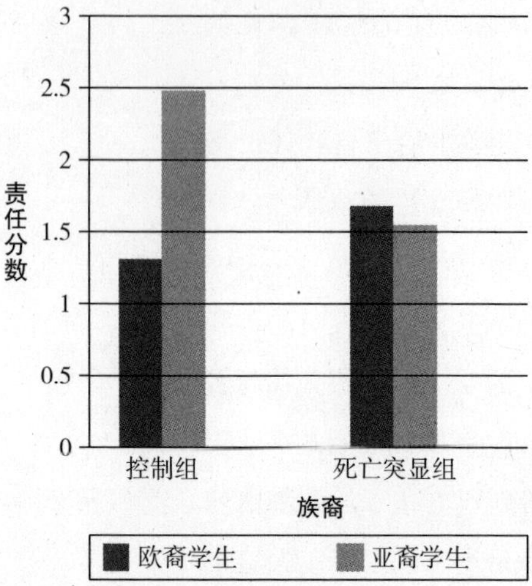

图 13.9 文化与死亡突显

欧裔和亚裔美国学生通过《责任分配量表》对车祸受害者史蒂夫所做的责任评定。死亡突显对学生责任评定的影响相当不同，而这是其自我的文化构念的产物。

资料来源：Christine Ma-Kellams and Jim Blascovich, "Culturally divergent responses to mortality salience," *Psychological Science*, August 1, 2011,

的恐惧，欧裔学生在经历死亡突显后会更多地责怪史蒂夫。相形之下，经历死亡突显的亚裔学生似乎将史蒂夫纳入了他们互依的自我构念，因此更少责怪他。

在接下来的几天中，你可以尝试通过注意周围发生的事情如何影响你作为个体的自我和作为更大社会结构成员的自我，来体验这两种自我构念。

对自我理论的评价

自我理论成功体现了人们对自己人格的看法以及希望自己如何被别人感知。此外，对自我构念的跨文化研究也极大地影响了心理学家对其理论普适性的评估方式。然而，有批评认为人格的自我理论取向没有边界。因为如此之多的内容与自我和自我概念有关，所以到底什么因素对预测行为最重要并不总是很清楚。另外，强调自我是一种社会建构也与人格中的某些成分来自遗传的证据不完全一致。正如其他理论一样，自我理论体现了部分但不是全部你所认为的人格的内容。

STOP 停下来检查一下

❶ 什么是自尊？

❷ 什么是自我妨碍？

❸ 互依的自我构念指什么？

批判性思考：请回忆自我妨碍性别差异的研究。为什么参与者在有机会练习之前要完成问卷是重要的？

人格理论的比较

没有一个统一的人格理论是大多数心理学家都认可的。在我们对各种理论的考察中，一些基本假设上的差异反复出现。扼要重述一下人格假设中五个最重要的差异以及推进这些假设的人格取向，可能是有帮助的。

1. *遗传对环境*。正如你从整部书中所看到的，这种差异也被称为*天性与教养*。对人格发展来说，哪一个更重要？是遗传和生物因素还是环境影响？各种特质理论在这个问题上存在分歧；弗洛伊德理论十分倚重遗传；人本主义、社会学习、认知取向和自我理论都强调环境决定行为，或者人与环境的交互作用促成了人格的发展和差异。
2. *学习过程对行为的先天法则*。应该强调学习改变人格，还是强调人格发展遵循内在的时间表？特质理论在这一问题上再次出现了分歧；弗洛伊德理论持内在决定论；人本主义则乐观地假设经验可以改变人；社会学习、认知取向和自我理论则明确支持行为和人格改变是学习的结果这一观点。
3. *注重过去、现在还是将来*。特质理论强调“过去”所起的作用，无论是先天的还是习得的；弗洛伊德理论强调儿童早期的经验；社会学习理论侧重于“过去”的强化作用和“现在”的环境相倚性；人本主义理论强调当前的现实和将来的目标；认知取向和自我理论强调“过去”和“现在”（如果涉及目标那么也强调“未来”）。
4. *意识对无意识*。弗洛伊德理论强调无意识的过程；人本主义、社会学习、认知取向强调意识过程；特质理论几乎不关注这一区分；自我理论则在这个问题上态度不明确。
5. *内在倾向对外在情境*。社会学习理论强调情境因素；特质理论支持内在倾向；其他理论则强调个人与情境的交互作用。

每种理论取向都为理解人格做出了各自的贡献。如果把人格比作

生活中的批判性思维

人格在网络世界里是如何传达的

我们先来看一个简单的问题：人们能否根据你的电子邮箱地址准确地猜测你的人格？为了回答这个问题，一个研究小组通过网络调查获得了599个人的电子邮箱地址和他们自我报告的人格特征（Back et al., 2008）。然后，研究者要求另外100个学生仅仅根据电子邮箱地址对这些人做一些人格判断。看一个研究示例，honey.bunny77@hotmail.de，你认为这个邮箱主人的宜人性和尽责性如何？

研究者发现，这100个评价者仅仅根据电子邮箱地址所做的人格评价非常一致。研究者还发现，在大多数人格维度上，这些人的评价与电子邮箱主人的自我报告有正相关。评价者仅仅根据电子邮箱就可做出还算有效的人格判断！评价者似乎会根据邮箱地址的诸多特征做出反应。例如，评价者对包含更多字符的电子邮箱主人会给出更高的尽责性评分；如果电子邮箱包含了更多的数字，那么对邮箱主人的尽责性评价就较低。

如果你与大多数学生一样，那么电子邮箱地址当然就只是众多决定你能否在网络上准确呈现自己的因素中的一个。假设你在社交平台上有自己的主页。为了管理给他人留下的印象，你需要决定很多因素，包括加多少好友，提供多少个人信息以及上传什么类型的照片等（Krämer & Winter, 2008）。这些因素都会影响访问者的看法。比如一项研究改变了一个虚拟主页上的好友数量（102、302、502、702或902），并让参与者就主页主人的社交吸引力进行评价（Tong et al., 2008）。当主人的好友数量为302时，评价最高，好友更少或更多都会起到反作用。为什么302最好？参与者报告的好友数量的中位数是300，所以他们可能会给那些与自己相似的主页主人最高的评价。

另一项研究考察了社交平台主页上的照片如何影响人们对主人自恋特质的判断（Buffardi & Campbell, 2008）。自恋者有过度积极的自我意象。这一特质是如何通过社交平台上的照片表达的呢？研究者发现，当社交平台主页上的照片有吸引力且有自我推销性质（照片似乎在极力“向他人显示主人的积极品质”，p. 1307）时，评价者会认为主人特别自恋。此外，评价者的判断与主页主人自我报告的自恋倾向有正相关。也就是说，社交平台主页传达了有关这一特质的有效信息。

这些研究结果是否促使你重新思考，你如何在网络上呈现自己？

- 为什么人们可以通过社交平台上的内容来判断人格？
- 你能找出相似性影响人们对社交平台主页判断的其他情形吗？

一辆汽车，那么特质理论提供了描述各个部分和结构的目录；精神分析理论提供了使车辆移动的动力引擎和燃料；人本主义理论把人请到了驾驶座上；社会学习理论提供了方向盘、指示信号和其他操作仪器；认知理论则发出提醒，司机为行程所选择的心理地图会影响旅行的计划、组织和记忆方式；最后，自我理论提醒司机考虑自己的驾驶能力给后座的人及行人留下的印象。

在人格讨论的最后部分，我们来思考人格测评。你将会看到一些人格测量方法，心理学家用它们来获得关于人格特征的信息，这些特征使每个个体与众不同。

STOP 停下来检查一下

❶ 在遗传与环境这一维度上，不同的人格理论有什么差异？

❷ 弗洛伊德的人格理论最直接关注过去、现在还是将来？

❸ 人格理论的哪个维度提到人们对塑造他们行为的力量的觉知？

人格测评

请思考你与你最好的朋友都有哪些差异。心理学家想知道能够描述一个人、使一个人与其他人区分开，或者使一个群体与另一个群体区分开（如害羞的人与外向的人，或者抑郁的人与快乐的人）的各种属性。这些试图理解和描述人格的工作有两个基本假设：一是存在使行为具有连贯性的个人特征；二是这些特征可以被评估或测量。人格测验必须满足信度和效度标准（见第 9 章）。此外，为了实施测验和解释测验，临床工作者和研究者要接受全面的培训。我们将考察两种人格测验：客观测验和投射测验。心理学家经常结合运用不同的测量方法，以期全面理解个体的人格。

客观测验

人格的客观测验计分和施测相对简单，有明确的规则。一些客观测验的计分可以通过计算机程序来完成。最后的分数通常是沿着单一维度（如从适应到不适应）分布的一个单独的数字，或者是在不同特质（如冲动、依赖、外向）上的一组分数，这些分数一般与常模样本的分数同时报告。

自陈式问卷是一种客观测验，参与者要回答关于自己的想法、感受和行为的一系列问题。《伍德沃斯个人资料表》是最早的自陈式问卷之一（编写于 1917 年），它向参与者提出诸如"你经常在午夜感到害怕吗？"等问题（见 DuBois, 1970）。如今接受**人格量表**（personality inventory）测验的人会读到一系列陈述，并判断每一条陈述"对"或"错"，或者判断这些陈述符合自己的程度。我们来考察两种主要的人格问卷，《明尼苏达多相人格测验》（Minnesota Multiphasic Personality Inventory，简称 MMPI）以及《NEO 人格量表》（NEO-PI）。

MMPI 《明尼苏达多相人格测验》是 20 世纪 30 年代由美国明尼苏达大学的心理学家哈撒韦（Starke Hathaway）和精神病学家麦金利（J. R. McKinley）编制的（Hathaway & McKinley, 1940, 1943）。该测验的主要目的是根据精神病学标签来对个体进行诊断，最初的测验由 550 个项目组成，参与者要判断每个题目是否符合自己的情况或"不确定"。研究者从这些题库中选择问题，制作了与精神病患者所表现出的各种问题相关的量表。

MMPI 量表不同于其他已有的人格测验，因为其编制采用了实证策略，而不是当时占主导地位的直觉和理论的取向。量表是否采用某个项目，完全取决于它是否能清楚地区分两个群体，如精神分裂症病人和正常人。每个项目都必须通过组内成员对其回答相似但两组成员对其回答不同来证明其有效性。因此，这些项目不是根据理论来选择的（这些内容对专家而言意味着什么），而是根据实证来选择的（是否区分了两个组）。

MMPI 有 10 个临床量表，每个量表都能区分一个具体的临床组（如精神分裂症病人）和正常的对照组。此外，MMPI 还包含效度量表，用以检测可疑的回答模式，诸如明显的不诚实、粗心、防御和逃避。测验人员解释 MMPI 时，会首先检查效度量表以确认测验是有效的，然后再看临床量表分数。分数的模式——哪方面的得分最高，分数存在哪些差异——组成“MMPI 剖面图”。个人的“MMPI 剖面图”被用来与特定群体（如重罪犯或赌徒）的剖面图进行比较。

在 1980 年代中期，MMPI 经历了一次大的修订，现被称为 MMPI-2（Butcher et al., 2001）。MMPI-2 为了更好地反映当代的问题，进行了语言和内容的更新，并根据新的数据制定了常模。同时，MMPI-2 还新增加了 15 个内容量表，这些量表部分地是从理论推导出来的。15 个临床相关主题（如焦虑或家庭问题）中的项目是根据两个标准选择的：第一，项目在理论上与该主题有关；第二，项目在统计上能构成同质的量表，即每个量表测量的是统一的单一概念，**表 13.6** 和**表 13.7** 是 MMPI-2 的临床量表和内容量表，你会发现大部分临床量表测量了几个相关的概念，而内容量表的名称则较为简单，不言自明。

因为 MMPI-2 在临床研究和实践中起着如此关键的作用，所以研究者继续评估该测验的信度和效度，以确保临床判断的准确性。该项研究的重要方面被收入了 2008 年面世的 MMPI-2-RF（RF 代表重组版）（Tellegen & Ben-Porath, 2008）。MMPI-2-RF 包含修订后的临床量表，对 MMPI-2 的临床量表进行了补充。这样做的目的是能够更好地区分不同类型的心理障碍患者。修订后的临床量表已开始接受信度和效度测试，这将使心理学工作者们能够恰当地使用 MMPI-2-RF（Forbey et al., 2010; Rouse et al., 2008）。

NEO-PI 如前所述，MMPI 是为了评估有临床问题的个体。相形之下，NEO-PI 则是为了评估正常成人的人格特点，它测量我们先前讨论过的人格的五因素模型。如果你做了 NEO-PI，你会得到一个剖面图，

表 13.6　MMPI-2 临床量表

疑病症（Hs）：对身体机能异常地关心
抑郁症（D）：悲观；无望；思想及行动迟缓
癔病（Hy）：无意识地以心理问题来回避冲突和责任
精神病态（Pd）：漠视社会习俗；情绪肤浅；不能吸取经验教训
男子气—女子气（Mf）：男性和女性反应的差异
妄想狂（Pa）：猜疑；夸大和被害妄想
精神衰弱（Pt）：痴迷；强迫；恐惧；内疚；优柔寡断
精神分裂症（Sc）：古怪；反常的思想或行为；退缩；幻觉；妄想
轻躁狂（Ma）：情绪激动；思维奔逸；过于兴奋
社会内向（Si）：害羞；对他人不感兴趣；不安

资料来源：MMPI(R)-2 [Minnesota Mulitphasic Personality Inventory(R)-2] Manual for Administration, Scoring and Interpretation, Revised Edition.

表 13.7　MMPI-2 内容量表

焦虑紧张量表	逆反社会量表
恐惧担心量表	A 型行为量表（工作狂）
强迫固执量表	自我低估（低自尊）量表
抑郁空虚量表	社会不适量表
关注健康量表	家庭问题量表
古怪思念量表	工作障碍量表
愤怒失控量表	反感治疗量表（对医生和治疗的消极态度）
愤世嫉俗量表	

资料来源：MMPI(R)-2 [Minnesota Mulitphasic Personality Inventory(R)-2] Manual for Administration, Scoring and Interpretation, Revised Edition.

显示你相对于一个大的常模样本在人格的五个维度上的标准分数。这五个维度分别是神经质、外倾性、开放性、宜人性和尽责性（Costa & McCrae, 1985）。最近的 NEO-PI-3 评估了五个主要因素内包含的 30 个独立特质（McCrae et al., 2005）。例如，神经质维度下有六个分量表：焦虑、愤怒敌意、抑郁、自我意识、冲动性和脆弱性。很多研究已经证明 NEO-PI 的各个维度有良好的信度和效度（McCrae et al., 2004, 2011）。人们用 NEO-PI 来研究人格的稳定性和毕生变化，以及人格特点与生理健康和各种生活事件（如职业成功或者提前退休等）的关系。

投射测验

如前所述，人格的客观测验有两种形式：要么给受测者一系列的陈述，要求他们给出简单的回答（“是”“否”或“不确定”），要么要求受测者根据给定的维度（如焦虑对不焦虑）给自己评分。因此这两种方法都要求受测者从预先给定的回答中选出一个。相比之下，投射测验对回答的范围并不做预先的规定。在**投射测验**（projective test）中，给受测者有意呈现一系列模糊的刺激，如抽象的图形、不完整的图片或有多种解释的图画。受测者可能被要求描述抽象的图形、画完不完整的图片或讲述图画中的故事。投射测验最先由精神分析学家使用，他们希望通过这种测验揭示病人无意识的人格动力。因为刺激是模糊的，受测者的反应部分地取决于其将什么样的内在情感、个人动机和先前生活经验里的冲突带入情境。这些被投射到刺激上的个人的、特异的方面，使人格评估者能够做出各种不同的解释。

投射测验是心理学从业者使用最多的人格评估工具之一（Butcher, 2010; Musewicz et al., 2009）。然而正是因为使用广泛，批评者也经常担心人们滥用投射测验。接下来将介绍两种最常见的投射测验，即罗夏墨迹测验和主题统觉测验，并对这些测验的效度问题进行讨论。

罗夏墨迹测验　罗夏墨迹测验由瑞士精神病学家**赫尔曼·罗夏**（Herman Rorschach）在 1921 年创立。模糊刺激是对称的墨迹图

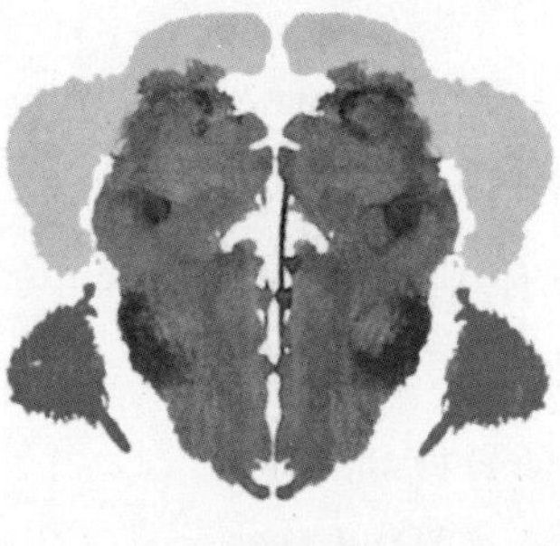

图 13.10 与罗夏测验相似的墨迹图

你看到了什么？你对该墨迹的解释是否揭示了你的人格特征？（见彩插）

（Rorschach, 1942），有黑白的，也有彩色的（见**图 13.10**）。测验时向参与者呈现墨迹图，然后问“这可能是什么？”要让参与者确信答案没有对错之分（Exner, 1974）。施测者逐字记录参与者所说的话、回答前思考的时间、在每张墨迹图上总共花了多少时间，以及参与者拿墨迹图卡片的方式。然后，在第二阶段，也就是询问阶段，提醒参与者他们之前给出的回答，并要求做详细说明。

施测者主要根据三个特征给这些回答打分：（1）*定位*，即参与者在回答时提及卡片的哪个部分，是提及卡片的整体还是部分，以及所提到的细节的大小；（2）*内容*，即看到的客体和活动的性质；（3）*决定因素*，卡片的哪个方面（如颜色还是阴影）引发了回答。计分者可能还要注意回答是原创的、独特的，还是常见的、从众的。

你也许会认为，模糊的墨迹图会引发无法解释的各种反应。实际上，研究者已经为罗夏墨迹测验的回答设计了一套综合的计分系统，以便对不同的受测者进行比较（Exner, 2003; Exner & Weiner, 1994）。例如，该计分系统对人们常见的回答内容进行了分类。这些类型包括*整个人*（回答提到或暗示整个人形）和*血迹*（回答提到血迹，包括人或动物的）。研究者开发了一些培训程序，以确保临床工作者可以学习可靠地使用综合计分系统（Hilsenroth et al., 2007）。此外，研究者还进行了正式的研究，以确定这一计分系统得出的结果能否用来诊断特定的心理障碍，如创伤后应激障碍（Arnon et al., 2011）。然而，从业者还是会根据人们对罗夏墨迹的回答做出诊断，尽管并没有确凿证据可以支持他们的这些推论的有效性。因此罗夏墨迹测验仍然备受争议（Garb et al., 2005）。

主题统觉测验 主题统觉测验是由**亨利·默里**（Henry Murray）于

1938 年创立的。施测者向参与者呈现情景模糊的图片，要求参与者根据这张图片讲述一个故事，描述情景中的人在做什么，想什么，故事是怎么开始的，又是怎么结束的（见图 13.11）。主题统觉测验的施测者要评价故事的结构和内容，以及个体讲述故事时的行为，以便揭示受测者的主要问题、动机和人格特征。例如，如果受测者的故事提到了履行自身义务的人，并且故事的讲述方式严谨有序，那么施测者就可能将受测者评为有尽责性。与罗夏测验一样，批评者指出，主题统觉测验常常被用于其效度还未得到证实的领域（Lilienfeld et al., 2001）。第 11 章曾提到主题统觉测验得到研究支持的一个应用：主题统觉测验常被用来揭示主导需要（如对权力、接纳和成就动机的需要）的个体差异（McClelland, 1961）。研究者还使用主题统觉测验来研究群体差异，如医学院学生的主导需要的代际变化（Borges et al., 2010）。

图 13.11 主题统觉测验中使用的图片类型
你会讲一个什么样的故事？你的故事揭示了你的什么人格？

在你了解这些人格评估工具的过程中，你是否看出了它们与你之前学过的人格理论之间的关系？之前你已看到，每种人格理论都阐述了人类经验的不同方面，这里，同样的结论也适用于人格测评：每种测评工具都为我们理解个体的人格提供了独特的视角。临床工作者在进行人格测评时最常使用组合测验。

在本章最后，请你根据刚学习的知识思考一系列问题：如果心理学家研究你，你的人格会被他们描述成什么样？他们会认定哪些早期经验影响着你现在的行动和思维？在你当前的生活中，哪些环境对你的想法和行为产生了强烈的影响？是什么使你异于那些与你处在同样情境中的人？你现在会明白，每种人格理论都为你回答这些问题提供了一个框架。假设现在就需要描绘你的心理肖像，你会从哪里开始？

STOP 停下来检查一下

❶ MMPI 的 10 个临床量表的用途是什么？

❷ NEO-PI 的用途是什么？

❸ 临床医生用来解释罗夏墨迹测验的三个主要特征是什么？

要点重述

人格的特质理论

- 一些理论家认为特质（分布于连续维度上的属性）是构成人格的基石。
- 五因素模型是一个人格体系，它描绘了常见特质词汇、理论概念和人格量表之间的关系。
- 双生子和领养子研究显示人格特质具有部分遗传性。
- 当根据相关心理特征来定义情境时，人们会表现出行为一致性。

心理动力学理论

- 弗洛伊德的心理动力学理论强调本能的生物能量是人类动机的来源。
- 弗洛伊德理论的基本概念包括：驱动和指引行为的心理能量、作为毕生人格主要决定因素的早期经验、精神决定论和强大的无意识过程。
- 人格结构由本我、超我和起协调作用的自我组成。
- 对无法接受的冲动的压抑和自我防御机制的形成可减轻焦虑并提升自尊。
- 阿德勒、霍妮、荣格等后弗洛伊德理论者更为强调自我的功能和社会因素，更少关注性驱力，他们把人格发展视为一个终生的过程。

人本主义理论

- 人本主义理论关注自我实现，即个体的成长潜能。
- 人本主义理论兼具整体论、内在倾向论和现象学取向。
- 有人本主义传统的当代理论关注个体的人生故事。

社会学习和认知理论

- 社会学习理论强调把人格和行为的个体差异理解为不同强化史的结果。
- 认知理论强调人们对环境的知觉和主观解释的个体差异。

- 朱利安·罗特强调人们对奖赏的期望，包括总的内部或外部控制点取向。
- 沃尔特·米希尔认为行为是个体和情境交互作用的结果。
- 阿尔伯特·班杜拉描述了个体、环境和行为的交互决定论。

自我理论

- 自我理论侧重于自我概念对全面理解人格的重要性。
- 人们会采取诸如自我妨碍这样的行为来维持自尊。
- 恐惧管理理论认为，自尊有助于人们应对与死亡有关的想法。
- 跨文化研究表明，个人主义文化会催生独立的自我构念，而集体主义文化会催生互依的自我构念。

人格理论的比较

- 可以通过不同人格理论在下述方面的侧重点对其进行比较：遗传对环境，学习过程对行为的先天法则，过去、现在或将来，意识对无意识，内在倾向对外在情境。
- 每种理论都为我们理解人格做出了不同的贡献。

人格测评

- 人格特点可以用客观测验和投射测验来测评。
- 最常用的客观测验 MMPI-2 被用来诊断临床问题。
- NEO-PI 是用来测量人格的五个主要维度的客观测验。
- 人格的投射测验要求人们对模糊刺激做出反应。
- 两个重要的投射测验是罗夏墨迹测验和主题统觉测验。

关键术语

人格	固着	压抑
特质	精神决定论	自我防御机制
五因素模型	无意识	焦虑
一致性悖论	本我	集体无意识
心理动力学人格理论	超我	原始意象
力比多	自我	分析心理学

自我概念	控制点	恐惧管理理论
自我实现	交互决定论	独立的自我构念
无条件积极关注	自我效能感	互依的自我构念
心理传记	自尊	人格量表
期望	自我妨碍	投射测验

"停下来检查一下"答案

第10章

停下来检查一下（研究发展）

1. 发展年龄是指大多数人能在生理或心理上取得某种成就时的生理年龄。
2. 为了研究个体差异，研究者通常在某一年龄测量人与人之间（在某些维度）的差异，在以后的生活中重新考察同一群参与者，以检验这种差异的后果。
3. 对于一些横断分析，研究者必须排除这样一种可能性，即那些看似与年龄有关的变化，实际上是由个体出生的时间点所导致的差异。

停下来检查一下（毕生的生理发展）

1. 与不会爬的同龄人相比，已经开始爬的孩子会对视崖深的一端感到恐惧。
2. 近期的研究表明，脑在青少年期仍在继续发育成熟，特别是额叶等区域。
3. 随着年龄的增长，人们眼睛里的晶状体通常会变黄，这被认为是导致色觉减弱的原因。

停下来检查一下（毕生的认知发展）

1. 同化使儿童能够将新信息纳入已有的图式中；顺应调整图式以适应新信息。
2. 克服了中心化的儿童能够忽略问题的表象，表现出对数字或液体总量等领域的更深层次的理解。
3. 通过开发出更为巧妙的测量婴儿知识的方法，研究者已经能够证明，婴儿在4个月大时就已表现出理解客体恒常性的迹象。
4. 维果斯基强调了社会环境在儿童认知发展过程中的重要性。
5. 研究表明，人们的加工速度会随年龄的增长而减缓。

停下来检查一下（语言的获得）

1. 在对婴儿或儿童讲话时，成年人通常会放慢语速，使用夸张的高语调，并且会采用结构比较简单的短句。

2. 儿童会对新词的含义形成假设。在某些情况下，他们的假设会比成年人的范畴更广泛。
3. 没有接触过口语或正式手语的失聪儿童，有时会开始使用他们自己的手语，这些手语具有与真实语言相同的结构特征。
4. 如果儿童过度规则化英语的过去式结构，你会听到类似 *doed* 和 *breaked* 这样的词，而不是 *did* 和 *broke*。

停下来检查一下（毕生的社会性发展）

1. 埃里克森认为，亲密对孤独的危机在成年期早期成为焦点。
2. 研究表明，生命早期建立起安全型依恋关系的孩子，在以后的生活中会更受欢迎，社交焦虑也更少。
3. 教养方式是由父母的控制性和回应性两个维度来定义的。
4. 青少年从友谊、朋党和团伙三种水平来体验同伴关系。
5. 孩子的出生通常会对婚姻满意度产生负面影响。

停下来检查一下（性与性别差异）

1. 性差异源于男女之间的生理差异；性别差异来自文化为男性和女性建构的不同角色。
2. 研究表明，女性负责情绪反应的相关脑区更加活跃。
3. 年幼儿童更喜欢与同性别同伴相处。

停下来检查一下（道德发展）

1. 前习俗水平的道德、习俗水平的道德和原则性的道德。
2. 吉利根认为，男性更关注公正，而女性更关注关爱他人。
3. 自主性、共同体和神性。

第 11 章

停下来检查一下（理解动机）

1. 你可能会得出一些关于这个学生为什么要跑的推论，与此相关的动机概念的功能是它可以将公开的行动与内心的状态联系起来。
2. 内稳态反映了生物状态的一种平衡状态。
3. 研究表明，不同文化之间的行为差异很大——这与生物本能观点相悖。

4. 海德区分了内在因素和情境因素，作为对结果的解释。
5. 依恋需要指人类对归属、建立关系以及爱与被爱的需求。

停下来检查一下（饮食）

1. 特定味觉饱食感指的是一个人对特定口味的食物感到饱足的情形。
2. 双中心模型认为腹内侧下丘脑是饱食中心。但是，最近的研究表明，腹内侧下丘脑所起的作用依赖于食物的类型。
3. 限制性饮食者习惯于保持低热量的饮食，直到他们去抑制，那时他们会暴饮暴食高热量的食品。
4. 神经性贪食症的特征是暴饮暴食和清除行为（催吐、催泻等）。

停下来检查一下（性行为）

1. 在大多数的非人类物种中，某一物种内的所有成员都遵循相同的可预测的性行为模式。
2. 因为男性在同一时期可以使多名女性怀孕，而女性在同一时期只能怀孕一次，所以男性倾向于寻求更多的性伴侣。
3. 性脚本是从社会中习得的程序，它定义了性活动的适当形式。
4. 同卵双胞胎的一致率高于异卵双胞胎，这支持了同性恋有遗传成分的说法。

停下来检查一下（个人成就动机）

1. 成就需要反映了计划和努力实现目标对个体的重要程度。
2. 人们在内部—外部、整体—特殊、稳定—不稳定等维度上进行归因。
3. 期望理论认为，当员工期望他们的努力和表现会产生理想的结果时，他们就会有工作动力。

第 12 章

停下来检查一下（情绪）

1. 跨文化研究表明，世界各地的人普遍能识别七种基本的面部表情。
2. 自主神经系统在产生情绪的生理变化（比如心跳加速和手心出汗）方面起着重要作用。
3. 坎农—巴德的理论认为，情绪刺激同时引起唤醒和情绪感受。
4. 与积极心境相比，处在消极心境下的人会更详尽、更努力地加工信息。
5. 研究表明，良好的社会关系是幸福最重要的根源。

停下来检查一下（生活压力）

1. 一般适应症候群的三个阶段是报警反应、抵抗阶段和衰竭阶段。
2. 20 世纪 90 年代的参与者们报告的生活变化单位更多，这表明他们普遍比 20 世纪 60 年代的人承受了更多的压力。
3. 一般而言，日常挫折对幸福感有消极影响，而日常积极体验则对幸福感有积极影响。
4. 当人们进行情绪聚焦的应对时，他们从事的活动会让他们感觉更好，但不会直接改变应激源。
5. 当人们不相信自己能够控制压力情境时，他们就会有身体和心理适应不良的风险。
6. 人们能够从消极的生活事件中发现积极的变化。

停下来检查一下（健康心理学）

1. 有研究比较了同卵双生子和异卵双生子在烟草使用方面的相同点，结果表明人们的吸烟行为存在遗传基础。
2. 成功的艾滋病干预项目必须提供信息、灌输动机并传授行为技巧。
3. 为了产生放松反应，人们需要找到一个安静的环境，在此他们可以闭上眼睛以舒服的姿势休息，并使用重复的心理刺激。
4. 心理神经免疫学的研究者们试图了解心理状态会如何影响免疫系统。
5. A 型人格中使人有患病风险的一个方面是敌意。
6. 职业倦怠是一种情绪衰竭、去人性化以及个人成就感降低的状态。

第 13 章

停下来检查一下（人格的特质理论）

1. 神经质维度的一极是稳定、平静、满足，另一极是焦虑、不稳定和喜怒无常。
2. 为了评估特质的遗传性，研究者会比较同卵双生子与异卵双生子特质的相似性。
3. 一致性悖论是指人们对个体人格的描述通常是一致的，尽管个体在不同情境下的行为并不一致。

停下来检查一下（心理动力学理论）

1. 个体可能会有像吸烟、过度饮食这样的嘴部行为；个体可能过于被动或轻信。
2. 自我以现实原则为指导，将合理的选择置于本我的快乐需求之前。

3. 列昂可能在使用投射，他把自己的动机投射到了他人身上。

4. 阿德勒认为，人们行为的主要动机是克服自卑感。

停下来检查一下（人本主义理论）

1. 自我实现指的是个体为了实现自身内在潜能而不断努力的过程。

2. 人本主义关注影响个体行为的内在特性。

3. 心理传记运用心理学理论对个体生活的展开方式进行连贯的描述。

停下来检查一下（社会学习和认知理论）

1. 外部控制点取向的人认为，奖赏很大程度上取决于环境因素。

2. 米希尔的理论关注编码方式、期望和信念、情感、目标和价值观以及能力和自我管理计划。

3. 班杜拉认为，个体因素、行为与环境三者之间都存在相互作用，彼此影响和改变。

停下来检查一下（自我理论）

1. 自尊是对自我的概括性评价。

2. 自我妨碍的行为让人们可以不把自己的失败归因于能力不足。

3. 有着互依的自我构念的人们将自己视为更大的社会结构的一员。

停下来检查一下（人格理论的比较）

1. 有些理论主要通过遗传禀赋来解释个体差异，有些理论则关注塑造个体人格的生活经历。

2. 弗洛伊德的理论强调童年早期的事件即过去对成人人格的影响。

3. 人格理论中与之相关的维度是意识与无意识。

停下来检查一下（人格测评）

1. MMPI 的每个临床量表都能将罹患某种临床障碍的人与正常人区分开。

2. NEO-PI 用来测量人格的五因素模型所定义的五种人格特质。

3. 临床医生会评估罗夏墨迹测验的定位、内容和决定因素。

专业术语表

顺应

accommodation According to Piaget, the process of restructuring or modifying cognitive structures so that new information can fit into them more easily; this process works in tandem with assimilation.

急性应激

acute stress A transient state of arousal with typically clear onset and offset patterns.

获得性免疫缺陷综合征（艾滋病）

AIDS Acronym for acquired immune deficiency syndrome, a syndrome caused by a virus that damages the immune system and weakens the body's ability to fight infection.

分析心理学

analytic psychology A branch of psychology that views the person as a constellation of compensatory internal forces in a dynamic balance.

神经性厌食症

anorexia nervosa An eating disorder in which an individual weighs less than 85 percent of her or his expected weight but still expresses intense fear of becoming fat.

预期性应对

anticipatory coping Efforts made in advance of a potentially stressful event to overcome, reduce, or tolerate the imbalance between perceived demands and available resources.

焦虑

anxiety An intense emotional response caused by the preconscious recognition that a repressed conflict is about to emerge into consciousness.

原始意象

archetype A universal, inherited, primitive, and symbolic representation of a particular experience or object.

同化

assimilation According to Piaget, the process whereby new cognitive elements are fitted in with old elements or modified to fit more easily; this process works in tandem with accommodation.

依恋

attachment Emotional relationship between a child and the regular caregiver.

归因

attribution Judgment about the causes of outcomes.

暴食症

binge eating disorder An eating disorder characterized by out-of-control binge eating without subsequent purges.

生物反馈

biofeedback A self-regulatory technique by which an individual acquires voluntary control over nonconscious biological processes.

生物心理社会模型

biopsychosocial model A model of health and illness that suggests links among the nervous system, the immune system, behavioral styles, cognitive processing, and environmental domains of health.

神经性贪食症

bulimia nervosa An eating disorder characterized by binge eating followed by measures to purge the body of excess calories.

坎农—巴德情绪理论

Cannon–Bard theory of emotion A theory stating that an emotional stimulus produces two co-occurring reactions—arousal and experience of emotion—that do not cause each other.

中心化

centration Preoperational children's tendency to focus their attention on only one aspect of a situation and disregard other relevant aspects.

儿童指向型言语

child-directed speech A form of speech addressed to children that includes slower speed, distinctive intonation, and structural simplifications.

慢性应激

chronic stress A continuous state of arousal in which an individual perceives demands as greater than the inner and outer resources available for dealing with them.

情绪的认知评价理论

cognitive appraisal theory of emotion A theory stating that the experience of emotion is the joint effect of physiological arousal and cognitive appraisal, which serves to determine how an ambiguous inner state of arousal will be labeled.

认知发展

cognitive development The development of processes of knowing, including imagining, perceiving, reasoning, and problem solving.

集体无意识

collective unconscious The part of an individual's unconscious that is inherited, evolutionarily developed, and common to all members of the species.

守恒

conservation According to Piaget, the understanding that physical properties do not change when nothing is added or taken away, even though appearances may change.

一致性悖论

consistency paradox The observation that personality ratings across time and among different observers are consistent while behavior ratings across situations are not consistent.

接触性安慰

contact comfort Comfort derived from an infant's physical contact with the mother or caregiver.

应对

coping The process of dealing with internal or external demands that are perceived to be threatening or overwhelming.

横断设计

cross-sectional design A research method in which groups of participants of different chronological ages are observed and compared at a given time.

约会强暴

date rape Unwanted sexual violation by a social acquaintance in the context of a consensual dating situation.

发展年龄

developmental age The chronological age at which most children show a particular level of physical or mental development.

发展心理学

developmental psychology The branch of psychology concerned with interaction between physical and psychological processes and with stages of growth from conception throughout the entire life span.

驱力

drive Internal state that arises in response to a disequilibrium in an animal's physiological needs.

自我

ego The aspect of personality involved in self-preservation activities and in directing instinctual drives and urges into appropriate channels.

自我中心

egocentrism In cognitive development, the inability of a young child at the preoperational stage to take the perspective of another person.

自我防御机制

ego defense mechanism Mental strategy (conscious or unconscious) used by the ego to defend itself against conflicts experienced in the normal course of life.

胚胎期

embryonic stage The second stage of prenatal development, lasting from the third through eighth week after conception.

情绪

emotion A complex pattern of changes, including physiological arousal, feelings, cognitive processes, and behavioral reactions, made in response to a situation perceived to be personally significant.

情绪调节

emotion regulation The processes through which people change the intensity and duration of the emotions they experience.

公平理论

equity theory A cognitive theory of work motivation that proposes that workers are motivated to maintain fair and equitable relationships with other relevant persons; also, a model that postulates that equitable relationships are those in which the participants' outcomes are proportional to their inputs.

期望

expectancy The extent to which people believe that their behaviors in particular situations will bring about rewards.

期望理论

expectancy theory A cognitive theory of work motivation that proposes that workers are motivated when they expect their efforts and job performance to result in desired outcomes.

胎儿期

fetal stage The third stage of prenatal development, lasting from the ninth week through birth of the child.

战斗或逃跑反应

fight-or-flight response A sequence of internal activities triggered when an organism is faced with a threat; prepares the body for combat and struggle or for running away to safety; recent evidence suggests that the response is characteristic only of males.

五因素模型

five-factor model A comprehensive descriptive personality system that maps out the relationships among common traits, theoretical concepts, and personality scales; informally called the Big Five.

固着

fixation A state in which a person remains attached to objects or activities more appropriate for an earlier stage of psychosexual development.

性别

gender A psychological phenomenon that refers to learned sex-related behaviors and attitudes of males and females.

性别认同

gender identity One's sense of maleness or femaleness; usually includes awareness and acceptance of one's biological sex.

性别刻板印象

gender stereotype Belief about attributes and behaviors regarded as appropriate for males and females in a particular culture.

一般适应症候群，也译作一般适应综合征

general adaptation syndrome (GAS) The pattern of nonspecific adaptational physiological mechanisms that occurs in response to continuing threat by almost any serious stressor.

繁殖

generativity A commitment beyond one's self and one's partner to family, work, society, and future generations; typically, a crucial state in development in one's 30s and 40s.

胚种期

germinal stage The first two weeks of prenatal development following conception.

健康

health A general condition of soundness and vigor of body and mind; not simply the absence of illness or injury.

健康促进

health promotion The development and implementation of general strategies and specific tactics to eliminate or reduce the risk that people will become ill.

健康心理学

health psychology The field of psychology devoted to understanding the ways people stay healthy, the reasons they become ill, and the ways they respond when they become ill.

需要层次

hierarchy of needs Maslow's view that basic human motives form a hierarchy and that the needs at each level of the hierarchy must be satisfied before the next level can be achieved; these needs progress from basic biological needs to the need for self-actualization.

人类免疫缺陷病毒

HIV Human immunodeficiency virus, a virus that attacks white blood cells (T lymphocytes) in human blood, thereby weakening the functioning of the immune system; HIV causes AIDS.

内稳态

homeostasis Constancy or equilibrium of the internal conditions of the body.

hozho

hozho A Navajo concept referring to harmony, peace of mind, goodness, ideal family relationships, beauty in arts and crafts, and health of body and spirit.

本我

id The primitive, unconscious part of the personality that serves to meet demands and does not care about consequences nor long-term fulfillment.

印刻

imprinting A primitive form of learning in which some infant animals physically follow and form an attachment to the first moving object they see and/or hear.

诱因

incentive External stimulus or reward that motivates behavior although it does not relate directly to biological needs.

独立的自我构念

independent construal of self Conceptualization of the self as an individual whose behavior is organized primarily by reference to one's own thoughts, feelings, and actions, rather than by reference to the thoughts, feelings, and actions of others.

婴儿指向型言语

infant-directed speech A form of speech addressed to infants that includes slower speed, distinctive intonation, and structural simplifications.

本能

instinct Preprogrammed tendency that is essential to a species's survival.

互依的自我构念

interdependent construal of self Conceptualization of the self as part of an encompassing social relationship; recognizing that one's behavior is determined, contingent on, and, to a large extent organized by what the actor perceived to be the thoughts, feelings, and actions of others.

内化

internalization According to Vygotsky, the process through which children absorb knowledge from the social context.

亲密

intimacy The capacity to make a full commitment—sexual, emotional, and moral—to another person.

詹姆士—兰格情绪理论

James–Lange theory of emotion A peripheral-feedback theory of emotion stating that an eliciting stimulus triggers a behavioral response that sends different sensory and motor feedback to the brain and creates the feeling of a specific emotion.

职业倦怠，也译作工作倦怠或职业枯竭

job burnout The syndrome of emotional exhaustion, depersonalization, and reduced personal accomplishment, often experienced by workers in high-stress jobs.

语言生成能力

language-making capacity The innate guidelines or operating principles that children bring to the task of learning a language.

力比多

libido The psychic energy that drives individuals toward sensual pleasures of all types, especially sexual ones.

生活变化单位

life-change unit (LCU) In stress research, the measure of the stress levels of different types of changes experienced during a given period.

控制点

locus of control People's general expectancy about the extent to which the rewards they obtain are contingent on their own actions or on environmental factors.

纵向设计

longitudinal design A research design in which the same participants are observed repeatedly, sometimes over many years.

成熟

maturation The continuing influence of heredity throughout development, the age-related physical and behavioral changes characteristic of a species.

月经初潮

menarche The onset of menstruation.

道德

morality A system of beliefs and values that ensures that individuals will keep their obligations to others in society and will behave in ways that do not interfere with the rights and interests of others.

动机

motivation The process of starting, directing, and maintaining physical and psychological activities; includes mechanisms involved in preferences for one activity over another and the vigor and persistence of responses.

成就需要

need for achievement (n Ach) An assumed basic human need to strive for achievement of goals that motivates a wide range of behavior and thinking.

常模研究

normative investigation Research effort designed to describe what is characteristic of a specific age or developmental stage.

客体恒常性

object permanence The recognition that objects exist independently of an individual's action or awareness; an important cognitive acquisition of infancy.

组织心理学家

organizational psychologist Psychologist who studies various aspects of the human work environment, such as communication among employees, socialization or enculturation of workers, leadership, job satisfaction, stress and burnout, and overall quality of life.

过度规则化

overregularization A grammatical error, usually appearing during early language development, in which rules of the language are applied too widely, resulting in incorrect linguistic forms.

亲代投资

parental investment The time and energy parents must spend raising their offspring.

教养方式

parenting style The manner in which parents rear their children; an authoritative parenting style, which balances demandingness and responsiveness, is seen as the most effective.

控制感

perceived control The belief that one has the ability to make a difference in the course of the consequences of some event or experience;

often helpful in dealing with stressors.

人格

personality The psychological qualities of an individual that influence a variety of characteristic behavior patterns across difference situations and over time.

人格量表

personality inventory A self-report questionnaire used for personality assessment that includes a series of items about personal thoughts, feelings, and behaviors.

音素

phoneme Minimal unit of speech in any given language that makes a meaningful difference in speech and production and reception; *r* and *r*.

生理发展

physical development The bodily changes, maturation, and growth that occur in an organism starting with conception and continuing across the life span.

积极心理学

positive psychology A movement within psychology that applies research to provide people with the knowledge and skills that allow them to experience fulfilling lives.

创伤后应激障碍

posttraumatic stress disorder (PTSD) An anxiety disorder characterized by the persistent reexperience of traumatic events through distressing recollections, dreams, hallucinations, or dissociative flashbacks; develops in response to rapes, life-threatening events, severe injury, and natural disasters.

投射测验

projective test A method of personality assessment in which an individual is presented with a standardized set of ambiguous, abstract stimuli and asked to interpret their meanings; the individual's responses are assumed to reveal inner feelings, motives, and conflicts.

精神决定论

psychic determinism The assumption that mental and behavioral reactions are determined by previous experiences.

心理传记

psychobiography The use of psychological (especially personality) theory to describe and explain an individual's course through life.

心理动力学人格理论

psychodynamic personality theory Theory of personality that shares the assumption that personality is shaped by and behavior is motivated by inner forces.

心理神经免疫学

psychoneuroimmunology The research area that investigates interactions between psychological processes, such as responses to stress, and the functions of the immune system.

心理社会发展阶段

psychosocial stage Proposed by Erik Erikson, one of the successive developmental stages that focus on an individual's orientation toward the self and others; these stages incorporate both the sexual and social aspects of a person's developmental and the social conflicts that arise from the interaction between the individual and the social environment.

心身失调

psychosomatic disorder Physical disorder aggravated by or primarily attributable to prolonged emotional stress or other psychological causes.

青春期

puberty The process through which sexual maturity is attained.

交互决定论

reciprocal determinism A concept of Albert Bandura's social-learning theory that refers to the notion that a complex reciprocal interaction exists among the individual, his or her behavior, and environmental stimuli and that each of these components affects the others.

放松反应

relaxation response A condition in which

muscle tension, cortical activity, heart rate, and blood pressure decrease and breathing slows.

压抑

repression The basic defense mechanism by which painful or guilt-producing thoughts, feelings, or memories are excluded from conscious awareness.

图式

scheme Piaget's term for a cognitive structure that develops as infants and young children learn to interpret the world and adapt to their environment.

选择性优化与补偿

selective optimization with compensation A strategy for successful aging in which one makes the most gains while minimizing the impact of losses that accompany normal aging.

自我实现

self-actualization A concept in personality psychology referring to a person's constant striving to realize his or her potential and to develop inherent talents and capabilities.

自我效能感

self-efficacy The set of beliefs that one can perform adequately in a particular situation.

自尊

self-esteem A generalized evaluative attitude toward the self that influences both moods and behavior and that exerts a powerful effect on a range of personal and social behaviors.

自我妨碍

self-handicapping The process of developing, in anticipation of failure, behavioral reactions and explanations that minimize ability deficits as possible attributions for the failure.

性差异

sex difference One of the biologically based characteristics that distinguish males from females.

性唤起

sexual arousal The motivational state of excitement and tension brought about by physiological and cognitive reactions to erotic stimuli.

性脚本

sexual script Socially learned program of sexual responsiveness.

社会性发展

social development The ways in which individuals' social interactions and expectations change across the life span.

社会支持

social support Resources, including material aid, socioemotional support, and informational aid, provided by others to help a person cope with stress.

社会化

socialization The lifelong process whereby an individual's behavioral patterns, values, standards, skills, attitudes, and motives are shaped to conform to those regarded as desirable in a particular society.

社会学习理论

social-learning theory The learning theory that stresses the role of observation and the imitation of behaviors observed in others.

应激

stress The pattern of specific and nonspecific responses an organism makes to stimulus events that disturb its equilibrium and tax or exceed its ability to cope.

压力调节变量

stress moderator variable Variable that changes the impact of a stressor on a given type of stress reaction.

应激源

stressor An internal or external event or stimulus that induces stress.

主观幸福感

subjective well-being Individuals' overall evaluation of life satisfaction and happiness.

超我

superego The aspect of personality that represents

the internalization of society's values, standards, and morals.

气质

temperament A child's biologically based level of emotional and behavioral response to environmental events.

照料和结盟反应

tend-and-befriend response A response to stressors that is hypothesized to be typical for females; stressors prompt females to protect their offspring and join social groups to reduce vulnerability.

致畸物

teratogen Environmental factors such as diseases and drugs that cause structural abnormalities in a developing fetus.

恐惧管理理论

terror management theory A theory proposing that self-esteem helps people cope with the inevitability of death.

主题统觉测验

Thematic Apperception Test (TAT) A projective test in which pictures of ambiguous scenes are presented to an individual, who is encouraged to generate stories about them.

心理理论

theory of mind The ability to explain and predict other people's behavior based on an understanding of their mental states.

特质

trait Enduring personal quality or attribute that influences behavior across situations.

情绪的双因素理论

two-factor theory of emotion The theory that emotional experiences arise from autonomic arousal and cognitive appraisal.

A 型行为模式

Type A behavior pattern A complex pattern of behaviors and emotions that includes excessive emphasis on competition, aggression, impatience, and hostility; hostility increases the risk of coronary heart disease.

B 型行为模式

Type B behavior pattern As compared to Type A behavior pattern, a less competitive, less aggressive, less hostile pattern of behavior and emotion.

无条件积极关注

unconditional positive regard Complete love and acceptance of an individual by another person, such as a parent for a child, with no conditions attached.

无意识

unconscious The domain of the psyche that stores repressed urges and primitive impulses.

身心健康

wellness Optimal health, incorporating the ability to function fully and actively over the physical, intellectual, emotional, spiritual, social, and environmental domains of health.

智慧

wisdom Expertise in the fundamental pragmatics of life.

受精卵

zygote The single cell that results when a sperm fertilizes an egg.

参考文献

Adams, J. S. (1965). Inequity in social exchange. In L. Berkowitz (Ed.), *Advances in experimental social psychology* (Vol. 2, pp. 267–299). New York: Academic Press.

Adams, R. E., & Laursen, B. (2007). The correlates of conflict: Disagreement is not necessarily detrimental. *Journal of Family Psychology, 21*, 445–458.

Ader, R., & Cohen, N. (1981). Conditioned immunopharmacological responses. In R. Ader (Ed.), *Psychoneuroimmunology* (pp. 281–319). New York: Academic Press.

Ader, R., & Cohen, N. (1993). Psychoneuroimmunology: Conditioning and stress. *Annual Review of Psychology, 44*, 53–85.

Adler, A. (1929). *The practice and theory of individual psychology*. New York: Harcourt, Brace & World.

Adolph, K. E., Karasik, L. B., & Tamis-LeMonda, C. S. (2010). Motor skill. In M. Bornstein (Ed.), *Handbook of cultural developmental science* (pp. 61–88). New York: Psychology Press.

Ainsworth, M. D. S., Blehar, M., Waters, E., & Wall, S. (1978). *Patterns of attachment*. Hillsdale, NJ: Erlbaum.

Albarracín, D., Durantini, M. R., Earl, A., Gunnoe, J. B., & Leeper, J. (2008). Beyond the most willing audiences: A meta-intervention to increase exposure to HIV-prevention programs by vulnerable populations. *Health Psychology, 27*, 638–644.

Allan, C. A., Forbes, E. A., Strauss, B. J. G., & McLachlan, R. I. (2008). Testosterone therapy increases sexual desire in ageing men with low-normal testosterone levels and symptoms of androgen deficiency. *International Journal of Impotence Research, 20*, 396–401.

Allen, J. P., Porter, M. R., & McFarland, F. C. (2006). Leaders and followers in adolescent close relationships: Susceptibility to peer influence as a predictor of risky behavior, friendship instability, and depression. *Development and Psychopathology, 18*, 155–172.

Allport, G. W. (1937). *Personality: A psychological interpretation*. New York: Holt, Rinehart & Winston.

Allport, G. W. (1961). *Pattern and growth in personality*. New York: Holt, Rinehart & Winston.

Allport, G. W. (1966). Traits revisited. *American Psychologist, 21*, 1–10.

Allport, G. W., & Odbert, H. S. (1936). Trait-names, a psycholexical study. *Psychological Monographs, 47* (1, Whole No. 211).

Amato, P. R. (2010). Research on divorce: Continuing trends and new developments. *Journal of Marriage and Family, 72*, 650–666.

Andrews-Hanna J. R., Mackiewicz Seghete, K. L., Claus, E. D., Burgess, G. C., Ruzic, L., & Banich, M. T. (2011). Cognitive control in adolescence: Neural underpinnings and relation to self-report behaviors. *PLoS ONE, 6*, e21598.

Andreyeva, T., T., Long, M. W., & Brownell, K. D. (2010). The impact of food prices on consumption: A systematic review of research on the price elasticity of demand for food. *American Journal of Public Health, 100*, 216–222.

Anthony, D. B., Holmes, J. G., & Wood, J. V. (2007). Social acceptance and self-esteem: Tuning the sociometer to interpersonal value. Journal of Personality and Social Psychology, 92, 1024–1039.

Arnett, J. J. (1999). Adolescent storm and stress reconsidered. *American Psychologist, 54*, 317–326.

Arnon, Z., Maoz, G., Gazit, T., & Klein, E. (2011). Rorschach indicators of PTSD: A retrospective study. *Rorschachiana, 32*, 5–26.

Ayduk, O., Rodriguez, M. L., Mischel, W., Shoda, Y., & Wright, J. (2007). Verbal intelligence and self-regulatory competencies: Joint predictors of boys' aggression. *Journal of Research in Personality, 41*, 374–388.

Baas, M., De Creu, C. K. W., & Nijstad, B. A. (2008). A meta-analysis of 25 years of mood-creativity research: Hedonic tone, activation, or regulatory focus? *Psychological Bulletin, 134*, 779–806.

Back, M. D., Schmukle, S. C., & Egloff, B. (2008). How extraverted is honey. bunny77@hotmail.de? *Journal of Research in Personality, 42*, 1116–1122.

Bahrick, H. P., Bahrick, P. O., & Wittlinger, R. P. (1975). Fifty years of memory for names and faces: A cross-sectional approach. *Journal of Experimental Psychology: General, 104*, 54–75.

Bailey, B. A., & Sokol, R. J. (2008). Pregnancy and alcohol use: Evidence and recommendations for prenatal care. *Clinical Obstetrics and Gynecology, 51*, 436–444.

Balsam, K. F., Beauchaine, T. P., Rothblum, E. D., & Solomon, S. E. (2008). Three-year follow-up of same-sex couples who had civil unions in Vermont, same-sex couples not in civil unions, and heterosexual married couples. *Developmental Psychology, 44*, 102–116.

Baltes, P. B. (1993). The aging mind: Potential and limits. *The Gerontologist, 33*, 580–594.

Baltes, P. B., Smith, J., & Staudinger, U. M. (1992). Wisdom and successful aging. In T. B. Sonderegger (Ed.), *The Nebraska Symposium on Motivation: Vol. 39. The psychology of aging* (pp. 123–167). Lincoln: University of Nebraska Press.

Bandura, A. (1986). *Social foundations of thought and action: A social cognitive theory*. Englewood Cliffs, NJ: Prentice-Hall.

Bandura, A. (1997). *Self-efficacy: The exercise of control*. New York: Freeman.

Bandura, A. (1999). Social cognitive theory of personality. In L. A. Pervin & O. P. John (Eds.), *Handbook of personality: Theory and research* (2nd ed., pp. 154–196). New York: Guilford Press.

Bandura, A. (2006). Toward of psychology of human agency. *Perspectives on Psychological Science, 1*, 164–180.

Bárez, M., Blasco, T., Fernández-Castro, J., & Viladrich, C. (2007). A structural model of the relationships between perceived control and the adaptation to illness in women with breast cancer. *Journal of Psychosocial Oncology, 25*, 21–43.

Baumeister, R. F., Campbell, J. D., Krueger, J. I., & Vohs, K. D. (2003). Does high self-esteem cause better performance, interpersonal success, happiness, or healthy lifestyles? *Psychological Science in the Public Interest, 4*, 1–44.

Bauminger, N., Finzi-Dottan, R., Chason, S., & Har-Even, D. (2008). Intimacy in adolescent friendship: The roles of attachment, coherence, and self-disclosure. *Journal of Social and Personal Relationships, 25*, 409–428.

Bayley, N. (1956). Individual patterns of development. *Child Development, 27*, 45–74.

Beer, J. S. (2002). Implicit self-theories of shyness. *Journal of Personality and Social Psychology, 83*, 1009–1024.

Behne, T., Liszkowski, U., Carpenter, M., & Tomasello, M. (2012). Twelvemonth-olds' comprehension and production of pointing. *British Journal of Developmental Psychology*, in press.

Bell, D. C. (2001). Evolution of parental caregiving. *Personality and Social Psychology Review, 5*, 216–229.

Belsky, J., Vandell, D. L., Burchinal, M., Clarke-Stewart, K. A., McCartney, K., Owen, M. T., & The NICHD Early Child Care Research Network. (2007). Are there long-term effects of early child care? *Child Development, 78*, 681–701.

Bem, D. (2000). The exotic-becomes-erotic theory of sexual orientation. In J. Bancroft (Ed.), *The role of theory in sex research* (pp. 67–81). Bloomington: Indiana University Press.

Bem, D. J. (1996). Exotic becomes erotic: A developmental theory of sexual orientation. *Psychological Review, 103*, 320–335.

Benedict, R. (1938). Continuities and discontinuities in cultural conditioning. *Psychiatry, 1*, 161–167.

Benedict, R. (1959). *Patterns of culture*. Boston: Houghton Mifflin.

Benenson, J. F., & Heath, A. (2006). Boys withdraw from one-on-one interactions, whereas girls withdraw more in groups. *Developmental Psychology, 42*, 272–282.

Benenson, J. F., Apostoleris, N. H., & Parnass, J. (1997). Age and sex differences in dyadic and group interaction. *Developmental Psychology, 33*, 538–543.

Bennett, D. S., Bendersky, M., & Lewis, M. (2008). Children's cognitive ability from 4 to 9 years old as a function of prenatal cocaine exposure, environmental risk, and maternal verbal intelligence. *Developmental Psychology, 44*, 919–928.

Benson, H. (2000). *The relaxation response* (Updated ed.). New York: HarperCollins.

Berlyne, D. E. (1960). *Conflict, arousal, and curiosity*. New York: McGraw-Hill.

Bernard, L. L. (1924). *Instinct*. New York: Holt, Rinehart & Winston.

Bialystok, E., & Craik, F. I. M. (2010). Cognitive and linguistic processing in the bilingual mind. *Current Directions in Psychological Science, 19*, 19–23.

Bialystok, E., & Shapero, D. (2005). Ambiguous benefits: The effect of bilingualism on reversing ambiguous figures. *Developmental Science, 8*, 595–604.

Bialystok, E., Luk, G., Peets, K. F., & Yang, S. (2010). Receptive vocabulary differences in monolingual and bilingual children. *Bilingualism: Language and Cognition, 13*, 525–531.

Biehl, M., Matsumoto, D., Ekman, P., Hearn, V., Heider, K., Kudoh, T., & Ton, V. (1997). Matsumoto and Ekman's Japanese and Caucasian facial expressions of emotion (JACFEE): Reliability data and cross-national differences. *Journal of Nonverbal Behavior, 21*, 3–21.

Bielak, A. A. M., Hughes, T. F., Small, B. J., & Dixon, R. A. (2007). It's never too late to engage in lifestyle activities: Significant concurrent but not change relationships between lifestyle activities and cognitive speed. *Journal of Gerontology: Psychological Sciences, 62B*, P331–P339.

Bierbach, D., Kronmarck, C., Hennige-Schulz, C., Stadler, S., & Plath, M. (2011). Sperm competition risk affects male mate choice copying. *Behavioral Ecology and Sociobiology, 65*, 1699–1707.

Billings, A. G., & Moos, R. H. (1982). Family environments and adaptation: A clinically applicable typology. *American Journal of Family Therapy, 20*, 26–38.

Biss, R. K., & Hasher, L. (2011). Delighted and distracted: Positive affect increases priming for irrelevant information. *Emotion, 11*, 1474–1478.

Blond, A. (2008). Impacts of exposure to images of ideal bodies on male body dissatisfaction: A review. *Body Image, 5*, 244–250.

Blos, P. (1965). *On adolescence: A psychoanalytic interpretation*. New York: The Free Press.

Blustein, D. L. (2008). The role of work in psychological health and wellbeing: A conceptual, historical, and public policy perspective. *American Psychologist, 63*, 228–240.

Boardman, J. D., Saint Onge, J. M., Haberstick, B. C., Timberlake, D. S., & Hewitt, J. K. (2008). Do schools moderate the genetic determinants of smoking? *Behavioral Genetics, 38*, 234–246.

Bogle, K. A. (2008). *Hooking up: Sex, dating, and relationships on campus*. New York: New York

University Press.
Bohlin, G., Hagekull, B., & Rydell, A.-M. (2000). Attachment and social functioning: A longitudinal study from infancy to middle childhood. *Social Development, 9*, 24–39.
Bolhuis, J. J., & Honey, R. C. (1998). Imprinting, learning and development: From behaviour to brain and back. *Trends in Neurosciences, 21*, 306–311.
Bolino, M. C., & Turnley, W. H. (2008). Old faces, new places: Equity theory in cross-cultural contexts. *Journal of Organizational Behavior, 29*, 29–50.
Bonanno, G. A., Pat-Horenczyk, R., & Noll, J. (2011). Coping flexibility and trauma: The perceived ability to cope with trauma (PACT) scale. *Psycho logical Trauma: Theory, Research, Practice, and Policy, 3*, 117–129.
Borges, N. J., Manuel, R. S., Elam, C. L., & Jones, B. J. (2010). Differences in motives between Millennial and Generation X medical students. *Medical Education, 44*, 570–576.
Bornstein, M. H., & Arterberry, M. E. (2003). Recognition, discrimination and categorization of smiling by 5-month-old infants. *Developmental Science, 6*, 585–599.
Bouchard, T. J. Jr., & Loehlin, J. C. (2001). Genes, evolution, and personality. *Behavior Genetics, 31*, 243–273.
Bouris, A., Guilamo-Ramos, V., Pickard, A., Shiu, C., Loosier, P. S., Dittus, P., Gloppen, K., & Waldmiller, J. M. (2010). A systematic review of parental influences on the health and well-being of lesbian, gay, and bisexual youth: Time for a new public health research and practice agenda. *The Journal of Primary Prevention, 31*, 273–309.
Bowlby, J. (1969). *Attachment and loss, Vol 1. Attachment*. New York: Basic Books.
Bowlby, J. (1973). *Attachment and loss, Vol 2. Separation, anxiety and anger*. London: Hogarth.
Brainerd, C. J. (1996). Piaget: A centennial celebration. *Psychological Science, 7*, 191–195.
Branje, S. J. T., Frijns, T., Finkenaer, C., Engels, R., & Meeus, W. (2007). You are my best friend: Commitment and stability in adolescents' same-sex friendships. *Personal Relationships, 14*, 587–603.
Brechwald, W. A., & Prinstein, M. J. (2011). Beyond homophily: A decade of advances in understanding peer influence processes. *Journal of Research on Adolescence, 21*, 166–179.
Bronfenbrenner, U. (Ed.) (2004). *Making human beings human: Bioecological perspectives on human development*. Thousand Oaks, CA: Sage Publications.
Brown, F. B., & Klute, C. (2003). Friendships, cliques, and crowds. In G. R. Adams & M. D. Berzonsky (Eds.), *Blackwell handbooks of developmental psychology* (pp. 330–348). Malden, MA: Blackwell Publishing.
Buchler, N. E. G., & Reder, L. M. (2007). Modeling age-related memory deficits: A two-parameter solution. *Psychology and Aging, 22*, 104–121.
Buckworth, J., Lee, R. E., Regan, G., Schneider, L. K., & DiClemente, C. C. (2007). Decomposing intrinsic and extrinsic motivation for exercise: Application to stages of motivational readiness. *Psychology of Sport and Exercise, 8*, 441–461.
Buffardi, L. E., & Campbell, W. K. (2008). Narcissism and social networking web sites. *Personality and Social Psychology Bulletin, 34*, 1303–1314.
Buss, D. M. (2008). *Evolutionary psychology: The new science of mind* (3rd ed.). Boston, MA: Allyn & Bacon.
Buss, D. M. (2009). How can evolutionary psychology successfully explain personality and individual differences? *Perspectives on Psychological Science, 4*, 359–366.
Butcher, J. N. (2010). Personality assessment from the nineteenth to the early twenty-first century: Past

achievements and contemporary challenges. *Annual Review of Clinical Psychology, 6*, 1–20.

Butcher, J. N., Graham, J. R., Ben-Porath, Y. S., Tellegen, A., Dahlstrom, W. G., & Kaemmer, B. (2001). *Minnesota Multiphasic Personality Inventory-2 (MMPI-2): Manual for administration and scoring* (2nd ed.). Minneapolis: University of Minnesota Press.

Cahill, L., Uncapher, M., Kilpatrick, L., Alkire, M. T., & Turner, J. (2004). Sex-related hemispheric lateralization of amygdala function in emotionally influenced memory: An fMRI investigation. *Learning & Memory, 11*, 261–266.

Calati, R., De Ronchi, D., Bellini, M., & Serretti, A. (2011). The 5-HTTLPR polymorphism and eating disorders: A meta-analysis. *International Journal of Eating Disorders, 44*, 191–199.

Campbell, I., Mill, J., Uher, R., & Schmidt. (2011). Eating disorders, gene-environment interactions and epigentics. *Neuroscience and Biobehavioral Reviews, 35*, 784–793.

Camras, L A., & Shutter, J. M. (2010). Emotional facial expressions in infancy. *Emotion Review, 2*, 120–129.

Camras, L. A., Oster, H., Bakeman, R., Meng, Z., Ujiie, T., & Campos, J. L. (2007). Do infants show distinct negative facial expressions for fear and anger? Emotional expression in 11-month-old European American, Chinese, and Japanese infants. *Infancy, 11*, 131–155.

Canli, T., Desmond, J. E., Zhao, Z., & Gabrieli, J. D. E. (2002a). Sex differences in the neural basis of emotional memories. *Proceedings of the National Academy of Sciences, 99*, 10789–10794.

Canli, T., Desmond, J. E., Zhao, Z., Glover, G., & Gabrieli, J. D. E. (1998). Hemispheric asymmetry for emotional stimuli detected with fMRI. *NeuroReport, 9*, 3233–3239.

Canli, T., Sivers, H., Whitfield, S. L., Gotlib, I. H., & Gabrieli, J. D. E. (2002b). Amygdala response to happy faces as a function of extraversion. *Science, 296*, 2191.

Cannon, W. B. (1927). The James–Lange theory of emotion: A critical examination and an alternative theory. *American Journal of Psychology, 39*, 106–124.

Cannon, W. B. (1929). *Bodily changes in pain, hunger, fear, and rage* (2nd ed.). New York: Appleton-Century-Crofts.

Cannon, W. B. (1934). Hunger and thirst. In C. Murchison (Ed.), *A handbook of general experimental psychology*. Worcester, MA: Clark University Press.

Cannon, W. B., & Washburn, A. L. (1912). An explanation of hunger. *American Journal of Physiology, 29*, 441–454.

Cantor, N., & Kihlstrom, J. R. (1987). *Personality and social intelligence*. Englewood Cliffs, NJ: Prentice Hall.

Carey, S. (1978). The child as word learner. In M. Hale, J. Bresnan, & G. A. Miller (Eds.), *Linguistic theory and psychological reality* (pp. 265–293). Cambridge, MA: MIT Press.

Carstensen, L. L., Turan, B., Scheibe, S., Ram, N., Ersner-Hershfield, H., Samanez-Larkin, G. R., Brooks, K. P., & Nesselroade, J. R. (2011). Emotional experience improves with age: Evidence based on over 10 years of experience sampling. *Psychology and Aging, 26*, 21–33.

Carver, C. S., Scheier, M. F., & Segerstrom, S. C. (2010). Optimism. *Clinical Psychology Review, 30*, 879–889.

Casey, B. J., Getz, S., & Galvan, A. (2008). The adolescent brain. *Developmental Review, 28*, 62–77.

Cattell, R. B. (1979). *Personality and learning theory*. New York: Springer.

Centers for Disease Control and Prevention (2011). *Tobacco-related mortality*.

Charlton, R. E., Barrick, T. R., Markus, H. S., & Morris, R. G. (2010). The relationship between episodic long-term memory and white matter integrity in normal aging. *Neuropsychologia, 48*, 114–122.

Chen, S., Boucher, H. C., & Tapias, M. P. (2006). The relational self revealed: Integrative conceptualization and implications for interpersonal life. *Psychological Bulletin, 132*, 151–179.

Chida, Y., & Steptoe, A. (2009). The association of anger and hostility with future coronary heart disease. *Journal of the American College of Cardiology, 53*, 936–946.

Child Welfare Information Gateway. (2011). *Foster Care Statistics 2009*.

Chomsky, N. (1965). *Aspects of a theory of syntax*. Cambridge, MA: MIT Press.

Christensen, A. J., & Johnson, J. A. (2002). Patient adherence with medical treatment regimens: An interactive approach. *Current Directions in Psychological Science, 11*, 94–97.

Christensen, A. J., Howren, M. B., Hillis, S. L., Kaboli, P., Carter, B. L., Cvengros, J. A., Wallston, K. A., & Rosenthal, G. E. (2010). Patient and physician beliefs about control over health: Association of symmetrical beliefs with medication regimen. *Journal of General Internal Medicine, 25*, 397–402.

Clark, E. V. (2003). *First language acquisition*. Cambridge, UK: Cambridge University Press.

Clark, M. D., & Carroll, M. H. (2008). Acquaintance rape scripts of women and men: Similarities and differences. *Sex Roles, 58*, 616–625.

Clarke-Stewart, A., & Alhusen, V. D. (2005). *What we know about childcare*. Cambridge, MA: Harvard University Press.

Clarke-Stewart, K. A. (1993). *Daycare*. Cambridge, MA: Harvard University Press.

Clore, G. L., & Huntsinger, J. R. (2007). How emotions inform judgment and regulate thought. *Trends in Cognitive Sciences, 11*, 393–399.

Coates, T. J., & Szekeres, G. (2004). A plan for the next generation of HIV prevention research: Seven key policy investigative challenges. *American Psychologist, 59*, 747–757.

Coe, C. L. (1999). Psychosocial factors and psychoneuroimmunology within a lifespan perspective. In D. P. Keating & C. Hertzman (Eds.), *Developmental health and the wealth of nations: Social, biological, and educational dynamics* (pp. 201–219). New York: Guilford Press.

Cohen, A., & Avrahami, A. (2005). Soccer fans' motivation as a predictor of participation in soccer-related activities: An empirical examination in Israel. *Social Behavior and Personality, 33*, 419–434.

Collins, C. J., Hanges, P. J., & Locke, E. A. (2004). The relationship of achievement motivation to entrepreneurial behavior: A meta-analysis. *Human Performance, 17*, 95–117.

Collins, W. A., Maccoby, E. E., Steinberg, L., Hetherington, E. M., & Bornstein, M. H. (2000). Contemporary research on parenting: The case for nature and nurture. *American Psychologist, 55*, 218–232.

Conger, R. D., Conger, K. J., & Martin, M. J. (2010). Socioeconomic status, family processes, and individual development. *Journal of Marriage and Family, 72*, 685–704.

Costa, P. T. Jr., & McCrae, R. R. (1985). *The NEO Personality Inventory manual*. Odessa, FL: Psychological Assessment Resources.

Cowan, C. P., & Cowan, P. (2000). *When partners become parents: The big life change for couples*. Mahwah, NJ: Erlbaum.

Crane, J., Keough, M., Murphy, P., Burrage, & L., Hutchens, D. (2011). Effects of environmental tobacco smoke on perinatal outcomes: A retrospective cohort study. *BJOG, 118*, 865–871.

Cross, S. E., Hardin, E. E., & Gercek-Swing, B. (2011). The what, how, why, and where of self-construal. *Personality and Social Psychology Review, 15*, 142–179.

Cryder, C. H., Kilmer, R. P., Tedeschi, R. G., & Calhoun, L. G. (2006). An exploratory study of posttraumatic growth in children following a natural disaster. *American Journal of Orthopsychiatry, 76*, 65–69.

Cutajar, M. C., Mullen, P. E., Ogloff, J. R. P., Thomas, S. D., Wells, D. L., & Spataro, J. (2010). Psychopathology in a large cohort of sexually abused children followed up to 43 years. *Child Abuse & Neglect, 34*, 813–822.

Daddis, C. (2011). Desire for increased autonomy and adolescents' perceptions of peer autonomy: "Everyone else can; why can't I?" *Child Development, 82*, 1310–1326.

Dagan, M., Sanderman, R., Schokker, M. C., Wiggers, T., Baas, P. C., van Haastert, M., & Hagedoorn, M. (2011). Spousal support and changes in distress over time in couples coping with cancer: The role of personal control. *Journal of Family Psychology, 25*, 31–318.

Dailey, M. N., Joyce, C., Lyons, M. J., Kamachi, M., Ishi, H., Gyoba, J., Cottrell, G. W. (2010). Evidence and a computational explanation of cultural differences in facial expression recognition. *Emotion, 10*, 874–893.

Danese, A., Moffitt, T. E., Harrington, H., Milne, B. J., Polanczyk, G., Pariante, C. M., Poulton, R., & Caspi, A. (2009). Adverse childhood experiences and adult risk factors for age-related disease. *Archives of Pediatric & Adolescent Medicine, 163*, 1135–1143.

Darling, N., & Steinberg, L. (1993). Parenting style as context: An integrative model. *Psychological Bulletin, 113*, 487–496.

Darnon, C., Butera, F., Mugny, G., Quiamzade, A., & Hulleman, C. S. (2009). "Too complex for me!" Why do performance-approach and performance-avoidance goals predict exam performance? *European Journal of Psychology of Education, 24*, 423–434.

Darwin, C. (1965). *The expression of emotions in man and animals*. Chicago: University of Chicago Press. (Original work published 1872)

Davidson, R. J., Jackson D.C., & Kalin, N. H. (2000). Emotion, plasticity, context, and regulation: Perspectives for affective neuroscience. *Psychological Bulletin, 126*, 890–909.

Davison, S. L., & Davis, S. R. (2011). Androgenic hormones and aging—The link with female sexual function. *Hormones and Behavior, 59*, 745–753.

de Ridder, D., Geenen, R., Kuijer, R., & van Middendorp, H. (2008). Psychological adjustment to chronic disease. *The Lancet, 372*, 246–255.

De Santis, M., Cavaliere, A. F., Straface, G., & Caruso, A. (2006). Rubella infection in pregnancy. *Reproductive Toxicology, 21*, 390–398.

Deary, I. J., Weiss, A., & Batty, G. D. (2010b). Intelligence, personality, and health outcomes. *Psychological Science in the Public Interest, 11*, 53–79.

DeBraganza, N., & Hausenblas, H. A. (2010). Media exposure of the ideal physique on women's body dissatisfaction and mood. *Journal of Black Studies, 40*, 700–716.

DeCasper, A. J., & Prescott, P. A. (1984). Human newborns' perception of male voices: Preference, discrimination, and reinforcing value. *Developmental Psychology, 17*, 481–491.

Degnan, K. A., Hane, A. A., Henderson, H. A., Moas, O. L., Reeb-Sutherland, B. C., & Fox, N. A. (2011). Longitudinal stability of temperamental exuberance and social-emotional outcomes in early childhood. *Developmental Psychology, 47*, 765–780.

Del Giudice, M. (2011). Alone in the dark? Modeling the conditions for visual experience in human fetuses. *Developmental Psychobiology, 53*, 214–219.

DeLamater, J. D., & Sill, M. (2005). Sexual desire in later life. *The Journal of Sex Research, 42*, 138–149.

Derntl, B., Finkelmeyer, A., Eickhoff, S., Kellermann, T., Falkenberg, D. I., Schneider, F., & Habel, U. (2010). Multidimensional assessment of empathic abilities: Neural correlates and gender differences. *Psychoneuroendocrinology, 35*, 67–82.

Dew, J., & Wilcox, W. B. (2011). If momma ain't happy: Explaining declines in marital satisfaction among new mothers. *Journal of Marriage and Family, 73*, 1–12.

Dewsbury, D. A. (1981). Effects of novelty on copulatory behavior: The Coolidge effect and related phenomena. *Psychological Bulletin, 89*, 464–482.

Dhawan, N., Roseman, I. J., Naidu, R. K., Thapa, K., & Rettek, S. I. (1995). Self-concepts across two cultures: India and the United States. *Journal of Cross-Cultural Psychology, 26*, 606–621.

Diener, E., Ng, W., Harter, J., & Arora, R. (2010). Wealth and happiness across the world: Material prosperity predicts life evaluation, whereas psychological prosperity predicts positive feeling. *Journal of Personality and Social Psychology, 99*, 52–61.

DiGrande, L., Neria, Y., Brackbill, R. M., Pulliam, P., & Galea, S. (2011). Long-term posttraumatic stress symptoms among 3,271 civilian survivors of the September 11, 2001, terrorist attacks on the World Trade Center. *American Journal of Epidemiology, 173*, 271–281.

DiMatteo, M. R. (2004). Social support and patient adherence to medical treatment: A meta-analysis. *Health Psychology, 23*, 207–218.

DiMatteo, M. R., Haskard, K. B., & Williams, S. L. (2007). Health beliefs, disease severity, and patient adherence: A meta-analysis. *Medical Care, 45*, 521–528.

Dirkzwager, A. J. E., Bramsen, I., & van der Ploeg, H. M. (2003). Social support, coping, life events, and posttraumatic stress symptoms among former peacekeepers: A prospective study. *Personality and Individual Differences, 34*, 1545–1559.

Dishion, T. J., & Tipsord, J. M. (2011). Peer contagion in child and adolescent social and emotional development. *Annual Review of Psychology, 62*, 189–214.

Dixon, R. A. (2003). Themes in the aging of intelligence: Robust decline with intriguing possibilities. In R. J. Sternberg, J. Lautrey, & T. I. Lubart (Eds.), *Models of intelligence: International perspectives* (pp. 151–167). Washington, DC: American Psychological Association.

Dixon, R. A., & de Frias, C. M. (2004). The Victoria longitudinal study: From characterizing cognitive aging to illustrating changes in memory compensation. *Aging Neuropsychology and Cognition, 11*, 346–376.

Donnellan, M. B., Trzesniewski, K. H., Conger, K. J., & Conger, R. D. (2007). A three-wave longitudinal study of self-evaluations during young adulthood. *Journal of Research in Personality, 41*, 453–472.

Donnellan, M. B., Trzesniewski, K. H., Robins, R. W., Moffitt, T. E., & Caspi, A. (2005). Low self-esteem is realted to aggression, antisocial behavior, and delinquency. *Psychological Science, 16*, 328–335.

Donovan, W., Leavitt, L., Taylor, N., & Broder, J. (2007). Maternal sensitivity, mother-infant 9-month interaction, infant attachment status: Predictors of mother-toddler interaction at 24 months. *Infant Behavior & Development, 30*, 336–352.

DSM-IV-TR. (2000). *Diagnostic and statistical manual of mental disorders* (4th ed., Text revision). Washington, DC: American Psychiatric Association.

DSM-5. (2013). *Diagnostic and statistical manual of mental disorders* (5th ed). Washington, DC: American Psychiatric Association.

DuBois, P. H. (1970). *A history of psychological testing*. Boston: Allyn & Bacon.

Dudycha, G. J. (1936). An objective study of punctuality in relation to personality and achievement. *Archives of Psychology, 204*, 1–53.

Durkin, S. J., & Paxton, S. J. (2002). Predictors of vulnerability to reduced body image satisfaction and psychological well-being in response to exposure to idealized female media images in adolescent girls. *Journal of Psychosomatic Research, 53*, 995–1005.

Dutton, D. G., & Aron, A. P. (1974). Some evidence for heightened sexual attraction under conditions of high anxiety. *Journal of Personality and Social Psychology, 30*, 510–517.

Dweck, C. S. (1975). The role of expectations and attributions in the alleviation of learned helplessness. *Journal of Personality and Social Psychology, 31*, 674–685.

Dweck, C. S. (1999). *Self-theories: Their role in motivation, personality, and development*. Philadelphia: Psychology Press.

Dykas, M. J., & Cassidy, J. (2011). Attachment and the processing of social information across the life span: Theory and evidence. *Psychological Bulletin, 137*, 19–46.

Eastwick, P. W., Eagly, A. H., Glick, P., Johannesen-Schmidt, M. C., Fiske, S. T., Blum, A. M. B., Eckes, T., Freiburger, P., Huang, L.-L., Fernández, M. L., Manganelli, A. M., Pek, J. C. X., Rodríguez Castro, Y., Sakalli-Ugurlu, N., Six-Materna, I., & Volpato, C. (2006). Is traditional gender ideology associated with sex-typed mate preferences? A test in nine nations. *Sex Roles, 54*, 603–614.

Edin, K., & Kissane, R. J. (2010). Poverty and the American family: A decade in review. *Journal of Marriage and Family, 72*, 460–479.

Ein-Dor, T., Mikulincer, M., Doron, G., & Shaver, P. R. (2010). The attachment paradox: How can so many of (the insecure ones) have no adaptive advantages? *Perspectives on Psychological Science, 5*, 123–141.

Ekman, P. (1984). Expression and the nature of emotion. In K. R. Scherer & P. Ekman (Eds.), *Approaches to emotion*. Hillsdale, NJ: Erlbaum.

Ekman, P. (1994). Strong evidence for universals in facial expressions: A reply to Russell's mistaken critique. *Psychological Bulletin, 115*, 268–287.

Ekman, P., & Friesen, W. V. (1971). Constants across cultures in the face and emotion. *Journal of Personality and Social Psychology, 17*, 124–129.

Ekman, P., & Friesen, W. V. (1986). A new pan-cultural facial expression of emotion. *Motivation and Emotion, 10*, 159–168.

Elfenbein, H. A., Beaupre, M., Levesque, M., & Hess, U. (2007). Toward a dialect theory: Cultural differences in the expression and recognition of posed facial expressions. *Emotion, 7*, 131–146.

Elliot, A. J., & McGregor, H. A. (2001). A 2x2 achievement goal framework. *Journal of Personality and Social Psychology, 80*, 501–519.

Elms, A. C. (1988). Freud as Leonardo: Why the first psychobiography went wrong. *Journal of Personality, 56*, 19–40.

Endler, N. S., Macrodimitris, S. D., & Kocovski, N. L. (2000). Controllability in cognitive and interpersonal tasks: Is control good for you? *Personality & Individual Differences, 29*, 951–962.

Erikson, E. (1963). *Childhood and society*. New York: Norton.

Eshbaugh, E. M., & Gute, G. (2008). Hookups and sexual regret among college women. *The Journal of Social Psychology, 148*, 77–89.

Espelage, D. L., Aragon, S. R., Birkett, M., & Koenig, B. W. (2008). Homophobic teasing, psychological outcomes, and sexual orientation among high school students: What influence do parents and schools have? *School Psychology Review, 37*, 202–216.

Evans, A. D., & Lee, K. (2011). Verbal deception from late childhood to middle adolescence and its relation to executive functioning skills. *Developmental Psychology, 47*, 1108–1116.

Exner, J. E. Jr. (1974). *The Rorschach: A comprehensive system*. New York: Wiley.

Exner, J. E. Jr. (2003). *The Rorschach: A comprehensive system* (4th ed.). New York: Wiley.

Exner, J. E. Jr., & Weiner, I. B. (1994). *The Rorschach: A comprehensive system: Vol. 3. Assessment of children and adolescents* (2nd ed.). New York: Wiley.

Eysenck, H. J. (1973). *The inequality of man*. London: Temple Smith.

Eysenck, H. J. (1990). Biological dimensions of personality. In L. A. Pervin (Ed.), *Handbook of personality theory and research* (pp. 244–276). New York: Guilford Press.

Fantz, R. L. (1963). Pattern vision in newborn infants. *Science, 140*, 296–297.

Fawcett, J. M., Russell, E. M., Peace, K. A., & Christie, J. (2012). Of guns and geese: A meta-analytic review of the "weapon focus" literature. *Psychology, Crime & Law*, in press.

Feather, N. T. (1961). The relationship of persistence at a task to expectation of success and achievement related motives. *Journal of Abnormal and Social Psychology, 63*, 552–561.

Federal Interagency Forum on Aging-Related Statistics. (2010). *Older Americans 2010: Key indicators of well-being*.

Feldman, D. H. (2004). Piaget's stages: The unfinished symphony of cognitive development. *New Ideas in Psychology, 22*, 175–231.

Fernández-Dávila, P., Salazar, X., Cáceres, C. F., Maiorana, A., Kegeles, S., Coates, T. J., & Martinez, J. (2008). Compensated sex and sexual risk: Sexual, social and economic interactions between homosexually- and heterosexually-identified men of low income in two cities of Peru. *Sexualities, 11*, 352–374.

Festinger, L. (1957). *A theory of cognitive dissonance*. Stanford, CA: Stanford University Press.

Fiore, M. C., Jaén, C. R., & Baker, T. B. (2008). *Treating tobacco use and dependence: 2008 update*. Rockville, MD: U.S. Department of Health and Human Services. Public Health Service.

Fisher, B. S., Cullen, F. T., & Turner, M. G. (2000). *The sexual victimization of college women*. Washington, DC: National Institute of Justice.

Flavell, J. H. (1985). *Cognitive development* (2nd ed.). Englewood Cliffs, NJ: Prentice Hall.

Flavell, J. H. (1996). Piaget's legacy. *Psychological Science, 7*, 200–203.

Fleer, M., & Hedegaard, M. (2010). Children's development as participation in everyday practices across different institutions. *Mind, Culture, and Activity, 17*, 149–168.

Foa, E. B., & Riggs, D. S. (1995). Posttraumatic stress disorder following assault: Theoretical considerations and empirical findings. *Current Directions in Psychological Science, 4*, 61–65.

Forbey, J. D., Lee, T. T. C., & Handel, R. W. (2010). Correlates of the MMPI-2 in a college setting. *Psychological Assessment, 22*, 737–744.

Ford, C. S., & Beach, F. A. (1951). *Patterns of sexual behavior*. New York: Harper & Row.

Forgas, J. P. (2008). Affect and cognition. *Perspectives on Psychological Science, 3*, 94–101.

Forgas, J. P., & East, R. (2008). On being happy and gullible: Mood effects on skepticism and detection of deception. *Journal of Experimental Social Psychology, 44*, 1362–1367.

Fowler, H. (1965). *Curiosity and exploratory behavior*. New York: Macmillan.

Frager, R., & Fadiman, J. (1998). *Personality and personal growth*. New York: Longman.

Franklin, A., Giannakidou, A., & Goldin-Meadow, S. (2011). Negation, questions, and structure building in a homesign system. *Cognition, 118*, 398–416.

Freud, A. (1946). *The ego and the mechanisms of defense*. New York: International Universities Press.

Freud, A. (1958). Adolescence. *Psychoanalytic Study of the Child, 13*, 255–278.

Freud, S. (1957). Leonardo da Vinci and a memory of his childhood. In J. Strachey (Ed. and Trans.), *The standard edition of the complete psychological works of Sigmund Freud* (Vol. 11, pp. 59–137). London: Hogarth Press. (Original work published 1910)

Freund, A. M., & Baltes, P. B. (1998). Selection, optimization, and compensation as strategies of life management: Correlations with subjective indicators of successful aging. *Psychology and Aging, 13*, 531–543.

Friedman, B. H. (2010). Feelings and the body: The Jamesian perspective on autonomic specificity of emotion. *Biological Psychology, 84*, 383–393.

Friedman, M., & Rosenman, R. F. (1974). *Type A behavior and your heart*. New York: Knopf.

Friesen, C. A., & Kammrath, L. K. (2011). What it pays to know about a close other: The value of if-then personality knowledge in close relationships. *Psychological Science, 22*, 567–571.

Gale, C. R., Batty, G. D., & Deary, I. J. (2008). Locus of control at age 10 years and health outcomes and behaviors at age 30 years: The 1970 British Cohort Study. *Psychosomatic Medicine, 70*, 397–403.

Gao, Q., & Horvath, T. L. (2007). Neurobiology of feeding and energy expenditure. *Annual Review of Neuroscience, 30*, 367–398.

Garb, H. N., Wood, J. M., Lilienfeld, S. O., & Nezworski, M. T. (2005). Roots of the Rorschach controversy. *Clinical Psychology Review, 25*, 97–118.

Gautron, L., & Elmquist, J. K. (2011). Sixteen years and counting: An update on leptin in energy balance. *The Journal of Clinical Investigation, 121*, 2087–2093.

Gauvain, M., Beebe, H., & Zhao, S. (2011). Applying the cultural approach to cognitive development. *Journal of Cognition and Development, 12*, 121–133.

Gibbs, J. C., Basinger, K. S., Grime, R. L., & Snarey, J. R. (2007). Moral judgment development across culture: Revisiting Kohlberg's universality claims. *Developmental Review, 27*, 443–500.

Gibson, E. J., & Walk, R. D. (1960). The "visual cliff." *Scientific American, 202*, 64–71.

Gilbert, D. T., Morewedge, C. K., Risen, J. L., & Wilson, T. D. (2004). Looking forward to looking backward: The misprediction of regret. *Psychological Science, 15*, 346–350.

Gilligan, C. (1982). *In a different voice: Psychological theory and women's development*. Cambridge, MA: Harvard University Press.

Goldberg, A. E., & Perry-Jenkins, M. (2007). The division of labor and perceptions of parental roles: Lesbian couples across the transition to parenthood. *Journal of Social and Personal Relationships, 24*, 297–318.

Goldberg, A. E., & Sayer, A. (2006). Lesbian couples' relationship quality across the transition to parenthood. *Journal of Marriage and Family, 68*, 87–100.

Goldin-Meadow, S. (2003). *The resilience of language: What gesture creation in deaf children can tell us about how all children learn language*. New York: Psychology Press.

Goldin-Meadow, S., & Mylander, C. (1990). Beyond the input given: The child's role in the acquisition of language. *Language, 66*, 323–355.

Golombok, S., Rust, J., Zervoulis, K., Croudace, T., Golding, J., & Hines, M. (2008). Developmental trajectories of sex-typed behavior in boys and girls: A longitudinal general population study of children aged 2.5–8 years. *Child Development, 79*, 1583–1593.

Gorchoff, S. M., John, O. P., & Helson, R. (2008). Contextualizing change in marital satisfaction during middle age: An 18-year longitudinal study. *Psychological Science, 19*, 1194–1200.

Gouin, J.-P., Kielcolt-Glaser, J. K., Malarkey, W. B., & Glaser, R. (2008). The influence of anger expression on wound healing. *Brain, Behavior, and Immunity, 22*, 699–708.

Gray, M. R., & Steinberg, L. (1999). Unpacking authoritative parenting: Reassessing a multidimensional construct. *Journal of Marriage and the Family, 61*, 574–587.

Greenberg, J. (2008). Understanding the vital human quest for self-esteem. *Perspectives on Psychological Science, 3*, 48–55.

Greenberg, J., Kosloff, S., Solomon, S., Cohen, F., & Landau, M. (2010). Toward understanding the fame game: The effect of mortality salience on the appeal of fame. *Self and Identity, 9*, 1–18.

Gyurak, A., Gross, J. J., & Etkin, A. (2011). Explicit and implicit emotion regulation: A dual-process framework. *Cognition and Emotion, 25*, 400–412.

Haas, S. M., & Stafford, L. (2005). Maintenance behaviors in same-sex and marital relationships: A matched sample comparison. *Journal of Family Communication, 5*, 43–60.

Haidt, J. (2007). The new synthesis in moral psychology. *Science, 316*, 998–1002.

Hall, G. S. (1904). *Adolescence: Its psychology and its relations to physiology, anthropology, sociology, sex, crime, religion and education* (Vols. 1 and 2). New York: D. Appleton.

Hamlin, J. K., Hallinan, E. V., & Woodward, A. L. (2008). Do as I do: 7-month-old infants selectively reproduce other's goals. *Developmental Science, 11*, 487–494.

Harder, J. W. (1991). Equity theory versus expectancy theory: The case of major league baseball free agents. *Journal of Applied Psychology, 76*, 458–464.

Harlow, H. F. (1958). The nature of love. *American Psychologist, 13*, 673–685.

Harlow, H. F., & Zimmerman, R. R. (1958). The development of affectional responses in infant monkeys. *Proceedings of the American Philosophical Society, 102*, 501–509.

Hartshorne, H., & May, M. A. (1928). *Studies in the nature of character: Vol. 1. Studies in deceit*. New York: Macmillan.

Haselton, M. G., & Gildersleeve, K. (2011). Can men detect ovulation? *Current Directions in Psychological Science, 20*, 87–92.

Hathaway, S. R., & McKinley, J. C. (1940). A multiphasic personality schedule (Minnesota): I. Construction of the schedule. *Journal of Psychology, 10*, 249–254.

Hathaway, S. R., & McKinley, J. C. (1943). *Minnesota Multiphasic Inventory manual*. New York: Psychological Corporation.

Heatherington, L., & Lavner, J. A. (2008). Coming to terms with coming out: Review and recommendations for family systems-focused research. *Journal of Family Psychology, 22*, 329–343.

Heider, F. (1958). *The psychology of interpersonal relationships*. New York: Wiley.

Helgeson, V. S., Reynolds, K. A., & Tomich, P. L. (2006). A meta-analytic review of benefit finding and growth. *Journal of Consulting and Clinical Psychology, 74*, 797–816.

Hendriksen, E. S., Pettifor, A., Lee, S.-J., Coates, T. J., & Rees, H. V. (2007). Predictors of condom use among young adults in South Africa: The reproductive health and HIV research unit national youth survey. *American Journal of Public Health, 97*, 1241–1248.

Herbers, J. E., Cutuli, J. J., Lafavor, T. L., Vrieze, D., Leibel, C., Obradović, J., & Masten, A. S. (2011). Direct and indirect effects of parenting on academic functioning of young homeless children. *Early Education and Development, 22*, 77–104.

Herbst, C., Baier, B., Tolasch, T., & Steidle, J. L. M. (2011). Demonstration of sex pheromones in the predaceous diving beetle Rhantus suturalis (MacLeay 1825) (Dytiscidae). *Chemoecology, 21*, 19–23.

Herek, G. M. (2002). Gender gaps in public opinion about lesbians and gay men. *Public Opinion Quarterly, 66*, 40–66.

Herek, G. M. (2006). Legal recognition of same-sex relationships in the United States: A social science perspective. *American Psychologist, 61*, 607–621.

Herman, C. P., Roth, D. A., & Polivy, J. (2003). Effects of the presence of others on food intake: A normative investigation. *Psychological Bulletin, 129*, 873–886.

Hertzog, C. (2011). Intelligence in adulthood. In R. J. Sternberg & S. B. Kaufman (Eds.), *The Cambridge handbook of intelligence* (pp. 174–190). New York: Cambridge University Press.

Hertzog, C., Kramer, A. F., Wilson, R. S., & Lindenberger, U. (2008). Enrichment efforts on adult cognitive development: Can the functional capacity of older adults be preserved and enhanced? *Psychological Science in the Public Interest, 9*, 1–49.

Hess, T. M. (2005). Memory and aging in context. *Psychological Bulletin, 131*, 383–406.

Hess, T. M., & Hinson, J. T. (2006). Age-related variation in the influences of aging sterotypes on memory in adulthood. *Psychology and Aging, 21*, 621–625.

Hess, U., & Thibault, P. (2009). Darwin and emotional expression. *American Psychologist, 64*, 120–128.

Hilsenroth, M. J., Charnas, J. W., Zodan, J., & Streiner, D. L. (2007). Criterionbased training for Rorschach scoring. *Training and Education in Professional Psychology, 1*, 125–134.

Hines, M. (2011). Gender development and the human brain. *Annual Review of Neuroscience, 34*, 69–88.

Hobara, M. (2005). Beliefs about appropriate pain behavior: Cross-cultural and sex differences between Japanese and Euro-Americans. *European Journal of Pain, 9*, 389–393.

Hodgkinson, G. P., & Healey, M. P. (2008). Cognition in organizations. *Annual Review of Psychology, 59*, 387–417.

Holmes, T. H., & Rahe, R. H. (1967). The social readjustment rating scale. *Journal of Psychosomatic Research, 11*(2), 213–218.

Horgen, K. B., & Brownell, K. D. (2002). Comparison of price change and health message interventions in promoting healthy food choices. *Health Psychology, 21*, 505–512.

Horney, K. (1937). *The neurotic personality of our time*. New York: Norton.

Horney, K. (1939). *New ways in psychoanalysis*. New York: Norton.

Horney, K. (1945). *Our inner conflicts: A constructive theory of neurosis*. New York: Norton.

Horney, K. (1950). *Neurosis and human growth*. New York: Norton.

Horowitz, A., Brennan, M., & Reinhardt, J. P. (2005). Prevalence and risk factors for self-reported visual impairment among middle-aged and older adults. *Research on Aging, 27*, 307–326.

Howell, R. T., & Howell, C. J. (2008). The relation of economic status to subjective well-being in developing countries: A meta-analysis. *Psychological Bulletin, 134*, 536–560.

Hu, A. W.-L., & Tang, L.-R. (2010). Factors motivating sports broadcast viewership with fan identification as a mediator. *Social Behavior and Personality, 38*, 681–690.

Hudson, J. I., Hiripi, E., Pope, H. G. Jr., & Kessler, R. C. (2007). The prevalence and correlates of eating disorders in the national comorbidity survey replication. *Biological Psychiatry, 61*, 348–358.

Hull, C. L. (1943). *Principles of behavior: An introduction to behavior theory*. New York: Appleton-Century-Crofts.

Hull, C. L. (1952). *A behavior system: An introduction to behavior theory concerning the individual organism*. New Haven, CT: Yale University Press.

Irvine, J. T. (1990). Registering affect: Heteroglossia in the linguistic expression of emotion. In C. A. Lutz & L. Abu-Lughod (Eds.), *Language and the politics of emotions* (pp. 126–161). Cambridge, UK: Cambridge University Press.

Izard, C. E. (1993). Four systems for emotion activation: Cognitive and noncognitive processes. *Psychological Review, 100*, 68–90.

Izard, C. E. (1994). Innate and universal facial expressions: Evidence from developmental and cross-cultural research. *Psychological Bulletin, 115*, 288–299.

Jack, R. E., Blais, C., Scheepers, C., Schyns, P. G., & Caldara, R. (2009). Cultural confusions show that facial expressions are not universal. *Current Biology, 19*, 1543–1548.

Jack, R.E., Caldara, R. & Schyns, P.G. (2012). Internal representations reveal cultural diversity in expectations of facial expressions of emotion. *Journal of Experimental Psychology: General*, in press.

Jackson, V. A., Mack, J., Matsuyama, R., Lakoma, M. D., Sullivan A. M., Arnold, R. M., Weeks, J. C., & Block, S. D. (2008). A qualitative study of oncologists' approaches to end-of-life care. *Journal of Palliative Medicine, 11*, 893–906.

Jaffee, S., & Hyde, J. S. (2000). Gender differences in moral orientation: A meta-analysis. *Psychological Bulletin, 126*, 703–726.

Jain, S., Mills, P. J., von Känel, R., Hong, S., & Dimsdale, J. E. (2007). Effects of perceived stress and uplifts on inflammation and coagulability. *Psychophysiology, 44*, 154–160.

James, W. (1892). *Psychology*. New York: Holt.

James, W. (1950). *The principles of psychology* (2 vols.). New York: Holt, Rinehart & Wilson. (Original work published 1890)

Janowitz, H. D., & Grossman, M. I. (1950). Hunger and appetite: Some definitions and concepts. *Journal of the Mount Sinai Hospital, 16*, 231–240.

Jensen, L A. (2008). Through two lenses: A cultural-developmental approach to moral psychology. *Developmental Review, 28*, 289–315.

Jo, H., Chen, Y. J., Chua, S. C., Jr., Talmage, D. A., & Role, L. W. (2005). Integration of endocannabinoid and leptin signaling in an appetite-related neural circuit. *Neuron, 48*, 1055–1066.

Jones, E. (1953). *The life and works of Sigmund Freud*. New York: Basic Books.

Jowkar-Baniani, F., & Schmuckler, M. A. (2011). Picture perception in infants: Generalization from two-dimensional to three-dimensional displays. *16*, 211–226.

Jung, C. G. (1959). The concept of the collective unconscious. In *The archetypes and the collective unconscious, collected works* (Vol. 9, Part 1, pp. 54–74.). Princeton, NJ: Princeton University Press. (Original work published 1936)

Jung, C. G. (1973). *Memories, dreams, reflections* (rev. ed., A. Jaffe, Ed.). New York: Pantheon Books.

Jusczyk, P. W. (2003). Chunking language input to find patterns. In D. H. Rakison & L. M. Oakes (Eds.), *Early category and concept development*. London: Oxford University Press.

Jusczyk, P. W., & Aslin, R. N. (1995). Infants' detection of the sound patterns of words in fluent speech. *Cognitive Psychology, 29*, 1–23.

Kagan, J., & Snidman, N. (1991). Infant predictors of inhibited and uninhibited profiles. *Psychological Science, 2*, 40–44.

Kandler, C., Bleidorn, W., Riemann, R., Spinath, F. M., Thiel, W., & Angleitner, A. (2010). Sources of cumulative continuity in personality: A longitudinal multiple-rater twin study. *Journal of Personality and Social Psychology, 98*, 995–1008.

Karavasilis, L., Doyle, A. B., & Markiewicz, D. (2003). Associations between parenting style and attachment to mother in middle childhood and adolescence. *International Journal of Behavioral Development, 27*, 153–164.

Kendler, K. S., Thornton, L. M., Gilman, S. E., & Kessler, R. C. (2000). Sexual orientation in a U.S. national sample of twin and nontwin sibling pairs. *American Journal of Psychiatry, 157*, 1843–1846.

Kermer, D. A., Driver-Linn, E., Wilson, T. D., & Gilbert, D. T. (2006). Loss aversion is an affective forecasting error. *Psychological Science, 17*, 649–653.

Kesebir, P., & Diener, E. (2008). In pursuit of happiness: Empirical answers to philosophical questions. *Perspectives on Psychological Science, 3*, 117–125.

Kiecolt-Glaser, J. K., Marucha, P. T., Malarkey, P. T., Mercado, A. M., & Glaser, R. (1995). Slowing of wound healing by psychological stress. *Lancet, 346*, 1194–1196.

Kihlstrom, J. F., & Cantor, N. (2000). Social intelligence. In R. J. Sternberg (Ed.), *Handbook of intelligence* (pp. 359–369). New York: Cambridge University Press.

Kilmer, R. P., & Gil-Rivas, V. (2010). Exploring posttraumatic growth in children impacted by Hurricane Katrina: Correlates of the phenomenon and developmental considerations. *Child Development, 81*, 1211–1227.

Kim, H. S., Sherman, D. K., & Taylor, S. E. (2008). Culture and social support. *American Psychologist, 63*, 518–526.

Kim, M. J., Loucks, R. A., Palmer, A. L., Brown, A. C., Solomon, K. M., Marchante, A. N., & Whalen, P. J. (2011). The structural and functional complexity of the amygdala: From normal emotion to pathological anxiety. *Behavioural Brain Research, 223*, 403–410.

Kinsey, A. C., Martin, C. E., & Pomeroy, W. B. (1948). *Sexual behavior in the human male*. Philadelphia: Saunders.

Kinsey, A. C., Pomeroy, W. B., Martin, C. E., & Gebhard, R. H. (1953). *Sexual behavior in the human female*. Philadelphia: Saunders.

Kisilevsky, B. S., Hains, S. M. J., Brown, C. A., Lee, C. T., Cowperthwaite, B., Stutzman, S. S., Swansburg, M. L., Lee, L., Xie, X., Huang, H., Ye, H.-H., Zhang, K., & Wang, Z. (2009). Fetal sensitivity to properties of maternal speech and language. *Infant Behavior and Development, 32*, 59–71.

Kitamura, C., Thanavishuth, C., Burnham, D., & Luksaneeyanawin, S. (2002). Universality and specificity in infant-directed speech: Pitch modifications as a function of infant age and sex in a tonal and nontonal language. *Infant Behavior & Development, 24*, 372–392.

Kitayama, S., Markus, H. R., & Lieberman, C. (1995). The collective construction of self-esteem: Implications for culture, self, and emotion. In J. A. Russell, J. Fernandez-Dols, T. Manstead, & J. Wellenkamp (Eds.), *Everyday conceptions of emotion* (pp. 523–550). Dordrecht: Kluwer.

Klump, K. L., Burt, A., McGue, M., & Iacono, W. G. (2007). Changes in genetic and environmental influences on disordered eating across adolescence. *Archives of General Psychiatry, 64*, 1409–1415.

Knickmeyer, R., Baron-Cohen, S., Raggatt, P., & Taylor, K. (2005). Foetal testosterone, social relationships, and restricted interests in children. *Journal of Child Psychology and Psychiatry, 46*, 198–210.

Kobiella, A., Grossmann, T., Reid, V. M., & Striano, T. (2008). The discrimination of angry and fearful facial expressions in 7-month-old infants: An event-related potential study. *Cognition and Emotion, 22*, 133–146.

Kohlberg, L. (1964). Development of moral character and moral ideology. In M. L. Hoffman & L. W. Hoffman (Eds.), *Review of child development research* (Vol. 1). New York: Russell Sage Foundation.

Kohlberg, L. (1981). *The philosophy of moral development*. New York: Harper & Row.

Kohn, N., Kellermann, T., Gur, R. C., Schneider, F., & Habel, U. (2011). Gender differences in the neural correlates of humor processing: Implications for different processing modes. *Neuropsychologia, 49*, 888–897.

Krahé, B., Bieneck, S., & Scheinberger-Olwig, R. (2007). Adolescents' sexual scripts: Schematic representations of consensual and nonconsensual heterosexual interactions. *Journal of Sex Research, 44*, 316–327.

Krämer, N. C., & Winter, S. (2008). Impression management 2.0: The relationship of self-esteem, extraversion, self- efficacy, and self-presentation within social networking sites. *Journal of Media Psychology, 20*, 106–116.

Krebs, D. L. (2008). Morality: An evolutionary account. *Perspectives on Psychological Science, 3*, 149–172.

Krohne, H. W., & Slangen, K. E. (2005). Influence of social support on adaptation to surgery. *Health Psychology, 24*, 101–105.

Kronenfeld, L. W., Reba-Harrelson, L., Von Holle, A., Reyes, M. L., & Bulik, C. M. (2010). Ethnic and racial differences in body size perception and satisfaction. *Body Image, 7*, 131–136.

Krueger, J., & Stanke, D. (2001). The role of self-referrent and otherreferrent knowledge in perceptions of group characteristics. *Personality & Social Psychology Bulletin, 27*, 878–888.

Kuhn, M. H., & McPartland, T. S. (1954). An empirical investigation of selfattitudes. *American Sociological Review, 19*, 68–76.

Kujawski, J. H., & Bower, T. G. R. (1993). Same-sex preferential looking during infancy as a function of abstract representation. *British Journal of Developmental Psychology, 11*, 201–209.

Kuppens, P., Realo, A., & Diener, E. (2008). The role of positive and negative emotions in life satisfaction judgment across nations. *Journal of Personality and Social Psychology, 95*, 66–75.

Lachman, M. E. (2004). Development in midlife. *Annual Review of Psychology, 55*, 305–331.

Lambert, T. A., Kahn, A. S., & Apple, K. J. (2003). Pluralistic ignorance and hooking up. *The Journal of Sex Research, 40*, 129–133.

Lammers, J., Stoker, J. I., Jordan, J., Pollmann, M., & Stapel, D. A. (2011). Power increases infidelity among men and women. *Psychological Science, 22*, 1191–1197.

Långström, N., Rahman, Q., Carlström, E., & Lichstenstein, P. (2010). Genetic and environmental effects on same-sex sexual behavior: A population study of twins in Sweden. *Archives of Sexual Behavior, 39*, 75–80.

Lawrence, E., Nylen, K., & Cobb, R. J. (2007). Prenatal expectations and marital satisfaction over the transition to parenthood. *Journal of Family Psychology, 21*, 155–164.

Lay, C. H. (1986). At last my research article on procrastination. *Journal of Research in Personality, 20*, 474–495.

Lazarus, R. S. (1981, July). Little hassles can be hazardous to your health. *Psychology Today*, pp. 58–62.

Lazarus, R. S. (1984a). On the primacy of cognition. *American Psychologist, 39*, 124–129.

Lazarus, R. S. (1984b). Puzzles in the study of daily hassles. *Journal of Behavioral Medicine, 7*, 375–389.

Lazarus, R. S. (1991). Cognition and motivation in emotion. *American Psychologist, 46*, 352–367.

Lazarus, R. S. (1993). From psychological stress to the emotions: A history of changing outlooks. *Annual Review of Psychology, 44*, 1–21.

Lazarus, R. S. (1995). Vexing research problems inherent in cognitivemediational theories of emotion—and some solutions. *Psychological Inquiry, 6*, 183–196.

Lazarus, R. S., & Folkman, S. (1984). *Stress, appraisal, and coping*. New York: Springer.

Lazarus, R. S., & Lazarus, B. N. (1994). *Passion and reason: Making sense of our emotions*. New York: Oxford University Press.

Lea, V. (2004). M˜ebengokre ritual wailing and flagellation: A performative outlet for emotional self-expression. *Indiana, 21*, 113–125.

Lee, S. A. S., & Davis, B. L. (2010). Segmental distribution patterns of English infant- and adult-directed speech. *Journal of Child Language, 37*, 767–791.

Legate, N., Ryan, R. M., & Weinstein, N. (2012). Is coming out always a "good thing"? Exploring the relations of autonomy support, outness, and wellness for lesbian, gay, and bisexual individuals. *Social Psychological and Personality Science*, in press.

Leiter, M. P., & Maslach, C. (2005). *Banishing burnout: Six strategies for improving your relationship with work.* San Francisco: Jossey-Bass.

Lenroot, R. K., & Giedd, J. N. (2010). Sex differences in the adolescent brain. *Brain and Cognition, 72*, 46–55.

Lenroot, R. K., Gogtay, N., Greenstein, D. K., Wells, E. M., Gregory L. Wallace, G. L., Clasen, L. V., Blumenthal, J. D., Lerch, J., Zijdenbos, A. P., Evans, A. C., Thompson, P. M., & Giedda, J. N. (2007). Sexual dimorphism of brain developmental trajectories during childhood and adolescence. *NeuroImage, 36*, 1065–1073.

Levenson, R. W., Ekman, P., Heider, K., & Friesen, W. V. (1992). Emotion and autonomic nervous system activity in the Minangkabau of West Sumatra. *Journal of Personality and Social Psychology, 62*, 972–988.

Leventhal, H. (1980). Toward a comprehensive theory of emotion. In L. Berkowitz (Ed.), *Advances in experimental social psychology* (Vol. 13, pp. 139–207). New York: Academic Press.

Lewin, K. (1936). *Principles of topological psychology*. New York: McGraw-Hill.

Lewis, R. J., Derlega, V. J., Clarke, E. G., & Kuang, J. C. (2006). Stigma consciousness, social constraints, and lesbian well-being. *Journal of Counseling Psychology, 53*, 48–56.

Liao, H.-L., Liu, S.-H., Pi, S.-M. (2011). Modeling motivations for blogging: An expectancy theory analysis. *Social Behavior and Personality, 39*, 251–264.

Lietzén, R., Virtanen, P., Kivimäki, M., Sillanmäki, L., Vahtera, J., & Koskenvuo, M. (2011). Stressful life events and the onset of asthma. *European Respiratory Journal, 37*, 1360–1365.

Lilienfeld, S. O., Wood, J. M., & Garb, H. N. (2001). The scientific status of projective techniques. *Psychological Science in the Public Interest, 1*, 27–66.

Lindau, S. T., Schumm, L. P., Laumann, E. O., Levinson, W., O'Muircheartaigh, C. A., & Waite, L. J. (2007). A study of sexuality and health among older adults in the United States. *The New England Journal of Medicine, 357*, 762–775.

Littlewood, R. A., Venable, P. A., Carey, M. P., & Blair D. C. (2008). The association of benefit finding to psychosocial and health behavior adaptation among HIV1 men and women. *Journal of Behavioral Medicine, 31*, 145–155.

LoBue, V., Coan, J. A., Thrasher, C., & DeLoache, J. S. (2011). Prefrontal asymmetry and parent-rated temperament in infants. *PLOSone, 6*, e22694.

Lourenço, O., & Machado, A. (1996). In defense of Piaget's theory: A reply to 10 common criticisms. *Psychological Review, 103*, 143–164.

Lucas, R. E. (2007). Adaptation and the set-point model of subjective wellbeing: Does happiness change after major life events? *Current Directions in Psychological Science, 16*, 75–79.

Luijk, M. P. C. M., Tharner, A., Bakermans-Kranenburg, M. J., van IJzendoorn, M. H., Jaddoe, V. W. V., Hofman, A., Verhulst, F. C., & Tiemeier, H. (2011). The association between parenting and attachment security is moderated by a polymorphism of the mineralocorticoid receptor gene: Evidence for differential susceptibility. *Biological Psychology, 88*, 37–40.

Lynch, D. J., McGrady, A., Alvarez, E., & Forman, J. (2005). Recent life changes and medical utilization in an academic family practice. *The Journal of Nervous and Mental Disease, 193*, 633–635.

Lynch, W. C., Heil, D. P., Wagner, E., & Havens, M. D. (2008). Body dissatisfaction mediates the association between body mass index and risky weight control behaviors among White and Native American adolescent girls. *Appetite, 51*, 210–213.

Lyubomirsky, S., King, L., & Diener, E. (2005). The benefits of frequent positive affect: Does happiness lead to success? *Psychological Bulletin, 131*, 803–855.

Ma, V., & Schoeneman, T. J. (1997). Individualism versus collectivism: A comparison of Kenyan and American self-concepts. *Basic and Applied Social Psychology, 19*, 261–273.

Macchi Cassia, V., Turati, C., & Simion, F. (2004). Can a nonspecific bias toward top-heavy patterns explain newborns' face preference? *Psychological Science, 15*, 379–383.

Maccoby, E. E. (2002). Gender and group processes: A developmental perspective. *Current Directions in Psychological Science, 11*, 54–58.

Maccoby, E. E., & Martin, J. A. (1983). Socialization in the context of the family: Parent–child interaction. In E. M. Hetherington (Ed.), *Handbook of child psychology: Vol. 4. Socialization, personality, and social development* (pp. 1–101). New York: Wiley.

Mahon, B. Z., & Caramazza, A. (2011). What drives the organization of object knowledge in the brain? *Trends in Cognitive Sciences, 15*, 97–103.

Ma-Kellams, C., & Blascovich, J. (2011). Culturally divergent responses to mortality salience. *Psychological Science, 22*, 1019–1024.

Mandel, D. R., Jusczyk, P. W., & Pisoni, D. B. (1995). Infants' recognition of the sound patterns of their own names. *Psychological Science, 5*, 314–317.

Marcia, J. E. (1966). Development and validation of ego-identity status. *Journal of Personality and Social Psychology, 3*, 551–558.

Marcia, J. E. (1980). Identity in adolescence. In J. Adelson (Ed.), *Handbook of adolescent psychology* (pp. 159–187). New York: Wiley.

Markus, H. R., & Kitayama, S. (1991). Culture and the self: Implications for cognition, emotion, and motivation. *Psychological Review, 98*, 224–253.

Markus, H. R., Mullally, P. R., & Kitayama, S. (1997). Selfways: Diversity in modes of cultural participation. In U. Neisser & D. A. Jopling (Eds.), *The conceptual self in context* (pp. 13–61). Cambridge, UK: Cambridge University Press.

Marshall, G. D., & Zimbardo, P. G. (1979). Affective consequences of inadequately explained physiological arousal. *Journal of Personality and Social Psychology, 37*, 970–988.

Martin, C. L., & Ruble, D. N. (2010). Patterns of gender development. *Annual Review of Psychology, 61*, 353–381.

Maslach, C. (1979). Negative emotional biasing of unexplained arousal. *Journal of Personality and Social Psychology, 37*, 953–969.

Maslach, C., & Leiter, M. (2008). Early predictors of job burnout and engagement. *Journal of Applied Psychology, 93*, 498–512.

Maslow, A. H. (1968). *Toward a psychology of being* (2nd ed.). Princeton, NJ: Van Nostrand.

Maslow, A. H. (1970). *Motivation and personality* (rev. ed.). New York: Harper & Row.

Masten, A. S. (2011). Resilience in children threatened by extreme adversity: Frameworks for research, practice, and translational synergy. *Development and Psychopathology, 23*, 493–506.

Masters, W. H., & Johnson, V. E. (1966). *Human sexual response.* Boston: Little, Brown.

Masters, W. H., & Johnson, V. E. (1970). *Human sexual inadequacy*. Boston: Little, Brown.

Masters, W. H., & Johnson, V. E. (1979). *Homosexuality in perspective*. Boston: Little, Brown.

Mather, M., & Sutherland, M. R. (2011). Arousal-based competition in perception and memory. *Perspectives on Psychological Science, 6*, 114–133.

Maxwell, J. S., & Davidson, R. J. (2007). Emotion as motion: Asymmetries in approach and avoidant actions. *Psychological Science, 18*, 1113–1119.

Maynard, A. E. (2008). What we thought we knew and how we came to know it: Four decades of cross-cultural research from a Piagetian point of view. *Human Development, 51*, 56–65.

McAdams, D. P. (1988). Biography, narrative, and lives: An introduction. *Journal of Personality, 56*, 1–18.

McAdams, D. P., & Olson, B. D. (2010). Personality development: Continuity and change over the life course. *Annual Review of Psychology, 61*, 517–542.

McAdams, D. P., Bauer, J. J., Sakaeda, A. R., Anyidoho, N. A., Machado, M. A., Magrino-Failla, K., White, K. W., & Pals, J. L. (2006). Continuity and change in the life story: A longitudinal study of autobiographical memories in emerging adulthood. *Journal of Personality, 74*, 1371–1400.

McClelland, D. C. (1961). *The achieving society*. Princeton, NJ: Van Nostrand.

McClelland, D. C. (1971). *Motivational trends in society*. Morristown, NJ: General Learning Press.

McClelland, D. C., Atkinson, J. W., Clark, R. A., & Lowell, E. L. (1953). *The achievement motive*. New York: Appleton-Century-Crofts.

McClelland, D. C., Atkinson, J. W., Clark, R. A., & Lowell, E. L. (1976). *The achievement motive* (2nd ed.). New York: Irvington.

McCrae, R. R., & Costa, P. T., Jr. (2008). The five-factor theory of personality. In O. P. John, R. W. Robins, & L. A. Pervin (Eds.), *The handbook of personality: Theory and research* (3rd ed., 159–181). New York: Guilford Press.

McCrae, R. R., Costa, P. T. Jr., & Martin, T. A. (2005). The NEO-PI-3: A more readable revised NEO Personality Inventory. *Journal of Personality Assessment, 84*, 261–270.

McCrae, R. R., Costa, P. T. Jr., Martin, T. A., Oryol, V. E., Rukavishnikov, A. A., Senin, I. G., Hřebíčková, M., & Urbánek, T. (2004). Consensual validation of personality traits across cultures. *Journal of Research in Personality, 38*, 179–201.

McCrae, R. R., Kurtz, J. E., Yamagata, S., & Terracciano, A. (2011). Internal consistency, retest reliability, and their implications for personality scale validity. *Personality and Social Psychology Review, 15*, 28–50.

McCrae, R. R., Scally, M., Terracciano, A., Abecasis, G. R., & Costa, P. T., Jr. (2010). An alternative to the search for single polymorphisms: Toward molecular personality scales for the five-factor model. *Journal of Personality and Social Psychology, 99*, 1014–1024.

McCrae, S. M., & Hirt, E. R. (2001). The role of ability judgments in selfhandicapping. *Personality & Social Psychology Bulletin, 27*, 1378–1389.

McCrae, S. M., Hirt, E. R., & Milner, B. J. (2008). She works hard for the money: Valuing effort underlies gender differences in behavioral self-handicapping. *Journal of Experimental Social Psychology, 44*, 292–311.

McGovern, K., & Baars, B. J. (2007). Cognitive theories of consciousness. In P. D. Zelazo, M. Moscovitch, & E. Thompson (Eds.), *The Cambridge handbook of consciousness* (pp. 177–205). New York: Cambridge University Press.

McGregor, H. A., & Elliot, A. J. (2002). Achievement goals as predictors of achievement-relevant processes prior to task engagement. *Journal of Educational Psychology, 94*, 381–395.

McGue, M., Elkins, I., Walden, B., & Iacono, W. G. (2005). Perceptions of the parent-adolescent relationship: A longitudinal investigation. *Developmental Psychology, 41*, 971–984.

McHale, S. M., Crouter, A. C., & Whiteman, S. D. (2003). The family contexts of gender development in childhood and adolescence. *Social Development, 12*, 125–148.

Mead, M. (1928). *Coming of age in Samoa*. New York: Morrow.

Mead, M. (1939). *From the South Seas: Studies of adolescence and sex in primitive societies*. New York: Morrow.

Meeus, W. (2011). The study of adolescent identity formation 2000–2010: A review of longitudinal research. *Journal of Research on Adolescence, 21*, 75–94.

Meichenbaum, D. (1977). *Cognitive-behavior modification: An integrative approach*. New York: Plenum.

Meichenbaum, D. (1985). *Stress inoculation training*. New York: Pergamon Press.

Meichenbaum, D. (1993). Changing conceptions of cognitive behavior modification: Retrospect and prospect. *Journal of Consulting and Clinical Psychology, 61*, 202–204.

Mendelson, J. R., & Rajan, R. (2011). Cortical effects of aging and hearing loss. In J. A. Winer & C. E. Schreiner (Eds.), *The auditory cortex* (pp. 493–501). New York: Springer.

Mercadillo, R. E., Díaz, J. L., Pasaye, E. H., & Barrios, F. A. (2011). Perception of suffering and compassion experience: Brain gender disparities. *Brain and Cognition, 76*, 5–14.

Mesquita, B., & Leu, J. (2007). The cultural psychology of emotion. In S. Kitayama & D. Cohen (Eds.), *Handbook of cultural psychology* (pp. 734–759). New York: Guilford Press.

Michalski, R. L., & Shackelford, T. K. (2010). Evolutionary personality psychology: Reconciling human nature and individual differences. *Personality and Individual Differences, 48*, 509–516.

Miller, J. G., Bersoff, D. M., & Harwood, R. L. (1990). Perceptions of social responsibilities in India and in the United States: Moral imperatives or personal decisions? *Journal of Personality and Social Psychology, 58*, 33–47.

Miller, K. A., Fisher, P. A., Fetrow, B., & Jordan, K. (2006). Trouble on the journey home: Reunification failures in foster care. *Children and Youth Services Review, 28*, 260–274.

Miller, M. A., & Rahe, R. H. (1997). Life changes scaling for the 1990s. *Journal of Psychosomatic Research, 43*, 279–292.

Miller, N. E. (1978). Biofeedback and visceral learning. *Annual Review of Psychology, 29*, 373–404.

Miller, S. L., & Maner, J. K. (2011). Ovulation as a male mating prime: Subtle signs of women's fertility influence men's mating cognition and behavior. *Journal of Personality and Social Psychology, 100*, 295–308.

Mischel, W. (1968). *Personality and assessment*. New York: Wiley.

Mischel, W. (1973). Toward a cognitive social learning reconceptualization of personality. *Psychological Review, 80*, 252–283.

Mischel, W. (2004). Toward an integrative science of the person. *Annual Review of Psychology, 55*, 1–22.

Mischel, W., & Shoda, Y. (1995). A cognitive-affective system theory of personality: Reconceptualizing situations, dispositions, dynamics, and invariance in personality structure. *Psychological Review, 102*, 246–268.

Mischel, W., & Shoda, Y. (1999). Integrating dispositions and processing dynamics within a unified theory of personality: The cognitiveaffective personality system. In L. A. Pervin & O. P. John (Eds.), *Handbook of personality: Theory and research* (2nd ed., pp. 197–218). New York: Guilford Press.

Montanari, S. (2010). Translation equivalents and the emergence of multiple lexicons in early trilingual development. *First Language, 30*, 102–125.

Morin, S. F., & Rothblum, E. D. (1991). Removing the stigma: Fifteen years of progress. *American Psychologist, 46*, 947–949.

Morris, J. A., Jordan, C. L., & Breedlove, S. M. (2004). Sexual differentiation of the vertebrate nervous system. *Nature Neuroscience, 7*, 1034–1039.

Morris, T., Moore, M., & Morris, F. (2011). Stress and chronic illness: The case of diabetes. *Journal of Adult Development, 18*, 70–80.

Munafò, M. R., & Flint, J. (2011). Dissecting the genetic architecture of human personality. *Trends in Cognitive Sciences, 15*, 395–400.

Munafò, M. R., & Johnstone, E. C. (2008). Genes and cigarette smoking. *Addiction, 103*, 893–904.

Murayama, K., Elliot, A. J., & Yamagata, S. (2011). Separation of performanceapproach and performance-avoidance achievement goals: A broader analysis. *Journal of Educational Psychology, 103*, 238–256.

Musewicz, J., Marczyk, G., Knauss, L., & York, D. (2009). Current assessment practice, personality measurement, and Rorschach usage by psychologists. *Journal of Personality Assessment, 91*, 453–461.

Mussweiler, T., & Bodenhausen, G. V. (2002). I know you are, but what am I? Self-evaluative consequences of judging in-group and out-group members. *Journal of Personality and Social Psychology, 82*, 19–32.

Neiss, M. B., Sedikides, C., & Stevenson, J. (2006). Genetic influences on level and stability of self-esteem. *Self and Identity, 5*, 247–266.

Nes, R. B., Røysamb, E., Tambs, K., Harris, J. R., & Reichborn-Kjennerud, T. (2006). Subjective well-being: Genetic and environmental contributions to stability and change. *Psychological Medicine, 36*, 1033–1042.

Nettle, D. (2006). The evolution of personality variation in humans and other animals. *American Psycholgist, 61*, 622–631.

Newcomb, T. M. (1929). *The consistency of certain extrovert-introvert behavior traits in 50 problem boys* (Contributions to Education, No. 382). New York: Columbia University Press.

Newman, G. E., Keil, F. C., Kuhlmeier, V. A., & Wynn, K. (2010). Early understandings of the link between agents and order. *PNAS, 107*, 17140–17145.

Niaura, R., Todaro, J. F., Stroud, L., Spiro, A., III, Ward, K. D., & Weiss, S. (2002). Hostility, the metabolic syndrome, and incident coronary heart disease. *Health Psychology, 21*, 588–593.

Niccols, A. (2007). Fetal alcohol syndrome and the developing socioemotional brain. *Brain and Cognition, 65*, 135–142.

NICHD Early Child Care Research Network. (1997). The effects of infant child care on infant-mother attachment security: Results of the NICHD Study of Early Child Care. *Child Development, 68*, 860–879.

NICHD Early Child Care Research Network. (2006). Infant-mother attachment classification: Risk and protection in relation to changing maternal caregiving quality. *Developmental Psychology, 42*, 38–58.

Nigg, C. R., Borrelli, B., Maddock, J., & Dishman, R. K. (2008). A theory of physical activity maintenance. *Applied Psychology: An International Review, 57*, 544–560.

Norman, G. J., Velicer, W. F., Fava, J. L., & Prochaska, J. O. (1998). Dynamic topology clustering within the stages of change for smoking cessation. *Addictive Behaviors, 23*, 139–153.

Norman, G. J., Velicer, W. F., Fava, J. L., & Prochaska, J. O. (2000). Cluster subtypes within stage of change in a representative sample of smokers. *Addictive Behaviors, 25*, 183–204.

Norman, W. T. (1963). Toward an adequate taxonomy of personality attributes: Replicated factor structure in peer nomination personality ratings. *Journal of Abnormal and Social Psychology, 66*, 574–583.

Norman, W. T. (1967). *2,800 personality trait descriptors: Normative operating characteristics for a university population* (Research Rep. No. 083101-T). Ann Arbor: University of Michigan Press.

Ogden, C. L., & Carroll, M. D. (2010). *Prevalence of overweight, obesity, and extreme obesity among adults: United States, trends 1960–1962 through 2007–2008*. National Center for Health Statistics.

Orth, U., Robins, R. W., & Roberts, B. W. (2008). Low self-esteem prospectively predicts depression in adolescence and young adulthood. *Journal of Personality and Social Psychology, 95*, 695–708.

Ozer, D. J., & Reise, S. P. (1994). Personality assessment. *Annual Review of Psychology, 45*, 357–388.

Parr, W. V., & Siegert, R. (1993). Adults' conceptions of everyday memory failures in others: Factors that mediate the effects of target age. *Psychology and Aging, 8*, 599–605.

Paus, T. (2005). Mapping brain maturation and cognitive development during adolescence. *Trends in Cognitive Sciences, 9*, 60–68.

Pedersen, A. F., Zachariae, R., & Bovbjerg, D. H. (2009). Psychological stress and antibody response to influenza vaccination: A meta-analysis. *Brain, Behavior, and Immunity, 23*, 427–433.

Penick, S., Smith, G., Wienske, K., & Hinkle, L. (1963). An experimental evaluation of the relationship between hunger and gastric motility. *American Journal of Physiology, 205*, 421–426.

Penke, L., Denissen, J. J. A., & Miller, G. F. (2007). The evolutionary genetics of personality. *European Journal of Personality, 21*, 549–587.

Pennebaker, J. W. (1990). *Opening up: The healing power of confiding in others*. New York: Morrow.

Pennebaker, J. W. (1997). Writing about emotional experiences as a therapeutic process. *Psychological Science, 8*, 162–166.

Perrin, P. B., Heesacker, M., Tiegs, T. J., Swan, L. K., Lawrence, A. W., Jr., Smith, M. B., Carrillo, R. J., Cawood, R. L., & Mejia-Millan, C. M. (2011). Aligning Mars and Venus: The social construction and instability of gender differences in romantic relationships. *Sex Roles, 64*, 613–628.

Perry, D. G., & Pauletti, R. E. (2011). Gender and adolescent development. *Journal of Research on Adolescence, 21*, 61–74.

Petrie, K. J., Booth, R. J., & Pennebaker, J. W. (1998). The immunological effects of thought suppression. *Journal of Personality and Social Psychology, 75*, 1264–1272.

Petrie, K. J., Fontanilla, I., Thomas, M. G., Booth, R. J., & Pennebaker, J. W. (2004). Effect of written emotional expression on immune function in patients with human immunodeficiency virus infection: A randomized trial. *Psychosomatic Medicine, 66*, 272–275.

Piaget, J. (1929). *The child's conception of the world*. New York: Harcourt, Brace.

Piaget, J. (1954). *The construction of reality in the child*. New York: Basic Books.

Piaget, J. (1965). *The moral judgment of the child* (M. Gabain, Trans.). New York: Macmillan.

Piaget, J. (1977). *The development of thought: Equilibrium of cognitive structures*. New York: Viking Press.

Pickel, K. L. (2009). The weapon focus effect on memory for female versus male perpetrators. *Memory, 17*, 664–678.

Pischke, C. R., Scherwitz, L., Weidner, G., & Ornish, D. (2008). Long-term effects of lifestyle changes on well-being and cardiac variables among coronary heart disease patients. *Health Psychology, 27*, 584–592.

Plaks, J., Levy, S. R., & Dweck, C. (2009). Lay theories of personality: Cornerstones of meaning in social cognition. *Social and Personality Psychology Compass, 3*, 1069–1081.

Polivy, J., & Herman, C. P. (1999). Distress and eating: Why do dieters overeat? *International Journal of Eating Disorders, 26*, 153–164.

Polivy, J., Herman, C. P., & Deo, R. (2010). Getting a bigger slice of the pie. Effects on eating and emotion in restrained and unrestrained eaters. *Appetite, 55*, 426–430.

Porter, L. W., & Lawler, E. E. (1968). *Managerial attitudes and performance*. Homewood, IL: Irwin.

Posada, R., & Wainryb, C. (2008). Moral development in a violent society: Columbian children's judgments in the context of survival and revenge. *Child Devleopment, 79*, 882–898.

Poulin-Dubois, D., Blaye, A., Coutya, J., & Bialystok, E. (2011). The effects of bilingualism on toddlers' executive functioning. *Journal of Experimental Child Psychology, 108*, 567–579.

Powley, T. (1977). The ventromedial hypothalamic syndrome, satiety, and a cephalic phase hypothesis. *Psychological Review, 84*, 89–126.

Prosser, D., Johnson, S., Kuipers, E., Szmukler, G., Bebbington, P., & Thornicroft, G. (1997). Perceived sources of work stress and satisfaction among hospital and community mental health staff, and their relation to mental health, burnout, and job satisfaction. *Journal of Psychosomatic Research, 43*, 51–59.

Pyszczynski, T., Greenberg, J., Solomon, S., Arndt, J., & Schimel, J. (2004). Why do people need self-esteem? A theoretical and empirical review. *Psychological Bulletin, 130*, 435–468.

Quine, W. V. O. (1960). *Word and object*. Cambridge, MA: The MIT Press.

Quittner, A. L., Modi, A., Lemanek, K. L., Ievers-Landis, C. E., & Rapoff, M. A. (2008). Evidence-based assessment of adherence to medical treatments in pediatric psychology. *Journal of Pediatric Psychology, 33*, 916–936.

Rahman, Q., & Wilson, G. D. (2003). Born gay? The psychobiology of human sexual orientation. *Personality and Individual Differences, 34*, 1337–1382.

Ramachandrappa, S., & Farooqi, I. S. (2011). Genetic approaches to understanding human obesity. *The Journal of Clinical Investigation, 121*, 2080–2086.

Rau, H., Bührer, M., & Wietkunat, R. (2003). Biofeedback of R-waveto-pulse interval normalizes blood pressure. *Applied Psychophysiology and Biofeedback, 28*, 37–46.

Remick, A. K., Polivy, J., & Pliner, P. (2009). Internal and external moderators of the effect of variety on food intake. *Psychological Bulletin, 135*, 434–451.

Reynolds, J. S., & Perrin, N. A. (2004). Mismatches in social support and psychosocial adjustment. *Health Psychology, 23*, 425–430.

Roberts, A., Cash, T. F., Feingold, A., & Johnson, B. T. (2006). Are Black–White differences in females' body dissatisfaction decreasing? A metanalytic review. *Journal of Consulting and Clinical Psychology, 74*, 1121–1131.

Rodriguez, E. T., & Tamis-LeMonda, C. S. (2011). Trajectories of the home learning environment across the first 5 years: Associations with children's vocabulary and literacy skills at prekindergarten. *Child Development, 82*, 1058–1075.

Rogers, C. R. (1947). Some observations on the organization of personality. *American Psychologist, 2*, 358–368.

Rogers, C. R. (1951). *Client-centered therapy*. Boston: Houghton Mifflin Company.

Rogers, C. R. (1977). *On personal power: Inner strength and its revolutionary impact*. New York: Delacorte.

Rogoff, B. (1990). *Apprenticeship in thinking: Cognitive development in social context*. New York:

Oxford University Press.

Roisman, G. I., Clausell, E., Holland, A., Fortuna, K., & Elieff, C. (2008). Adult romantic relationships as contexts of human development: A multimethod comparison among same-sex couples with opposite-sex dating, engaged, and married dyads. *Developmental Psychology, 44*, 91–101.

Romer, M., Lehrner, J., Wymelbeke, V. V., Jiang, T., Deecke, L. & Brondel, L. (2006). Does modification of olfacto-gustatory stimulation diminish sensory-specific satiety in humans? *Physiology & Behavior, 87*, 469–477.

Rorschach, H. (1942). *Psychodiagnostics: A diagnostic test based on perception*. New York: Grune & Stratton.

Rose, A. J., & Rudolph, K. D. (2006). A review of sex- differences in peer relationship processes: Potential trade-offs for the emotional and behavioral development of girls and boys. *Psychological Bulletin, 132*, 98–131.

Rothbart, M. K. (2007). Temperament, development, and personality. *Current Directions in Psychological Science, 16*, 207–212.

Rothrauff, T., & Cooney, T. M. (2008). The role of generativity in psychological well-being: Does it differ for childless adults and parents? *Journal of Adult Development, 15*, 148–159.

Rotter, J. B. (1954). *Social learning and clinical psychology*. Englewood Cliffs, NJ: Prentice-Hall.

Rotter, J. B. (1966). Generalized expectancies for internal versus external locus of control of reinforcement. *Psychological Monographs, 80* (Whole No. 609).

Rouse, S. V., Greene, R. L., Butcher, J. N., Nichols, D. S., & Williams, C. L. (2008). What do the MMPI-2 Restructured Clinical Scales reliably measure? Answers from multiple research settings. *Journal of Personality Assessment, 90*, 435–442.

Roussi, P. (2002). Discriminative facility in perceptions of control and its relation to psychological distress. *Anxiety, Stress, & Coping: An International Journal, 15*, 179–191.

Roussi, P., Krikeli, V., Hatzidimitriou, C., & Koutri, I. (2007). Patterns of coping, flexibility in coping and psychological distress in women diagnosed with breast cancer. *Cognitive Therapy and Research, 31*, 97–109.

Ruiz, J. R., Labayen, I., Ortega, F. B., Legry, V., Moreno, L. A., Dallongeville, J., Martínez-Gómez, D., Bokor, S., Manios, Y., Ciarapica, D., Gottrand, F., De Henauw, S., Molnár, D., Sjöström, M., & Meirhaeghe, A. (2010). Attenuation of the effect of the FTO rs9939609 polymorphism on total and central body fat by physical activity in adolescents. *Archives of Pediatric & Adolescent Medicine, 164*, 328–333.

Rule, N. O., Rosen, K. S., Slepian, M. L., & Ambady, N. (2011). Mating interest improves women's accuracy in judging male sexual orientation. *Psychological Science, 22*, 881–886.

Sachdev, P., Mondraty, N., Wen, W., & Gulliford, K. (2008). Brains of anorexia nervosa patients process self-images differently from non-selfimages: An fMRI study. *Neuropsychologia, 46*, 2161–2168.

Sachdeva, S., Singh, P., & Medin, D. (2011). Culture and the quest for universal principles of moral reasoning. *International Journal of Psychology, 46*, 161–176.

Sai, F. Z. (2005). The role of the mother's voice in developing mother's face preference: Evidence for intermodal perceptional at birth. *Infant and Child Development, 14*, 29–50.

Salihu, H. M., & Wilson, R. E. (2007). Epidemiology of prenatal smoking and perinatal outcomes. *Early Human Development, 83*, 713–720.

Salthouse, T. A. (2006). Mental exercise and mental aging: Evaluating the validity of the "use it or lose it" hypothesis. *Perspectives on Psychological Science, 1*, 68–87.

Salvy, S.-J., Jarrin, D., Paluch, R., Irfan, N., & Pliner, P. (2007). Effects of social influence on eating in couples, friends and strangers. *Appetite, 49*, 92–99.

Salvy, S.-J., Kieffer, E., & Epstein, L. H. (2008). Effects of social context on overweight and normal-weight children's food selection. *Eating Behaviors, 9*, 190–196.

Samuelson, M., Foret, M., Baim, M., Lerner, J., Fricchione, G., Benson, H., Dusek, J., & Yeung, A. (2010). Exploring the effectiveness of a comprehensive mind–body intervention for medical symptom relief. *The Journal of Alternative and Complementary Medicine, 16*, 187–192.

Sanderson, C. A., Rahm, K. B., & Beigbeder, S. A. (2005). The link between pursuit of intimacy goals and satisfaction in close same-sex friendships: An examination of the underlying processes. *Journal of Social and Personal Relationships, 22*, 75–98.

Sandstrom, M. J., & Cramer, P. (2003). Girls' use of defense mechanisms following peer rejection. *Journal of Personality, 71*, 605–627.

Santiago, C. D., Wadsworth, M. E., & Stump, J. (2011). Socioeconomic status, neighborhood disadvantage, and poverty-related stress: Prospective effects on psychological syndromes among diverse low-income families. *Journal of Economic Psychology, 32*, 218–230.

Savic, I., & Lindström, P. (2008). PET and MRI show differences in cerebral asymmetry and functional connectivity between homo- and heterosexual subjects. *PNAS, 105*, 9403–9408.

Schachter, S. (1971a). *Emotion, obesity and crime*. New York: Academic Press.

Schachter, S. (1971b). Some extraordinary facts about obese humans and rats. *American Psychologist, 26*, 129–144.

Schick, B., Marschark, M., & Spencer, P. E. (Eds.) (2006). *Advances in the sign language development of deaf children*. New York: Oxford University Press.

Schloeg, H., Percik, R., Horstmann, A., Villringer, A., & Stumvoloo, M. (2011). Peptide hormones regulating appetite—focus on neuroimaging studies. *Diabetes/Metabolism Research and Reviews, 27*, 104–112.

Schmitt, D. P. (2003). Universal sex differences in desire for sexual variety: Tests from 52 nations, 6 continents, and 13 islands. *Journal of Personality and Social Psychology, 85*, 85–104.

Schmitt, D. P., Allik, J., McCrae, R. R., & Benet-Martinez, V. (2007). The geographic distribution of Big Five personality traits: Patterns and profiles of human self-description across 56 nations. *Journal of Cross-Cultural Psychology, 38*, 173–212.

Scholz, U., Schüz, B., Ziegelmann, J., Lippke, S., & Schwarzer, R. (2008). Beyond behavioural intentions: Planning mediates between intentions and physical activity. *British Journal of Health Psychology, 13*, 479–494.

Schousboe, K., Visscher, P. M., Erbas, B., Kyvik, K. O., Hopper, J. L., Henriksen, J. E., Heitmann, B. L., & Sørensen, T. I. A. (2004). Twin study of genetic and environmental influences on adult body size, shape, and composition. *International Journal of Obesity, 28*, 39–48.

Seal, D. S., Smith, M., Coley, B., Perry, J., & Gamez, M. (2008). Urban heterosexual couples' sexual scripts for three shared sexual experiences. *Sex Roles, 58*, 626–638.

Sear, R., & Mace, R. (2008). Who keeps children alive? A review of the effects of kin on child survival. *Evolution and Human Behavior, 29*, 1–18.

Searle, J. R. (1979). Literal meaning. In J. R. Searle (Ed.), *Expression and meaning* (pp. 117–136). Cambridge, UK: Cambridge University Press.

Sedikides, C., & Gregg, A. P. (2008). Self-enhancement: Food for thought. *Perspectives on Psychological Science, 3*, 102–116.

Segerstrom, S. C. (2005). Optimism and immunity: Do positive thoughts always lead to positive effects? *Brain, Behavior, and Immunity, 19*, 195–200.

Segerstrom, S. C. (2006). How does optimism suppress immunity? Evaluation of three affective pathways. *Health Psychology, 25*, 653–657.

Segerstrom, S. C. (2007). Stress, energy, and immunity. *Current Directions in Psychological Science, 16*, 326–330.

Seligman, M. E. P., Steen, T. A., Park, N., & Peterson, C. (2005). Positive psychology progress: Empirical validation of interventions. *American Psychologist, 60*, 410–421.

Selye, H. (1976a). *Stress in health and disease.* Reading, MA: Butterworth.

Selye, H. (1976b). *The stress of life* (2nd ed.). New York: McGraw-Hill.

Serpell, R. (2000). Intelligence and culture. In R. J. Sternberg (Ed.), *Handbook of intelligence* (pp. 549–577). Cambridge, UK: Cambridge University Press.

Sevdalis, N., & Harvey, N. (2007). Biased forecasting of postdecisional affect. *Psychological Science, 18*, 678–681.

Sheppard, L. D., & Vernon, P. A. (2008). Intelligence and speed of information-processing: A review of 50 years of research. *Personality and Individual Differences, 44*, 535–551.

Shmueli-Goetz, Y., Target, M., Fonagy, P., & Datta, A. (2008). The child attachment interview: A psychometric study of reliability and discriminant validity. *Developmental Psychology, 44*, 939–956.

Shoda, Y., Mischel, W., & Wright, J. C. (1993). The role of situational demands and cognitive competencies in behavior organization and personality coherence. *Journal of Personality and Social Psychology, 65*, 1023–1035.

Shuwairi, S. M., Albert, M. K., & Johnson, S. P. (2007). Discrimination of possible and impossible objects in infancy. *Psychological Science, 18*, 303–307.

Siegel, P. H., Schraeder, M., & Morrison, R. (2008). A taxonomy of equity factors. *Journal of Applied Social Psychology, 38*, 61–75.

Silventoinen, K., Pietiläinen, K. H., Tynelius, P., Sørensen, T. I. A., Kaprio, J., & Rasmussen, F. (2007). Genetic and environmental factors in relative weight from birth to age 18: The Swedish young male twins study. *International Journal of Obesity, 31*, 615–621.

Simons-Morton, B. G., Ouimet, M. C., Zhang, Z., Klauer, S. E., Lee, S. E., Wang, J., Chen, R., Albert, P., & Dingus, T. A. (2011). The effect of passengers and risk-taking friends on risky driving and crashes/near crashes among novice teenagers. *Journal of Adolescent Health, 49*, 587–593.

Singer, L. T., Arendt, R., Minnes, S., Farkas, K., Salvator, A., Kirchner, H. L., & Kliegman, R. (2002). Cognitive and motor outcomes of cocaine-exposed infants. *Journal of the American Medical Association, 287*, 1952–1960.

Singh, G. K., Kogan, M. D., & van Dyck, P. C. (2010). Changes in statespecific childhood obesity and overweight prevalence in the United States from 2003 to 2007. *Archives of Pediatric & Adolescent Medicine, 164*, 598–607.

Sireteanu, R. (1999). Switching on the infant brain. *Science, 286*, 59–61.

Slobin, D. I. (1985). Crosslinguistic evidence for the language-making capacity. In D. Slobin (Ed.), *The crosslinguistic study of language acquisition: Vol. 2. Theoretical issues* (pp. 1157–1256). Hillsdale, NJ: Erlbaum.

Smetana, J. G., Campione-Barr, N., & Metzger, A. (2006). Adolescent development in interpersonal and societal contexts. *Annual Review of Psychology, 57*, 255–284.

Smith, A. R., Hawkeswood, S. E., Bodell, L. P., & Joiner, T. E. (2011). Muscularity versus leanness: An examination of body ideals and predictors of disordered eating in heterosexual and gay college students. *Body Image, 8*, 232–236.

Smith, J., & Baltes, P. B. (1990). Wisdom-related knowledge: Age/cohort differences in response to life-planning problems. *Developmental Psychology, 26*, 494–505.

Smith, S. J., Axelton, A. M., & Saucier, D. A. (2009). The effects of contact on sexual prejudice: A meta-analysis. *Sex Roles, 61*, 178–191.

Smith, T. W., & Ruiz, J. M. (2002). Psychosocial influences on the development and course of coronary heart disease: Current status and implications for research and practice. *Journal of Consulting and Clinical Psychology, 70*, 548–568.

Sniehotta, F. F., Scholz, U., & Schwarzer, R. (2006). Action plans and coping plans for physical exercise: A longitudinal study in cardiac rehabilitation. *British Journal of Health Psychology, 11*, 23–37.

Soderstrom, M. (2007). Beyond babytalk: Re-evaluating the nature and content of speech input to preverbal infants. *Developmental Review, 27*, 501–532.

Solberg Nes, L., Evans, D. R., & Segerstrom, S. C. (2009). Optimism and college retention: Mediation by motivation, performance, and adjustment. *Journal of Applied Social Psychology, 39*, 1887–1912.

Song, J. Y., Demuth, K., & Morgan, J. (2010). Effects of the acoustic properties of infant-directed speech on infant word recognition. *Journal of the Acoustical Society of America, 128*, 389–400.

Soska, K. C., & Johnson, S. P. (2008). Development of three-dimensional object completion in infancy. *Child Development, 79*, 1230–1236.

Spence, M. J., & DeCasper, A. J. (1987). Prenatal experience with lowfrequency maternal-voice sounds influences neonatal perception of maternal voice samples. *Infant Behavior and Development, 10*, 133–142.

Spence, M. J., & Freeman, M. S. (1996). Newborn infants prefer the maternal low-pass filtered voice, but not the maternal whispered voice. *Infant Behavior and Development, 19*, 199–212.

Spitz, R. A., & Wolf, K. (1946). Anaclitic depression. *Psychoanalytic Study of Children, 2*, 313–342.

Stanojevic, M., Kurjak, A., Salihagić-Kadić, A., Vasilj, O., Miskovic, B., Shaddad, A. N., Ahmed, B., & Tomasović, S. (2011). Neurobehavioral continuity from fetus to neonate. *Journal of Perinatal Medicine, 39*, 171–177.

Starace, F., Massa, A., Amico, K. R., & Fisher, J. D. (2006). Adherence to antiretroviral therapy: An empirical test of the information-motivationbehavioral skills model. *Health Psychology, 25*, 153–162.

Staudinger, U. M., & Glück, J. (2011). Psychological wisdom research: Commonalities and differences in a growing field. *Annual Review of Psychology, 62*, 215–241.

Steinberg, L. (2008). A social neuroscience perspective on adolescent risktaking. *Developmental Review, 28*, 78–106.

Sternthal, M. J., Slopen, N., & Williams, D. R. (2011). Racial disparities in health: How much does stress really matter? *Du Bois Review, 8*, 95–113.

Stewart, D. E., & Yuen, T. (2011). A systematic review of resilience in the physically ill. *Psychosomatics, 52*, 199–209.

Stewart, W. H., Jr., & Roth, P. L. (2007). A meta-analysis of achievement motivation differences between entrepreneurs and managers. *Journal of Small Business Management, 45*, 401–421.

Stiles, J., & Jernigan, T. L. (2010). The basics of brain development. *Neuropsychology Review, 20*, 327–348.

Striegel-Moore, R. H., Dohm, F. A., Kraemer, H. C., Taylor, C. B., Daniels, S., Crawford, P. B., &

Schreiber, G. B. (2003). Eating disorders in White and Black women. *American Journal of Psychiatry, 160*, 1326–1331.

Striegel-Moore, R. H., & Bulik, C. M. (2007). Risk factors for eating disorders. *American Psychologist, 62*, 181–198.

Substance Abuse and Mental Health Service Administration (SAMHSA). (2010). *Results from the 2009 national survey on drug use and health: Volume I. Summary of national findings*.

Swann, W. B., Chang-Schneider, C., & McClarty, K. L. (2007). Do people's self-views matter? Self-concept and self-esteem in everyday life. *American Psychologist, 62*, 84–94.

Tanofsky-Kraff, M., Wilfley, D. E., & Spurrell, E. (2000). Impact of interpersonal and ego-related stress on restrained eaters. *Inter national Journal of Eating Disorders, 27*, 411–418.

Tay, L., & Diener, E. (2011). Needs and subjective well-being around the world. *Journal of Personality and Social Psychology, 101*, 354–365.

Taylor, S. E. (2006). Tend and befriend: Biobehavioral bases of affiliation under stress. *Current Directions in Psychological Science, 15*, 273–277.

Taylor, S. E., Klein, L. C., Lewis, B. P., Gruenewald, T. L., Gurung, R. A. R., & Updegraff, J. A. (2000). Biobehavioral responses to stress in females: Tend-and-befriend, not fight-or-flight. *Psychological Review, 107*, 411–429.

Tedeschi, R. G., & Calhoun, L. G. (2004). Posttraumatic growth: Conceptual foundations and empirical evidence. *Psychological Inquiry, 15*, 1–18.

Tellegen, A. & Ben-Porath, Y. S. (2008). *MMPI-2-RF Technical Manual*. Minneapolis: University of Minnesota Press.

Templin, M. (1957). Certain language skills in children: Their development and interrelationships. *Institute of Child Welfare Monograph*, Series No. 26. Minneapolis: University of Minnesota Press.

Thiessen, E. D., Hill, E. A., & Saffran, J. R. (2005). Infant-directed speech facilitates word segmentation. *Infancy, 7*, 53–71.

Thomas, A., & Chess, S. (1977). *Temperament and development*. New York: Brunner/Mazel.

Tice, D. M., & Baumeister, R. F. (1997). Longitudinal study of procrastination, performance, stress, and health: The costs and benefits of dawdling. *Psychological Science, 8*, 454–458.

Tomasello, M. (2008). *Origins of human communication*. Cambridge, MA: MIT Press.

Tomkins, S. (1962). *Affect, imagery, consciousness* (Vol. 1). New York: Springer.

Tomkins, S. (1981). The quest for primary motives: Biography and autobiography of an idea. *Journal of Personality and Social Psychology, 41*, 306–329.

Tong, S. T., Van Der Heide, B., Langwell, L., & Walther, J. B. (2008). Too much of a good thing? The relationship between number of friends and interpersonal impressions on Facebook. *Journal of Computer-Mediated Communication, 13*, 531–549.

Tran, V., Wiebe, D. J., Fortenberry, K. T., Butler, J. M., & Berg, C. A. (2011). Benefit finding, affective reactions to diabetes stress, and diabetes management among early adolescents. *Health Psychology, 30*, 212–219.

Trautner, H. M., Ruble, D. N., Cyphers, L., Kirsten, B., Behrendt, R., & Hartmann, P. (2005). Rigiditiy and flexibility of gender stereotypes in childhood: Developmental or differential? *Infant and Child Development, 14*, 365–381.

Triandis, H. C. (1994). *Culture and social behavior*. New York: McGraw-Hill.

Triandis, H. C. (1995). *Individualism and collectivism*. Boulder, CO: Westview.

Trzesniewski, K. H., Donnellan, M. B., Moffitt, T. E., Robins, R. W., Poulton, R., & Caspi, A. (2006). Low self-esteem during adolescence predicts poor health, criminal behavior, and limited economic prospects during adulthood. *Developmental Psychology, 42*, 381–390.

Tun, P. A., & Lachman, M. E. (2010). The association between computer use and cognition across adulthood: Use it so you won't lose it? *Psychology and Aging, 25*, 560–568.

Tupes, E. G., & Christal, R. C. (1961). *Recurrent personality factors based on trait ratings* (Tech. Rep. No. ASD-TR–61–97). Lackland Air Force Base, TX: U.S. Air Force.

Turner, C. F., Villarroel, M. A., Chromy, J. R., Eggleston, E., & Rogers, S. M. (2005). Same-gender sex among U.S. adults: Trends across the twentieth century and during the 1990s. *Public Opinion Quarterly, 69*, 439–462.

Twenge, J. M., Campbell, W. K., & Foster, C. A. (2003). Parenthood and marital satisfaction: A meta-analytic review. *Journal of Marriage and Family, 65*, 574–583.

U.S. Census Bureau (2008). 2007 American community survey.

U.S. Census Bureau (2011). America's families and living arrangements: 2010.

U.S. Department of Health and Human Services. (2010). Child maltreatment, 2009.

U.S. Department of Health and Human Services. (2010). Trends in the prevalence of sexual behaviors.

Ullman, S. E., Filipas, H. H., Townsend, S. M., & Starzynski, L. L. (2007). Psychosocial correlates of PTSD symptom severity in sexual assault survivors. *Journal of Traumatic Stress, 20*, 821–831.

Urban, J., Carlson, E., Egeland, B., & Stroufe, L. A. (1991). Patterns of individual adaptation across childhood. *Development and Psychopathology, 3*, 445–460.

Van Zeijl, J., Mesman, J., Van IJzendoorn, M. H., Bakermans-Kranenburg, M. J., Juffer, F., Stolk, M. N., Koot, H. M., & Alink, L. R. A. (2006). Attachment-based intervention for enhancing sensitive discipline in mothers of 1- to 3-year-old children at risk for externalizing behavior problems: A randomized controlled trial. *Journal of Consulting and Clinical Psychology, 74*, 994–1005.

Vandell, D. L., Belsky, J., Burchinal, M., Steinberg, L., Vandergrift, N., & NICHD Early Child Care Research Network. (2010). Do effects of early child care extend to age 15 years? Results from the NICHD study of early child care and youth development. *Child Development, 81*, 737–756.

Vartanian, L. R., Herman, C. P., & Wansink, B. (2008). Are we aware of the external factors that influence our food intake? *Health Psychology, 27*, 533–538.

Velicer, W. F., Redding, C. A., Sun, X., & Prochaska, J. O. (2007). Demographic variables, smoking variables, and outcome across five studies. *Health Psychology, 26*, 278–287.

Vignoles, V. L., Regalia, C., Manzi, C., Golledge, J., & Scabini, E. (2006). Beyond self-esteem: Influence of multiple motives on identity construction. *Journal of Personality and Social Psychology, 90*, 308–333.

Vroom, V. H. (1964). *Work and motivation*. New York: Wiley.

Vuong, M., Brown-Welty, S., & Tracz, S. (2010). The effects of self-efficacy on academic success of first-generation college sophomore students. *Journal of College Student Development, 51*, 50–64.

Wade, T. D., Tiggemann, M., Bulik, C. M., Fairburn, C. G., Wray, N. R., & Martin, N. G. (2008). Shared temperament risk factors for anorexia nervosa: A twin study. *Psychosomatic Medicine, 70*, 239–244.

Wallis, D. J., & Hetherington, M. M. (2004). Stress and eating: The effects of ego-threat and cognitive demand on food intake in restrained and emotional eaters. *Appetite, 43*, 39–46.

Walton, G. M., & Cohen, G. L. (2011). A brief social-belonging intervention improves academic and health outcomes of minority students. *Science, 331*, 1447–1451.

Wang, S., Baillargeon, R., & Brueckner, L. (2004). Young infants' reasoning about hidden objects: Evidence from violation-of-expectation tasks with test trials only. *Cognition, 93*, 167–198.

Warren, C. S. (2008). The influence of awareness and internalization of Western appearance ideals on body dissatisfaction in Euro-American and Hispanic males. *Psychology of Men & Masculinity, 9*, 257–266.

Weinberger, L. E., Sreenivasan, S., Garrick, T., & Osran, H. (2005). The impact of surgical castration on sexual recidivism risk among sexually violent predatory offenders. *The Journal of the American Academy of Psychiatry and the Law, 33*, 16–36.

Weinfield, N. S., Ogawa, J. R., & Sroufe, L. A. (1997). Early attachment as a pathway to adolescent peer competence. *Journal of Research on Adolescence, 7*, 241–265.

Weiss, A., Bates, T. C., & Luciano, M. (2008). Happiness is a personal(ity) thing: The genetics of personality and well-being in a representative sample. *Psychological Science, 19*, 205–210.

Welborn, B. L., Papademetris, X., Reis, D. L., Rajeevan, N., Bloise, S. M., & Gray, J. R. (2009). Variation in orbitofrontal cortex volume: Relation to sex, emotion regulation and affect. *Social Cognitive and Affective Neuroscience, 4*, 328–339.

Wellman, H. M., Fang, F., & Peterson, C. C. (2011). Sequential progressions in a theory-of-mind scale: Longitudinal perspectives. *Child Development, 82*, 780–792.

Werker, J. F. (1991). The ontogeny of speech perception. In I. G. Mattingly & M. Studdert-Kennedy (Eds.), *Modularity and the motor theory of speech perception* (pp. 91–109). Hillsdale, NJ: Erlbaum.

Werker, J. F., & Lalond, F. M. (1988). Cross-language speech perception: Initial capabilities and developmental change. *Developmental Psychology, 24*, 672–683.

Werker, J. F., & Tees, R. C. (1999). Influences on infant speech processing: Toward a new synthesis. *Annual Review of Psychology, 50*, 509–535.

Whitbourne, S. K., Sneed, J. R., & Sayer, A. (2009). Psychological development from college through midlife: A 34-year sequential study. *Developmental Psychology, 45*, 1328–1340.

Winter, D. G. (2010). Why achievement motivation predicts success in business but failure in politics: The importance of personal control. *Journal of Personality, 78*, 1637–1667.

Witherington, D. C., Campos, J. J., Anderson, D. I., Lejeune, L., & Seah, E. (2005). Avoidance of heights on the visual cliff in newly walking infants. *Infancy, 7*, 285–298.

Wolmer, L., Hamiel, D., & Laor, N. (2011). Preventing children's stress after disaster with teacher-based intervention: A controlled study. *Journal of the Academy of Child & Adolescent Psychiatry, 50*, 340–348.

Wood, E., Desmarais, S., & Gugula, S. (2002). The impact of parenting experience of gender stereotyped toy play of children. *Sex Roles, 47*, 39–49.

Wright, L. B., Gregoski, M. J., Tingen, M. S., Barnes, V. A., & Treiber, F. A. (2011). Impact of stress reduction interventions on hostility and ambulatory systolic blood pressure in African American adolescents. *Journal of Black Psychology, 37*, 210–233.

Yamagata, S., Suzuki, A., Ando, J., Ono, Y., Kijima, N., Yoshimura, K., Osendorf, F., Angleitner, A., Riemann, R., Spinath, F. M., Livesley, W. J., & Jang, K. L. (2006). Is the genetic structure of human personality universal? A cross-cultural twin study from North America, Europe, and Asia. *Journal of Personality and Social Psychology, 90*, 987–998.

Yang, C. Y., Kim, S. J., & Lee, S. G. (2011). Identification and field evaluation of the sex pheromone of Synanthedon bicingulata (Staudinger). *Journal of Chemical Ecology, 37*, 398–402.

Yeager, D. S., Trzesniewski, K. H., Tirri, K., Nokelainen, P., & Dweck, C. S. (2011). Adolescents' implicit theories predict desire for vengeance after peer conflict: Correlational and experimental evidence. *Developmental Psychology, 47*, 1090–1107.

You, D., Maeda, Y., & Bebeau, M. J. (2011). Gender differences in moral sensitivity: A meta-analysis.

Ethics & Behavior, 21, 262–282.

Zacher, H., Rosing, K., Henning, T., & Frese, M. (2011). Establishing the next generation at work: Leader generativity as a moderator of the relationship between leader age, leader-member exchange, and leadership success. *Psychology and Aging, 26*, 241–252.

Zajacova, A., Lynch, M. S., & Espenshade, J. T. (2005). Self-efficacy, stress, and academic success in college. *Research in Higher Education, 46*, 677–706.

Zajonc, R. B. (2000). Feeling and thinking: Closing the debate over the independence of affect. In J. P. Forgas (Ed.), *Feeling and thinking: The role of affect in social cognition* (pp. 31–58). New York: Cambridge University Press.

Zajonc, R. B. (2001). Mere exposure: A gateway to the subliminal. *Current Directions in Psychological Science, 10*, 224–228.

Zeanah, C. H., Smyke, A. T., Koga, S. F., & Carlson, E. (2005). Attachment in institutionalized and community children in Romania. *Child Development, 76*, 1015–1028.

Zimbardo, P. G., & Montgomery, K. D. (1957). The relative strengths of consummatory responses in hunger, thirst, and exploratory drive. *Journal of Comparative and Physiological Psychology, 50*, 504–508.

Zuckerman, M. (2007). *Sensation seeking and risky behavior*. Washington, DC: American Psychological Association.